商店叢書⑺8

快速架設連鎖加盟帝國

陳立國（武漢） 吳宇軒（柳州） 黃佳柱（臺北） 編著

憲業企管顧問有限公司 發行

《快速架設連鎖加盟帝國》

序　言

「連鎖經營」可說是本世紀最偉大的商業經營模式。

時間飛逝，由於產業結構的轉型，商場販賣的出現有如雨後春筍，開店販賣乃至於發展連鎖系統，已成爲熱門話題。「連鎖經營有如威力龐大的原子彈」，而(授權他人)特許連鎖的經營方式，更是一個「雙贏」的策略，其威力具備相乘效果，有如生物界用細胞複製出衆多的母體動物，多驚人！

連鎖店的發展，有如猛虎出柙，表現出秋風掃落葉的架勢，對零售業而言，可謂魅力十足，潛力無窮，連鎖經營已成為各行各業學習的對象。

走在街頭上，你會發現路邊上的商店招牌變得更琳瑯滿目、多彩多姿，同時也更吸引人了。這些花俏的招牌包括了便利商店、美容美髮院、速食餐廳、精品服飾店、房屋仲介公司、傢俱店、電子專賣店、兒童美語中心、電腦資訊廣場乃至鐘錶眼鏡行等等。這些商店都有一個共通點——他們都是連鎖加盟店。

由發展趨勢來看，連鎖經營已成一種專門性的學問，但應如何

將其管理加以標準化、專業化、系統化和科學化，已為普遍性的需求，

一般人獨力創業，所要面對的種種問題委實太多，稍一有錯失，就有可能全盤皆輸。而連鎖加盟店卻是由加盟總公司提供一套有系統的「經營公式」，這公式已經過測試，證實成功可行。對於喜歡創業的人來說，只要加盟了連鎖店，按總公司的指示和指導協助，幾乎都可以確定成功，真是太美妙了！

作者三人都是曾擔任連鎖企業的執行總經理或輔導顧問師，深刻感受到連鎖經營有其必要性，本書是一本完全站在廠商角度研究如何開創連鎖經營，是針對企業經營者、連鎖業幹部而編寫的連鎖經營實務工具書。

企業在規劃、推動連鎖事業時，最頭痛的事，就是初始階段的執行工作，這也是編寫本書的宗旨。本書從選擇、招商加盟、選址、建店、開店、培訓、督導、資金、合約、改善到實際的運營都有詳細的論述，對特許連鎖業經營具有很強指導性，而且內容實務具體，通俗易懂，絕對是可借鑒操作的工具書。

本書前身是企管顧問公司發行的培訓班講議，受到讀者喜愛，出版此書希望能爲連鎖業經營者帶來有用之參考建議，使連鎖業茁壯成長，長盛不衰，這是我們最大的欣慰！

2020 年 12 月

《快速架設連鎖加盟帝國》

目　錄

第一章

特許連鎖加盟的發展

1 連鎖加盟的定義

國際連鎖加盟協會（IFA）給連鎖加盟下的定義：二種存在於總公司和加盟者之間的持續關係。總公司賦與對方一項執照、特權，使其能經營生意：再加上對其組織、訓練、採購和管理的協助。相對地也要求加盟者付與相當的代價，作為報償」。

中國對於「連鎖店」特許者的要求，是至少擁有「兩店一年」的基礎，通常所說的「兩店一年」要求，主要目的是為了通過「硬體」來證明特許人的模式成熟或者相對成熟，可以作為特許的資源或條件，同時在一定範圍以內起到示範作用，便於其他經營者較為直觀地瞭解特許人的品牌、經營模式、經營狀況等。

「兩店一年」中的「一年」就是指從事某一產品或服務的經營活動時間超過一年以上，且產品或服務是將來準備從事商業特許經營的產品或服務，而不是企業成立一年以上，也不是企業經營非準備從事商業特許經營所涉產品或服務一年以上。

日本連鎖加盟協會（JFA）對連鎖加盟的定義：「總公司和加盟者締結契約，將自己的店號、商標，以及其他足以象徵營業的東西和經營的 know—how 授與對方，使其在同一企業形象下販賣其商品。而加盟店在獲得上述的權利之同時，相對地需付出一定的代價《金額》給總公司，在總公司的指導及援助下，經營事業的一種存續關係」。

可以將連鎖加盟制度歸納成三點：

1. 連鎖加盟制度是存在於連鎖加盟總公司（Franchisor）和加盟店（Franchisee）

之間的一種契約關係。但是這種契約是一種既定格式的契約，而非經由雙方協議而訂立下之契約。即總公司事先將契約的內容擬妥、印妥，然後將相同定式的契約交付與眾多的加盟希望者，請其同意後簽訂的一種契約。

2. 契約的主要內容是記載產品銷售或事業經營有關的所有權利之交付，及與此相對的代價付與之義務履行。

3. 基於權利義務履行之契約簽訂雙方，其基本的權利義務如下：

總公司容許加盟店使用其店號、商標等企業標幟，同時提供經營及銷售等有關的 know—how，並加以指導。

加盟者為了經營其事業，而投入交付必要的相對資金，在總公司的指導下，從事其事業的經營。

2 連鎖加盟的類型

1. 按特許權授予方式分類

⑴一般特許經營

這是最常見的形式，特許人向受許人授予產品、商標、店名、經營模式等特許權，受許人使用這些特許權進行經營，並為此支付一定的費用。

⑵委託特許經營

特許人把自己的產品、商標、店名、經營模式等特許權出售給一個代理人，由該代理人代表特許人向其所負責地區內的加盟申請者授予特許權(或特許人授權代理人代表特許人在其所負責地區內為其招募受許人)，並為受許人提供指導、培訓、諮詢、監督和支援。代理人自己並不直接經營，而是採取轉嫁他人的方式開發和經營。跨國特許經營往往採取這種方式。

⑶發展特許經營

這是指受許人在向特許人購買了特許經營權的同時，也購買了在一個區域內再建若干家分部的特許權。受許人有了這個權力，一旦事業發展順利，就可以在該地區內，根據本部經營發展的需要再建若干家分部，而不必向特許人重新申請。

⑷複合特許經營

指特許人將一定區域內的獨佔特許權授予受許人，受許人在該地區內可以獨自經營，也可以再次授權給下一個受許人經營特許業務。

該受許人既是受許人身份，同時又是這一區域內的特許人身份。受許人支付給特許人的特許費一般根據區域內的常住人口數量確定，若他再將特許權轉讓給他人，那麼，原先該受許人從他人手中收取的加盟費和權益金須按一定比例上交給特許人。

2. 按特許內容分類

⑴商品商標特許經營

商品商標特許經營也稱產品和品牌特許經營，是指受許人使用特許人的品牌和行銷方法來批發、銷售特許人的產品。作為加盟商的受許人仍保持其原有企業的商號，單一地或在銷售其他商品的同時銷售特許人生產並取得商標所有權的產品。其實質就是，大製造商為名牌化產品尋找銷路，授權受許人進行商業開發的權利。此類受許人通常屬於零售商一級，在汽車銷售、加油站、大眾消費品、化妝品等行業較常見。

商品商標特許經營又可細分為商標特許、產品特許和品牌特許。

⑵生產特許經營

生產特許經營(production franchising)是指受許人自己投資建廠，使用特許人的專利、技術、設計和生產標準來加工或製造取得特許權的產品，然後向批發商或零售商出售，受許人不與最終用戶(消費者)直接交易。特許人有權維護其企業的信譽，要求受許人按規定的技術和方法從事生產加工，保證產品的品質始終如一，以保護其商標及商號的信譽。同時特許人有權過問受許人對產品的廣告宣傳及推銷方法。該類型的特許經營往往涉及專利或專有技術訣竅的使用許可。

⑶經營模式特許經營

經營模式特許經營(business format franchising or

franchise chain)也稱特許加盟連鎖公司特許經營(corporation franchise)或交鑰匙特許經營(turn-key franchise)，即加盟者按總部的全套經營模式進行經營。主要特徵是受許人有權使用特許人的商標、商號名稱、企業標識及廣告宣傳，完全按照特許人的模式來經營；受許人在公眾中完全以特許人企業的形象出現；特許人對受許人的內部管理、市場行銷等方面具有很強的控制。此類特許經營越來越成為當今主導的模式，它集中體現了特許經營的優勢。目前在很多行業迅速推廣。

經營模式特許經營有兩種最基本、最常見的形式：

①單店特許經營

該模式是指特許人(盟主)將自己成功的單店經營模式許可給某一個受許人(加盟商)(稱為單店加盟商)來經營。

②區域特許經營

由特許人將在指定區域內的獨家特許經營權授予受許人，該受許人可將特許經營權再授予其他申請者，也可自己在該地區開設特許經營點，從事經營活動。區域特許經營模式又分為區域直接特許經營和區域複合特許經營兩類。

⑷專利及商業秘密特許經營

專利及商業秘密特許經營是指專利或商業秘密的擁有人通過收取一定費用的形式，允許受許人在一定限制下運營該專利或商業秘密並從中獲益。其特許人可以是組織，也可以是個人。

3.按特許雙方構成分類

⑴製造商和批發商

飲料製造商建立的裝瓶廠特許體系屬於這種類型。具體方式是，製造商授權受許人在指定地區使用特許人所提供的糖漿並裝瓶出售，裝瓶廠的工作就是使用製造商的糖漿生產飲料並裝瓶，再按照製造商的要求分銷產品，可口可樂是最典型的例子。

⑵製造商和零售商

汽車行業首先採用這種特許方式建立了特許經銷網。在石油公司和加油站之間有同樣的特許關係。它的許多特徵同經營模式特許經營有相似之處，並且越來越接近這種方式，汽車製造商指定分銷商的方式已經成為經營模式特許。

⑶批發商與零售商

這種類型的業務主要包括電腦商店、藥店、超級市場和汽車維修業務。

⑷零售商與零售商

這種類型是典型的經營模式特許，代表企業是速食店。

4.按特許權的授予範圍分類

⑴單體特許

單體特許是指特許人賦予受許人在某個地點開設一家加盟店的權利。特許人與加盟者直接簽訂特許合約，受許人親自參與店鋪的運營，加盟者的經濟實力普遍較弱。目前，在該類受許人中，相當一部份是在自己原有網點基礎上加盟。單體特許適用於在較小的空間區域內發展特許網點。

①優點

特許人直接控制加盟者；對加盟者的投資能力沒有限制；沒有區域獨佔；不會對特許人構成威脅。

②缺點

網點發展速度慢；總部支持管理加盟者的投入較大；限制了有實力的受許人的加盟。

⑵區域開發特許

特許人賦予受許人在規定區域、規定時間開設規定數量的加盟網點的權利。由區域開發商投資、建立、擁有和經營加盟網點；該加盟者不得再行轉讓特許權；開發商要為獲得區域開發權交納一筆費用；開發商要遵守開發計劃。該種方式運用得最為普遍，適用於在一定的區域(如一個地區、一個省乃至一個國家)發展特許網路。特許人與區域開發商首先簽署開發合約，賦予開發商在規定區域、時間的開發權；當每個加盟網點達到特許人要求時，由特許人與開發商分別就每個網點簽訂特許合約。

①優點

有助於開發商儘快實現規模效益；發揮開發商的投資開發能力。

②缺點

在開發合約規定的時間和區域內，特許人無法發展新的加盟者；對開發商的控制力較小。

⑶二級特許

特許人賦予受許人在指定區域銷售特許權的權利。二級特許人扮演著特許人的角色；對特許人有相當的影響力；要支付數目可觀的特許費；它是開展跨國特許的主要方式之一。特許人與二級特許人簽訂授權合約；二級特許人與受許人簽訂特許合約。

①優點

擴張速度快；特許人沒有管理每個受許人的任務和相應的經濟負擔；二級特許人可根據當地市場特點改進特許體系。

②缺點

把管理權和特許費的支配權交給了二級特許人；過分依賴二級特許人，特許合約的執行沒有保證；特許收入分流。

⑷代理特許

特許代理商經特許人授權為特許人招募受許人。特許代理商作為特許人的一個服務機構，代表特許人招募受許人，為受許人提供指導、培訓、諮詢、監督和支援。它是開展跨國特許的主要方式之一。特許人與特許代理商簽訂的代理合約是跨國合約，必須瞭解和遵守所在國法律；代理商不構成特許合約的主體。

①優點

擴張速度快；減少了特許人開發特許網路的費用支出；對特許權的銷售有較強的控制力；能對受許人實施有效控制而不會過分依賴代理商；能方便地中止特許合約；可以直接收取特許費。

②缺點

特許人要對代理商的行為負責；要承擔被受許人起訴的風險；要承擔匯率等其他風險。

5.按受許人是否可將購買的特許權再特許分類

⑴直接特許

直接特許即特許人將特許經營權直接授予特許經營申請者，獲得特許經營權的受許人按照特許經營合約設立特許經營點，開展經營活動，不得再行轉讓特許權。一般特許經營和發展特許經營這屬於這種類型。

⑵區域特許

區域特許即由特許人將在指定區域內的獨家特許經營權授予受許人，該受許人可將特許經營權再授予其他申請者，也可由自己在該地區開設特許經營點，從事經營活動。它又可分為區域直接特許和區域複合特許經營兩種類型。

 適合連鎖加盟的商業條件

為了成功地開展特許經營，你需要具備一個適合特許經營的商業概念。遺憾的是，許多企業家和公司管理者的商業概念並不是十分適合特許經營，因而，儘管他們很賣力地推銷這些商業概念的特許經營權，還是應者寥寥。例如，食品雜貨業就不適合實施特許經營，因為這個行業的利潤率實在太低了，不可能再從這層薄利中抽出一部份來交納特許權使用費；同樣，供暖系統承包商也不適合開展特許經營，因為公司擁有的這個專門領域的專業知識和技能大部份是不能寫成書面資料的，相反，這些知識技能只存在於公司員工的大腦裏。

一般來說，一項業務要具備三個條件/因素，才能適合特許經營。這三個條件是：這項業務需要通過一個有價值的連鎖體系來為終端顧客服務，而且這個體系能夠承擔實施特許經營模式所產生的額外成本；這套運營體系能夠被簡化成一組操作規則，從而能以書面的形式傳授給其他人；這項業務的商業概念必須擁有足夠多的潛在購買者，只有這樣，特許體系的前期建設投資費用才能得到補償。

1. 可出售的有價值的運營體系

開展特許經營就必須擁有一套有價值的運營體系，並通過這套運營體系來向終端顧客提供產品或服務。儘管這似乎是顯而易見的，但事實上，的確有許多想要成為特許者的人在這個關口止步了。絕大多數想要成為特許者的人最終沒能開展特許經營，就是因為他們並不擁有一套能夠服務於終端顧客的有價值的運營體系。那麼，什麼是能夠

服務於終端顧客的有價值的運營體系呢？它不僅僅指擁有顧客需要的一種產品或服務，更確切地說，是指一種業務經營方式，通過這種經營方式，公司能夠有效地向顧客提供他們所需的產品或服務。如果那些潛在的特許加盟商選擇自己創業而非加盟特許體系，並能從無到有地開發出自己的業務經營方式，那麼，你的業務經營方式必須比他們的更有效才行。

通常潛在的特許加盟商自己創業也能建立一套運營體系。而你的運營體系是否比他們自己能建立的要有效，很大程度上還取決於你的業務經營是否已經使你處於門店經營經驗曲線的更高階段。通過業務經營，例如服務顧客、採購原材料和生產產品，你在這些方面就能做得更好。如圖 1-3-1 所示，如果你經營一個樣板門店有一段時間了，而且對製造產品和提供產品服務的方法進行了改善，這時開始特許經營，比起那些潛在的特許加盟商想要創業時所能想到的運營體系，你能提供的運營體系就很可能更經濟、更有效。

圖 1-3-1　特許經營的學習曲線的優勢

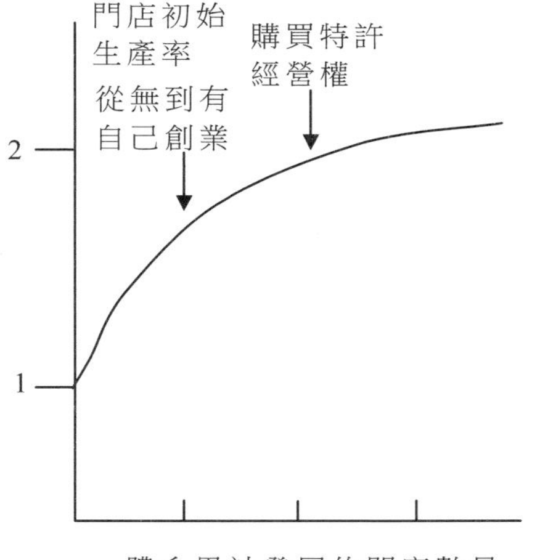

對你所處的行業而言，在經營門店方面能否使特許加盟商迅速移至學習曲線的更高階段，是決定你的運營體系對特許加盟商來說是否有價值的關鍵因素之一。所以，在開始特許經營前特許者已從事該項業務經營時間的長短與他們對其商業概念實施特許經營的能力之間，有著很強的相關關係。

例如，Blimpie Subs and Salads 公司是一家經營速食的特許者。它的經營模式適合於特許經營，這主要歸功於在開始特許經營前，作為一家公司直營的餐廳連鎖，它已經有了 15 年的經營歷史。在公司直營期間，Blimpie Subs and Salads 的所有者們不斷地開發產品、讓顧客試用、改進門店經營的程序，還做了許多其他方面的工作，終於完善了運營體系，使之成為值得購買的特許體系。

而且，在開始特許經營前進行一段時間的業務經營，將有助於你的運營體系實行標準化。如果想對你的業務開展特許經營，你就應該能夠把經營這項業務的規則和程序寫下來，同時也應能為加入你的特許體系的加盟商提供培訓。對業務開展經營能增加你的經驗，讓你瞭解有效開展業務經營的標準流程和程序。這種業務經驗和對標準流程的瞭解，將使你大大提高向他人推銷你的運營體系的能力。

另一方面，在業務經營中擁有專利產品或製造產品的專利流程，也能使你的業務對潛在的特許加盟商有吸引力。如果你的業務經營具有這種專利優勢，那麼，那些潛在的特許加盟商只有通過購買你的特許經營權、成為你特許體系的一員，才能向終端顧客提供你的產品或服務。

例如，Dippin’ Dots 是一家經營冷凍甜食的特許者。它通過特許經營授權特許加盟商使用它的用於製造獨特「冰淇淋球」的專利技術。為保證其品牌的冰淇淋球的品質能完全滿足顧客的需求，

Dippin’ Dots 擁有的這項製造冰淇淋球的專利技術是必不可少的。這樣，Dippin’ Dots 的專利技術就為其運營體系提供了獨到的價值。

另外，如果你擁有一個足以讓特許權購買者吸引到終端顧客的品牌名稱，那麼這也是一個值得潛在特許加盟商購買的因素。品牌對顧客來說是有吸引力的，而且，在同類產品或服務中，與那些沒有品牌的產品和服務相比，有品牌的產品或服務更容易得到顧客的青睞。

例如，西爾萬學習系統公司(Sylvan Learning Centers)是一家來自馬里蘭州巴爾的摩市的教育服務機構。它已經擁有了一個過硬的品牌，對許多顧客有很大吸引力。這使它的運營體系值得特許加盟商加盟。事實上，品牌名稱能夠帶來的利益是巨大的。更有甚者，即使特許者對於新開一家獨立公司的經營不能提供任何其他好處，只要其擁有一個強大的、有可能給新開公司的經營帶來足夠多的客源的品牌，那麼，購買這個特許者的特許經營權還是值得的。

當然，只有在特許者的品牌受到有效保護的情況下，品牌才能對特許者開展特許經營有所幫助。如果其他公司能夠輕易地複製特許者的品牌，這個品牌對特許加盟商來說就沒什麼價值了。因此，如果想使一項商業概念真正適合特許經營，你就得為這項商業概念註冊商標，設計特定標識、商業形象和廣告語，等等。正是由於這個緣故，特許者都對他們的商標、服務標識加以註冊保護，並且設計了連貫一致的商業形象。

儘管對特許經營來說，擁有一套有價值的運營體系和品牌名稱很重要，但如果想要使你的業務經營適合特許經營，僅僅靠這兩者是不夠的。為了適合特許經營，還必須具有足夠高的利潤率，這樣才有可能使特許加盟商在向特許者交納特許權使用費後，還能得到比公司直營店管理者的薪水高的收入。當然，這就意味著最適合特許經營的業務是那些具有高額利潤的項目，因為只有這樣，才能保證特許加盟商在交納特許權使用費後，還能掙到數額可觀的利潤。

例如，Golden Corral Family Steak house 是一家來自北卡羅來納州 Raleigh 市的餐廳連鎖。在扣除了按總銷售額 4%計的特許權使用費和 2%的廣告費後，它的特許餐廳平均每月的營業淨利潤率達到 24.12%。如此之高的營業淨利潤率充分證明了 Golden Corral 的業務經營具有足夠高的利潤空間來支持特許經營的開展。

2.可傳授的商業概念

為了使你的商業概念能夠適合特許經營，在你所需具備的條件因素中，擁有一個有價值的運營體系只是其中的一部份。為了適合特許經營，你的商業概念還必須能比較容易地傳授給他人。什麼是能比較容易地傳授給他人的商業概念呢？基本上，這需要包括三個方面：

(1)商業概念要比較容易複製；(2)要能夠把業務經營的過程簡化為書面的規則和程序；(3)要能在短期內教會那些在你的業務領域沒有經驗的人，僅僅通過遵循這些書面規則和程序就能經營這項業務。

如果以上幾點都做到了，你就很可能擁有了一個適合特許經營的商業概念。

(1)可複製的商業概念

為了對你的業務開展特許經營，你需要一個可複製的商業概念。人們必須有可能在多個不同地點經營同一項業務，生產同樣的產品或提供相同的服務，以及提供一致的顧客體驗。否則，你就無法使顧客相信你的品牌代表了品質如一的顧客體驗。例如，你有一個關於經營特色新鮮扇貝餐廳的商業概念，但為了經營這項業務，你必須要在每天早上採購到新鮮的迪格比(Digby)扇貝，這樣，只要離開加拿大新斯科舍省的迪格比地區稍遠，你就很難再複製這個商業概念。與之相反，經營漢堡和炸薯條的商業概念就很容易複製。你能在世界上的許多地方開設門店，使用相同的原材料、在同樣的門店設計氣氛內，向顧客提供相同的產品和服務。

⑵能夠編碼化的商業概念

為了開展特許經營，你的商業概念還應該能夠簡化、具體為書面的經營規則和程序。商業概念編碼化對特許經營之所以重要是有現實原因的。其中之一就是商業概念編碼化對特許門店經營者日常經營的作用。特許門店的經營者必須能夠瞭解，在經營特許業務的過程中如何作出正確的決策，而不是事事都需要特許者或其他發明這個商業概念的人參與其中。例如，假設你想對地鐵商店這個商業概念實施特許經營，這個商業概念主要基於新鮮烤制的麵包。為了順利地對這個業務開展特許經營，你就需要能夠把製造這種麵包的配方和程序寫下來給特許加盟商。這樣，你的特許加盟商才能自己烤制麵包，而不需要你參與他的日常經營。否則，對於你的所有特許加盟商所做的每一個決定，你都不得不介入其中。隨著特許體系的成長，你很快就會發現自己分身乏術，你的特許經營也會隨之失敗。為了使特許經營能夠成功，特許經營的操作手冊中必須記錄體系建立者用以制定各項具體決策的方法，這樣，特許加盟商在日常經營中才能有章可循。

這種能夠把業務經營的操作規則和程序書面化的能力之所以重要，另外一個原因是特許經營是一種建立在合約關係上的經營模式。作為特許者，你通過特許經營授予特許加盟商使用你的特許體系品牌和業務操作模式的權利。你還通過比較他們的實際經營活動與特許經營協議中規定的特許加盟商守則和義務的一致程度來管理特許加盟商。這就意味著你的業務經營必須能夠編碼化，形成書面材料，如特許加盟商的義務、特許體系的品質標準和績效標準、特許者給予特許加盟商的支援和服務、管理員工的程序等。這樣才能有據可查，有章可循。否則，就不可能有效地執行特許經營合約。

而且，特許經營需要能夠將業務經營體系編碼化，還因為這是通過相關管理機構審批的必要條件。在那些對特許體系有註冊登記要求的州，如果特許者沒有對其運營體系作明確規定，相關管理者是不允許其開展特許經營的，這樣，就使得商業概念編碼化成為特許者兜售自己商業概念的一個前提。

可能，作為一個特許者，你所做的工作中最困難的就是為你的特許經營權/業務制定一份操作手冊和一套經營規則和程序。如果你有能力完成這項工作，也就表明了你的商業概念是適合特許經營的。例如，USA Baby 是一家來自伊利諾州埃爾姆伯斯特的兒童傢俱零售商，它就已經對自己業務經營的必要步驟實現了編碼化，這些必要的業務步驟包括店面設計、產品推銷和顧客服務。這就使得 USA Baby 可以同他人簽訂合約，出售它的專業知識，從而也就使得它的特許經營切實可行。

如果你正在考慮嘗試對你的業務開展特許經營，那就先試著寫一本關於這項業務運營的操作手冊。如果寫不出操作手冊，對你來說就是一個信號了，你最好還是不要嘗試特許經營。因為，如果無法把你的業務運營簡化為操作手冊中的一系列規則，你是不可能對你的業務開展特許經營的。

⑶便於教授的商業概念

最後，為了開展特許經營，你需要能在一個相對較短的時間內，把你的商業概念教授給那些對你的行業經營沒有太多專業知識的人。這意味著你的商業概念必須是簡單的，而且實施起來也不應該有太大的難度。這種商業概念不能是難以教授給別人的，而且不能要求被教授的人必須具備大量的背景知識。否則，你所能擁有可供挑選的潛在特許加盟商的數量就會非常少，就會導致你不可能為這個商業概念建立起一個成功的特許經營體系。

例如，一個心理健康診所的連鎖體系就不太適合特許經營。為了能夠向顧客提供有關心理健康的服務，從業者需要接受大量的專業培訓。如果你不能花足夠的時間對那些具有合理背景的人提供心理知識方面的培訓，是不可能使你的特許加盟商有能力經營好一家心理健康診所的。相反，辦公室清潔就要相對簡單得多——幾乎任何人都能在兩週內學會如何打掃辦公室。就開展特許經營而言，辦公室清潔業務顯然比心理健康診所是個更好的選擇。

為了開展特許經營，你還需要找到一個把你的商業概念教授給特許加盟商的方法。無論選擇在門店現場還是在公司總部提供培訓，你都必須教會特許加盟商如何經營你的業務，否則，你就無法對你的商業概念開展特許經營。因此，為了開展特許經營，你還需要建立起一套培訓體系，以便把你的業務經營的關鍵知識傳授給那些購買你的商業概念的特許加盟商。

例如，Tech Zone Airbag Service 是一家來自華盛頓州默塞爾島市的特許者。它為其氣囊系統修理業務開發了一個培訓體系。通過這個培訓體系，它的特許加盟商能夠在三個星期內學會這項業務。而關於如何修理氣囊的知識——包括開放和准開放訓練——是 Tech Zone Airbag Service 在使它的業務適合特許經營所具備的各要素中很重要的一項。

3.大量可供挑選的潛在特許加盟商

為了對一項業務經營開展特許經營，你需要向其他人出售你開發的這項業務經營體系。不論你的商業概念有多麼好，也不論人們採用你的商業概念能賺取多大的利潤，在全部人口中始終只有那麼一部份人會想經營自己的業務，所以也就只有一部份人有可能購買你的運營體系。而且，你實際上也只能說動那些想要自己經營的人中的一部份來購買你的商業概念(不管你是一個多麼優秀的推銷員，也只能如此)。因此，你必須明白，為了開展特許經營，你必須擁有大量可供挑選的潛在特許加盟商。

如果你所要開展特許經營的商業概念不需要太多的相關教育背景，不需要太多的資金投入，也不需要太多的相關行業知識，那麼你將會擁有大量的潛在特許加盟商對你的商業概念感興趣。在其他條件相同的情況下，那些需要大量的教育背景、大量的資金投入和大量的行業知識的商業概念就很難找到大量的潛在投資人，而能否通過特許經營的方式來成功經營你的商業概念，很大程度上取決於能夠購買特許經營權的潛在特許加盟商的數量。

例如，凱菲冰淇淋製造廠(Carvel Ice Cream Factory)將它的冰凍奶乳凍的業務通過特許經營的方式走出佐治亞州的亞特蘭大。這個商業概念採用特許經營的方式就擁有了廣大的潛在特許加盟商。它的初始加盟費只要 1 萬美元，一個加盟商的最低資本淨值只要求 10 萬美元，因此有許多人擁有成為凱菲冰淇淋製造廠的特許加盟商的資金能力。並且，經營一個冰淇淋店相對較容易，許多人都可以在短時間內學會如何經營它，而且在這個領域中特殊或高等教育以及行業經驗等都不是必須具備的。因此，凱菲冰淇淋製造廠的老闆出售他的冰凍奶乳凍的特許經營權，相對其他一些行業老闆出售特許經營權來說要容易得多。

適合連鎖加盟的行業

今天，特許經營已經涉及 80 多個不同的行業，包括：汽車修理、汽車銷售、書籍銷售、建築原材料、商業服務、照相機銷售、洗車服務、地毯銷售、支票承兌業務、電腦培訓、信用貸款仲介、數據處理、牙科、藥店、乾洗、電子商務、獵頭人事仲介、速食食品、正裝租賃、加油站、賀卡、食品雜貨店銷售、頭髮護理、五金器具、家庭裝修、保險、草坪護理、木材和建築物、女傭服務、音樂品銷售、潤滑油、眼部護理、照片處理、影印、房地產、餐館、電話網絡、納稅準備、輪胎銷售、安全系統、游泳池銷售、旅行社和減肥中心。

從上面的列舉來看，特許經營的發展足以令人振奮：不僅覆蓋了 90 多個行業，而且涉及的組織形式多種多樣。但是，特許經營絕不是任何行業都適合的經營模式。首先，特許經營已有一百多年的發展歷史了，但並未在數百個行業中開展；而且有研究表明，特許經營高度集中在某些行業。有研究報告顯示：在特許經營體系中，速食食品行業佔 18%，一般零售業佔 11%。

在下面列出的這些行業中，特許經營企業的銷售額佔了整個行業的一大半，如納稅準備、列印和複印、特色食品的零售；而在餐飲和住宿業中，特許企業的銷售額也佔到近一半。這就表明，這些行業是非常適合特許連鎖加盟的。有一些調查研究報告論證了那些行業更適合特許經營。美國小企業管理局(U.S. Small Business Administration)策劃辦公室的一項報告顯示，新興的食品特許經營企業的生存時間比零售或服務行業要長 12 年。另外，一家特許諮詢企業 FRANDATA 公司就 1983～1993 年特許經營企業的破產情況進行了一次調查，發現住宿業的特許企業中有 17.4%已經破產了，與此相對應，只有 12.5%的餐飲類特許經營企業破產，不到 5%的商務類特許經營企業破產。

表 1-4-1　從事特許經營的十大行業中特許者所佔比例

行　　業	特許者所佔百分比	受許者所佔百分比
速食食品	15.2	26.8
餐　　飲	7.0	3.8
汽車產品	6.2	5.5
維修和清潔	5.4	8.2
建築和裝修	4.9	1.5
專 賣 店	3.8	1.5
特色食品	3.8	2.0
健康和減肥	3.3	3.5
兒童成長	3.2	0.7
旅館住宿	3.1	5.9

從上面的數據可看出，一些行業中的特許經營操作有一些限制條件，少數行業的特許經營集中度很高，還有一些行業的特許經營做得比另外一些行業更好，這些都表明，對於一個潛在的特許加盟商來說，決定特許經營模式是否適合你所從事的行業是關鍵的一步。下面列出了九個特徵，用以對照判斷特許經營是否適合一個行業：

· 生產和配送局限在有限的地理區域內。

· 有形的店鋪對服務顧客是有幫助的。

- 當地市場的知識對經營業績很重要。
- 本地化的管理風格對經營更有利。
- 品牌知名度是個有價值的競爭優勢。
- 生產和運送產品或服務的流程的標準化、編碼化程度較高。
- 工作屬於勞力密集型。
- 設立門店的成本和風險不太高。
- 門店經營者的努力程度相對於他們的經營業績較難衡量。

 連鎖加盟店的各種商店功能定位

連鎖經營是指直接或間接控制或擁有兩家以上的門店，在平等自願、互惠互利、共同發展的原則下以相同的店名、店標，統一的經營程序和管理，統一的操作程序和服務標準來經營餐飲門店，從而取得規模經濟效益的經營方式。

連鎖業在建立自己的店鋪網路的時候，都希望每一店鋪贏利，但是連鎖企業的若干家店鋪它們所處的地理位置、競爭對手等不同，銷售和贏利結果當然不一樣的。那麼是不是銷售不好就應該關門呢？在開設之前就要明確每家商店在整個連鎖體系中的功能，才能在開發的過程中有所側重。

連鎖體系中建立五類店鋪，當然這五類店鋪有些可以合併，如形象店和培訓店可以合，網路店和促銷店等可以合，但是作為連鎖業總部， 你一定要明確它們各自的功能。

1. 形象店

店鋪的第一大功能是廣告宣傳功能，如經常見到的旗艦店，承擔的主要是這種功能。例如，有一家兩層樓的店鋪，裝修得非常豪華，但是否贏利呢？需要打一個問號。但是無論這個店是否贏利，有一點很明確，它的廣告效果是很強，所以這種店鋪被稱為形象店，換句話說，這種店從銷售的角度考慮可能未必理想，更多的是出於形象宣傳的考慮，銷售不是主要的，更多的是為樹立品牌形象。這種店鋪的銷售利潤可能不是企業放在第一位的，企業看中的是品牌的推廣、形象的建設。

2. 銷售店

在設立好形象店之後，企業就得考慮第二類功能的店鋪。企業不能只推廣品牌做形象，企業終究是要靠利潤生存的，所以第二類店鋪出現了，叫銷售店。這是主力銷售店，可能面積未必很大，形象未必很好，但是銷售額很高。一般企業經營者對主力銷售店的偏愛可能超過了其他類型的店鋪，但是主力銷售店在銷售過程中，由於其銷售額比較高，所以它的商品需求量往往非常大，而且由於企業的商品資源和其他支援往往都傾斜在了銷售店，意味著產生庫存的可能性提高。如果企業經營者作一次店鋪效益評估，你會發現，銷售店往往沒有賺錢，它掙回更多的是商品，這種店鋪產生的庫存過多·所以主力銷售店越多，最後退回總部的貨會越多，所以應運而生了第三類店鋪。

3. 促銷店

這類店鋪往往不以銷售正常商品為主，促銷店的主要丁作內容，就是接主力銷售店遺留下來的庫存，而這批商品往往還在季內，只是由於企業沒有大量的商品去供應主力銷售店，去保證他的完整性，出現了缺碼斷號等情況，這批貨要撤下來，撤下來給誰呢？放在庫房裏名副其實就是庫存。但是如果企業在建立連鎖網路系統的過程中，建立一些專門處理庫存的促銷店，退回的這些貨並沒有退回庫房，而進入到了促銷店，這些促銷店，目的就是消化庫存，正常的促銷店對庫存處理起到正向的影響，如李寧的零碼折扣店。

4. 培訓店

隨著連鎖體系的擴張，人力資源必然會成為問題，招來的員工不能很快適應工作，自己培養的人比挖過來的人要好，所以連鎖需要一個人才培養基地，因此更強大的一個店產生了，這是店鋪的第五個功能。這個店既不為贏利，也不為做形象，它是公司裏面的一個培訓基地，當這個店成熟以後，可以源源不斷地向其他店鋪輸送經過嚴格培訓的合格的店長、主管等，無論其他店鋪缺乏何種人才，可以直接從培訓店中抽調，因為這邊已經培訓好了。

5. 網路店

在連鎖體系中還有一種店鋪，不是主力銷售店，不是旗艦店，也不是促銷店，這種店排為第四類，叫網路店。這種店贏利的空間很小，但是沒有還不行，原因是這種店的目的是搶佔市場份額。例如，連鎖業在一條商業街上連開三家店，一家主力銷售店，兩家輔助店，這兩家店就是網路店。首先，一家店賣 10 萬元，三家店賣 30 萬元的可能性小了，但是商品儲備比兩家店多，卻遠遠達不到三家店的水準，實際上庫存風險降低了；而且一條商業街上這三家店鋪佈局完之後，無論競爭對手開到哪家店附近，該企業只要調整商品結構，挨著競爭對手的那一家店鋪以針對性的促銷品為主，在網路店裏搞促銷，競爭對手無論是否進行促銷跟進都不好辦：不跟，客流明顯都走掉了：如果跟，這家網路店本來就是用來防禦競爭做消耗戰的，用一家店的消耗就把對手利潤消耗掉了，另外兩家店就可以安心贏利了，這就是網路店的作用，不讓競爭品牌在市場當中落足。

 特許連鎖加盟的互相瞭解六階段

按照時間來劃分，可以把特許連鎖加盟關係的整個週期階段劃分為六個階段：其七個標誌性劃分點分別是：①知道對方的存在；②首次接觸；③談判特許連鎖加盟合約；④簽訂特許連鎖加盟合約；⑤加盟店開業；⑥加盟店正常營運；⑦雙方特許連鎖加盟合約終止或重新續約(見圖 1-6-1)。

第一階段　瞭解階段

這個階段非常特殊，它「顯然」不應屬於特許連鎖加盟生命週期中的階段，他們的理由是此時的雙方(一方是特許人，一方是潛在受許人)還沒有發生任何實質性的關係。

但事實上，此時雖然雙方沒有發生任何實質性的接觸，但一個不容迴避的事實是，他們已經通過其餘管道進行了間接的溝通和接觸。例如潛在受許人，他或她可以通過瀏覽廣告、參加展會、實地在特許人的店中考察、聽朋友等提起、聆聽新聞等多種管道來瞭解和知道特許人的存在。如果潛在受許人在此階段可以準確地知道特許人的資訊的話，那麼特許人對於潛在受許人的知道和瞭解就是非常模糊的了，因為特許人只能大致地知道某個區域、某類人群「可能」是其潛在受許人，但此受許人是否真實地存在卻是一個疑問了。

所以，此階段的最主要特徵之一就是，關係雙方處於資訊不對稱的階段，潛在受許人掌握著關係進一步發展的主動權，特許人只能影

響而不能完全控制關係的產生、發展。或者說，在資訊溝通方面，特許人在「明處」，而受許人在「暗處」。

圖 1-6-1　特許連鎖加盟關係的整個生命週期階段

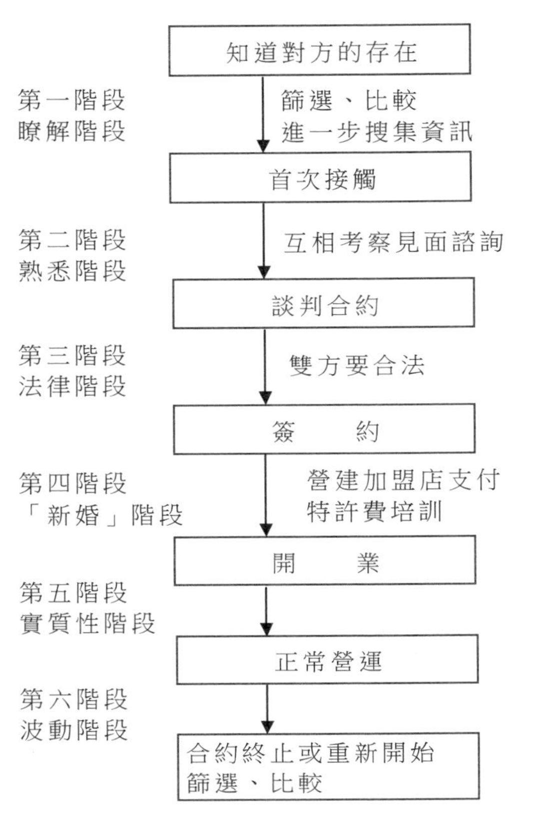

為此，特許人在此階段的戰略就很清楚了，為了成功招募盡可能多的合格加盟商，特許人必須至少完成兩個方面的目標：使盡可能多的潛在受許人知道特許人的資訊；使盡可能多的知道特許人資訊的潛在受許人採取第一階段末、第二階段初的行動，即與特許人進行「首次接觸」。因此，特許人需要做到以下幾方面。

⑴加大自己的招募加盟資訊，在目標潛在受許人市場中的發佈力度、廣度、深度。只有這樣，才能擴大潛在受許人瞭解、知道特許人資訊的人數，也才能為特許人帶來更多的機會。為此，特許人需要在目標發佈受眾群定位、發佈媒介、發佈頻率、發佈時間、發佈內容等方面進行科學規劃。

⑵樹立良好的形象。因為潛在受許人第一次獲知特許人的資訊時，雖然第一印象至關重要，但他或她可能不會立即進行「首次接觸」，而是去進一步地搜集關於特許人的更多資訊並對若干目標特許人進行篩選，以形成對特許人的更多認識。在這個過程中，因為潛在受許人可能接觸到關於特許人的方方面面的資訊，包括好的和壞的，而受許人具體要接觸到那個資訊是特許人不能完全掌控的，所以特許人必須注意每個細節，爭取在每個方面、每條資訊上都給受許人留下良好的印象。否則，一著不慎，滿盤皆輸。

⑶隨時準備接受與潛在受許人的「首次接觸」。為此，特許人必須把自己的各種聯繫方式(包括電話、電子郵件、傳真、位址、郵編等)準確地傳達給所有的潛在受許人，而不能有所遺漏、錯誤，否則前功盡棄。聯繫方式要以方便潛在受許人為原則，例如設置 800 免付費電話等。

對潛在受許人而言，此階段需要搜集盡可能多的資訊，多確定幾個候選對象，不要輕易相信第一印象，因為第一印象的美好常常會使潛在受許人產生「光環效應」，即在以後的一段時間內失去對特許人真實情況的客觀判斷力。

第二階段　熟悉階段

從潛在受許人與特許人的「首次接觸」開始，雙方關係便進入了第二階段，即相互增進瞭解、更加熟悉對方的過程。雙方會採取一系列的行動，例如潛在受許人的諮詢、相約見面、互相考察等，在此階段，特許人還可能向受許人展示〈統一特許連鎖加盟提供公告〉的資料以及雙方簽訂一個合作意向書。

此階段的最主要特徵是：雙方都處在了「明處」，他們都試圖、正在更全面、更深刻地瞭解對方。

特許人在此階段的任務應該包括：

⑴科學、規範地設計和實施對潛在受許人的諮詢回答活動。在回答諮詢人員的選擇與培訓、回答技巧與回答內容的設計、對諮詢活動的記錄、對諮詢者後續追蹤等方面，都要仔細規劃，因為首次的諮詢將在很大程度上決定雙方關係有無繼續下去的可能，特許人必須予以高度的重視。

⑵鑑別潛在受許人的合格性。特許人應根據事先設計好的受許人遴選標準來在眾多的諮詢者中敏銳地發現合格者、淘汰不合格者。注意，判定對方不合格時，不要輕易下結論，不能帶有主觀色彩和個人喜好來判斷對方。

⑶安排雙方的相互實地考察。在熟悉階段的高潮或結尾時期，是特許人和潛在受許人各自對對方信任的最後確認，亦即相互的實地考察。如果此相互考察的結果是彼此滿意，那麼他們就會進入特許連鎖加盟關係的確定階段，會進入特許連鎖加盟合約的談判過程。因此，特許人既應安排好潛在受許人對特許人總部、樣板店、加盟店等的實地考察，也應親自派員去潛在受許人處進行實地考察，以確認潛在受許人的說法是否屬實。

⑷不要輕易許諾。許多特許人在此階段為了吸引潛在受許人進入合約談判階段，可能會信口做出許多承諾，而這些承諾都會為以後的雙方關係衝突埋下隱患。

潛在受許人在此階段的任務應該是仔細審查特許人所提供的所有口頭、書面等資訊數據，保持冷靜、客觀心態，準確判斷特許人體系對自己的適應性，不要被特許人的加盟招募人員煽動得失去了辨別力而掉入特許連鎖加盟陷阱之中。

第三階段　法律階段

此階段的主要活動是特許人和潛在受許人（或準受許人）雙方在針對特許連鎖加盟合約進行逐條逐條地談判並達成一致結果。在經歷了前兩個階段的瞭解和熟悉之後，雙方已經對彼此充滿了信任，對合作的未來充滿了信心。此階段最重要的特徵之一就是特許人和潛在受許人（或準受許人）雙方第一次在雙贏意願的基礎上，在為各自的未來利益做第一次現實的爭取。

特許人在此階段的任務主要是：

⑴編寫、完善一份嚴謹的特許連鎖加盟合約。

⑵解釋並說服潛在受許人接受對所有加盟商基本一致的格式化的特許連鎖加盟合約。

⑶在簽約關頭，既不要因為合約條款的爭議而使準受許人離開，也不要為了強留住該準受許人而無原則地讓步。

潛在受許人在此階段的主要任務是仔細審核特許連鎖加盟合約的每一款、每一條，在談判中儘量為自己的未來爭取最有利的條款。雖然許多特許人都宣稱特許連鎖加盟合約是格式化或不能由加盟商修改的，但只要潛在受許人（或準受許人）努力爭取，就總能獲得特許人的一點讓步。鑑於法律的專業和嚴謹性，建議潛在受許人（或準受許人）請專業的律師或特許連鎖加盟顧問協助進行。

第四階段　「新婚」階段

在簽訂了特許連鎖加盟合約之後，潛在受許人（或準受許人）真正成為了受許人，雙方之間確立了明確的法律關係。因此，他們都必須嚴格履行特許連鎖加盟合約所規定的權利和義務。隨著正式關係的確立，隨著雙方權利、義務的約束，隨著特許人給予受許人承諾的兌現，隨著雙方在一起的共同實際工作而非口頭描述，就像新婚夫婦一樣，此階段的兩個主要特徵就是雙方關係間開始出現衝突的萌芽，但同時雙方親密信任的關係也達到了頂點。此階段的另一個主要特徵是。雙方關係發生的主體也從此前的受許人和特許人（或其招募人員）變得多元化，受許人方的僱員和特許人方的僱員開始進行全面大規模的接觸。

特許人在此階段的主要任務就是按照合約的約定，對受許人進行培訓，指導、協助受許人營建加盟店，包括指導、協助選址、人員招聘、店面設計及裝潢、開業籌劃、商品鋪貨和陳列等。在雙方關係方面，因為特許人給予受許人的許多服務都必須在真真正正的市場中進行，因此，受許人會自然而然地將特許人第一次為他或她實際提供支援的數量、範圍、力度、效果等和簽約前特許人所描述和承諾的做比較，預期和現實的落差必然會引起受許人的不滿，因此，衝突開始在此階段萌芽。為此，特許人必須認真、切實履行自己的合約中規定的義務，以把衝突消除在萌芽之中。

受許人在此階段的主要任務是在特許人的指導、協助下營建加盟店並向特許人支付特許連鎖加盟費。受許人在此階段對於體系一致性的遵循也在經受著考驗，受許人的自作主張和固執己見常常也會導致雙方衝突的萌芽。

但無論如何，由於雙方在一起共同工作，他們的目標是一致的，所以雙方的友好、親密關係也在此階段達到了最高值。

第五階段　實質性階段

從受許人的盛大開業開始，一直到加盟店進入正常營運狀態為止，特許人和受許人雙方的關係開始第一次受到外界市場的考驗和影響。在此期間，特許人的特許權開始接受外界市場的考驗，受許人將原先的預期與如今加盟店的實際經營、贏利等狀況進行比較。

雙方的關係進入到契約關係的實質性階段，即受許人開始審視特許人給予的支援，思考支付特許連鎖加盟費的價值所在；特許人在觀察受許人的遵循體系標準性狀況、實際的經營能力、獨立操作的效果等。

此階段關係的最主要特徵之一是雙方逐漸從狂熱的「熱戀」和「新婚」中冷靜下來，關係中開始加入理性、法律的成分。

為了維持良好的關係和減少衝突，特許人在此階段應大力支持受許人的新事業開張，並扶上馬、送一程，確保首戰告捷和開門紅，因為一個良好的開端會給受許人留下非常好的記憶；受許人應嚴格遵循特許連鎖加盟體系的各項規定，並迅速進入獨立戰鬥的角色，而不能存在依賴特許人的思想。

第六階段　波動階段

在特許連鎖加盟合約持續的絕大部份時間裏，亦即從加盟店正常營運開始一直到合約終止的這段時間裏，特許人和受許人雙方的關係始終處在波動的階段。波動是此階段特許連鎖加盟關係的最大特徵。

此階段之所以叫波動階段，是因為此階段的雙方關係是一直在波動的，一直在友好和衝突之間來回跳蕩。波動的原因主要有兩點：第一，隨著交往的增多，雙方互相認識得已經非常透徹，因此，缺點和優點便都彼此暴露無疑，互相欣賞優點會更加友好，而互相指責缺點就會引起衝突；第二，真槍實彈的市場在嚴峻地考驗著雙方在合作、利益、支持、競爭等方面的態度和行為，經營狀況好、利潤豐厚時，雙方皆大歡喜，否則就會由推委責任發展到衝突。

特許人在此階段應：

⑴持續提供強有力的支援，始終堅持為加盟商服務的精神，把加盟商看作是自己的顧客，以「讓顧客百分百滿意」的態度來指導、協助加盟商的日常營運。

⑵成立專門的部門、機構(例如國外盟主企業的受許人委員會)或委派專門的人員(例如督導員等)來處理特許連鎖加盟關係中的波動和衝突。

⑶採取有效方法來維護和諧的特許連鎖加盟關係，例如定期溝通、加盟商大會、Internet、內部網、電子郵件、月刊或半年刊雜誌、時事通訊、當地、地區或全國的受許人俱樂部和甚至是特許人給受許人的生日賀電以及表達對受許人的個人問候等等。

綜上所述，我們可以根據每個階段的特點來畫出不同的特許連鎖加盟關係曲線，如果以時間為橫坐標、以雙方的友好和諧度為縱坐標(值越大，雙方關係越是友好和諧)，就可以得到特許連鎖加盟關係中的友好和諧度曲線圖(見圖 1-6-2)。

從圖 1-6-2 可以看出：

⑴特許人和受許人雙方的友好和諧度在第一階段、第二階段、第三階段和第四階段開始處於上升的良好狀態。

⑵雙方的友好和諧度在第四階段，即「新婚」階段達到最大值，此時雙方互相之間非常信任，對合作的未來充滿信心，共同憧憬著美好的明天。

⑶從第四階段的後部份開始，雙方的友好和諧度開始下降，這主要是由於期望和現實之間的反差造成的。

⑷在友好和諧度的下降階段，友好和諧度並不是直線下降，而是呈波浪型下降，亦即在中間過程中，由於雙方的一些為維護良好關係而做的努力，友好和諧度還可能會上升。在整個下降過程中，雙方的友好和諧度就處於這樣一種升升降降的變化中。

⑸優秀的特許人會在雙方友好和諧度達到最大值的時候，通過自己的努力而使友好和諧度曲線繼續上揚，見圖 1-6-2 中的方向 1。

⑹無論如何，如果特許人不想使雙方的友好和諧度繼續下降並一直導致雙方特許連鎖加盟關係的終止，那麼特許人至少應該在友好和諧度下降的最大值時採取有利措施，使友好和諧度曲線的走勢沿著方向 2 發展(見圖 1-6-2)。

圖 1-6-2　特許連鎖加盟關係中的友好和諧度曲線圖

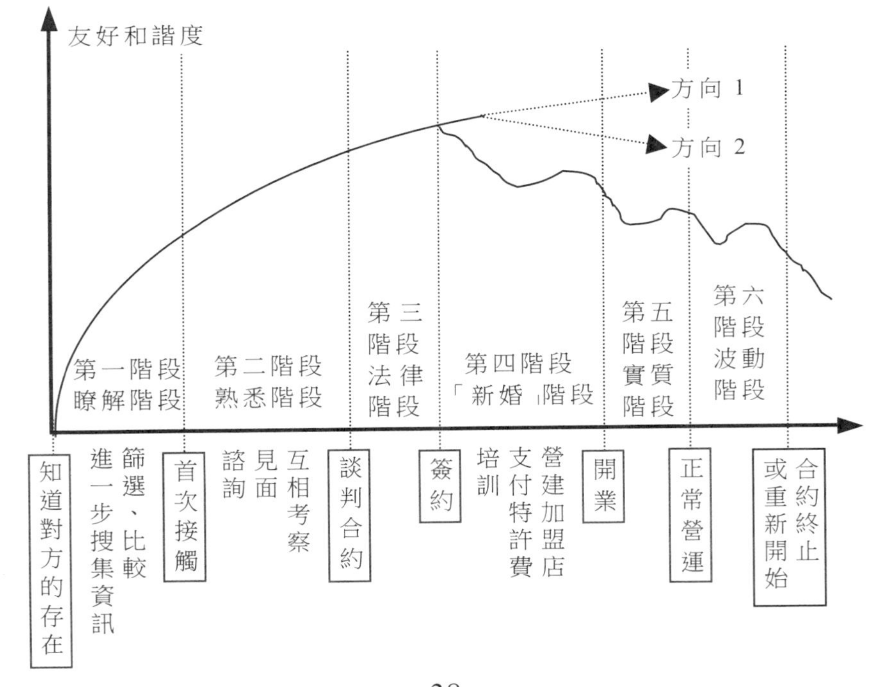

當然，選取別的因素（例如時間長度、特許人付出成本、雙方之間的信任度、受許人加盟店的利潤、衝突程度、參與關係的人數等等）作為縱坐標，還可以畫出更多的曲線圖來，這些曲線圖所反映的特許連鎖加盟關係過程中的因素變化軌跡對於特許人和受許人雙方的戰略、戰術決策都具有非常重要的參考價值。

7 樣板店的運作

要說服投資者加盟總部的特許經營，最好的辦法莫過於先建立自己成功的樣板店。

通過樣板店的經營，一方面可以檢驗總部的經營管理思想是否可行，並在試驗中獲取經驗，發現經營方法的優點和缺點，並不斷改進完善；另一方面，若樣板店取得成功，就可以得到社會的認可及消費者的認同，從而擴大影響，增強投資者的信心，讓他們看得見將來加盟以後可取得的經濟效益，消除他們的疑慮。

特許品牌的樣板市場建立與產品類企業不同，特許業的樣板市場不應局限在一個區域，而是在不同的城市佈局，特許品牌只有具備了不同區域市場的運作能力，才稱得上具備全國市場拓展的資格。運作好樣板市場需要具有以下三點：

1. 有效的門店運營經驗

考慮做特許加盟，必須先開發三家以上的加盟店作為模式試點，而且試點的數量與目標市場的規模成正比。因為是否有實際的門店運營也是特許品牌圈錢與非圈錢的區別之一，門店運營過程中，總部會針對所設計的模式對實際運營中產生的問題進行實際解決，對加盟店的進銷存、助銷、產品線有效規劃等進行市場反映度總結，並根據市場回饋進行整頓，使模式更好地貼合市場需求，也能為加盟店數量的擴張打好運營基礎。

門店運營效果也是加盟商考察總部的重要事項，加盟店門店的運營能力會體現在不同門店的經營中，如果只有一家店就想擴張連鎖的做法實不可取：只有一家門店的運營經驗，憑什麼去面對不同區域、不同商圈、不同文化的變化？

所以特許總部在擬擴張的前期，就應先選擇合適的運作方式，例如聯營、自營等形式，在不同的區域先行進行實驗性加盟店的建設，以充實總部團隊的實際管理經驗。

2. 有效的門店助銷模式

加盟店能夠正常盈利是特許品牌有效擴張的前提，所以在品牌擴張的同時，幫助加盟店運營是特許總部必須面對的工作，因為地域、消費文化不同，特許總部統一的行銷方案並不會適合所有的加盟店，在此情況下，想有效地保證加盟店運營，必須建立深層的助銷模式，即由總部派遣區域行銷中心深入至加盟店所在區市常駐，貼身進行運營及行銷扶持，一可有效地解決加盟店經營問題，二可快速提升管理團隊的實際運營經驗，為公司行銷中心增加本項目的實戰能力，並可增加總部的良好經營口碑。管道設計的環節是：總部→行銷中心→區域行銷中心→加盟店。

3. 權威的推廣管道

在特許品牌加盟廣告發佈上，媒體日益成為管道發展的制約，著名的加盟網站、雜誌中有很多已經成為「圈錢者」，已經逐漸失去了意向加盟商的信任，就目前來看，如何選擇權威性的資訊發佈平臺成為特許品牌擴張的重要條件。

選擇資訊平臺注意事項，第一，應選擇在國內具有良好的口碑的網站和專業性網站。網站必須有嚴格的資訊發佈准人政策，給錢就可以發佈廣告的媒體不應作為選擇。

觀察流覽群體的範圍，選擇最接近品牌的媒體，不要只關注流覽率。

 特許連鎖加盟的擴張戰略

成功經營常常取決於你經營過程中採取的擴張戰略。因為特許經營往往在那些領域中被採用——不是要求在一個門店內進行擴張，而是要求不斷地增加新的門店，也就是說，你通過特許經營賺取錢的多少關鍵取決於你能多快並高品質地開出更多的服務顧客的門店。地理擴張做得成功，將會奇蹟般地增加你的獲利；反之，就會減少你的經營利潤。

1. 你應該在什麼時候開始開展特許經營

在開始開展特許經營之前，你應該自己先經營幾年。大多數的特許者不會在剛開始經營自己業務時就立即開展特許經營。事實上，有研究結果表明，一個特許者將自己的業務開始採用特許經營模式的時間越晚，這個特許體系就越有可能生存較長的時間。

通過在特許經營前自己經營一段時間，你就會對這個行業的成功要素有一個理解，然後可以將這些知識傳授給你的特許加盟商。另外，你對你的體系中門店應該是什麼樣子、應該如何去做也會有一個理解

和認識，這樣就可以避免讓你的特許加盟商在一塊沒有試驗過的土地上到處碰壁。

如果你在開始發展特許加盟商之前就自己經營過一段時間，那麼你更有可能站在特許加盟商旁邊給他們支援和幫助。當公司發展到成熟階段再開始開展特許經營，那麼失敗的幾率會小很多。因此，如果你在開展特許經營之前自己就已經經營過一段時間，那麼與直接開展特許經營相比，你的體系失敗的可能性會降低，你就有可能為特許加盟商提供更多的支援服務。

至於到底需要用多少時間來學習如何經營才會成功，在開始開展特許經營前需要等待多久，都取決於你所在的行業。

2.應該擁有多少家門店才是最好的

統計結果顯示，成熟的特許者為自己設計的目標常常是：直營店不超過全部門店數的五分之一。事實上，平均來看，在一個特許連鎖體系中，特許加盟商所擁有的門店數達到 84%，特許者的直營店只佔到 16%。

然而，這些平均統計數字總是會將一些主要的戰略性變化隱藏起來，在一個典型的特許體系中，特許者直營店的數量會隨著他在體系生命週期中所扮演的不同角色而不同。

下面將著重介紹一個特許體系在它的不同發展階段如何去保持加盟店與直營店的相對平衡關係。這一部份將關注特許經營體系的生命週期內三個主要階段：新體系階段，體系的高成長階段和體系的成熟階段。

⑴在新的特許體系中公司的直營店

多數成功的新特許體系都是從特許者經營自己的直營店開始的。這些直營店——大都在公司開展特許經營之前就已開設了——對於接下來特許經營取得成功是非常重要的，因為這些店向特許加盟商提供了最好的證明，展示了作為特許者的你對你所擁有的新體系價值非常有信心。作為一個特許者，你很難向潛在特許加盟商說明你要銷售的一項新特許經營權的價值，因為它的主要資產——商業模式——是無形的。例如，在有人用你的一個新速食食品連鎖體系的食譜做出了飯菜並且賣得非常成功之前，很難知道你的那些食譜是否會得到消費者的認可，並流行起來。正是因為商業模式的無形性使得潛在特許加盟商在加盟你的特許體系之前很難判斷這個商業模式對他們會有多少價值，這也就使得你在勸說潛在特許加盟商購買你的特許經營權時非常困難。

而且，你不可能僅僅通過信息披露說明你的商業模式價值來向你的潛在特許加盟商證明你的特許連鎖體系的價值。所有的特許者（包括那些提供有價值的商業模式的和那些提供沒有價值的商業模式的）都會對外宣稱他們提供的是極具價值的商業模式。潛在特許加盟商只有在相信了你的這些宣傳後，才會購買你門店的特許經營權。假設僅僅用這些信息披露來勸說潛在特許加盟商與你合作是無效的，那麼你需要採取一些戰略性行動來向潛在特許加盟商展示你的體系確實是有價值的。可以通過投入一些可視資本到你的盈利項目中而做到這一點。投資開設直營店並經營這些店，那麼這部份利潤就直接來源於你的這個有價值的商業模式。因為只有那些的確擁有一個有價值的商業模式的特許者才會願意自己投資門店，而這個自己投資的意願就成了讓特許加盟商購買你的特許經營權，進入到你的系統中的最具說服力的證明。

因此在現階段，特許加盟商顧問會極力推薦潛在特許加盟商不要去相信一個新的特許者關於他的商業模式多麼多麼有價值的宣言，而應該在投資前做充分調查，只向那些能夠清楚證明其價值的特許體系投資。具體地說，就是特許加盟商顧問會告訴潛在投資人只能購買那些有經營直營店的特許者的特許經營權。

作為一個新的特許者，你擁有的直營店越多，那麼你的經營成果中就有越多的部份是來自你的商業模式本身的價值。因此，當你公司擁有的直營店越多，就越能向特許加盟商證明你將持續不斷地投資於這個特許體系。

⑵成長初期階段

大多數成功的特許經營者在開展特許經營的初期階段都穩定地保持公司直營店的數量，幾乎將剩餘精力都投在發展加盟店上了。通過這個初期階段時間的發展，在他們的特許體系內直營店所佔的比例會大大下降。

成功的特許經營者採取這個戰略的主要理由是：首先，大多數的特許者願意賣掉他們新增門店的特許經營權是因為特許經營所能帶來的好處；另外，特許加盟商被這些商業機會所吸引，想獲得最好的門店，但是如果特許者不將特許經營權授予他們，那麼特許加盟商是沒辦法得到的。

在特許體系的發展過程中，特許者不再需要擁有大量的直營店來驗證自己體系的價值，因為其特許系統的價值已經贏得了好的聲譽。潛在特許加盟商可以通過公司的直營店和第一批加盟店來觀察經營業績。這些觀察結果，再加上可親自去體驗產品或服務的機會，使得特許加盟商可以決定購買這個特許經營權的價值，而並不需要特許者再去開其他的門店。

在特許經營的發展初期，成功的特許者不會將自己先前開的直營店賣給特許加盟商。即使在這些直營店的樣板作用不再重要時，成功的特許者也不會這樣做，他們仍然非常重視親自經營自己門店的重要性。直營店可以作為特許總部的研發中心，在那裏特許者可以改善提供給顧客的產品和服務，可以找出最有效的門店經營管理方法，可以設計出最好的特許加盟商管理和激勵措施。同時，還可以將這些門店作為特許體系內培訓潛在特許加盟商和讓經營管理人員練兵的好地方。

⑶在特許體系成熟時回購加盟店

一個成熟的特許經營者往往想要回購加盟店，來增加公司直營店所佔比例。這樣做的一個理由是，經營店鋪所獲得的利潤比賣特許經營權所獲利潤要高，這導致成功的特許者要購回他們最賺錢的門店。例如，在麥當勞和塔可鐘成為成熟的特許體系後，它們非常強硬地買回了那些盈利性最好的門店。當特許者確認通過他們集中的經營管理可以增加店鋪的銷售額、減少成本時，用回購加盟店的方式以獲取更高的利潤也就成為了非常普遍的現象。

另外，當特許者發展成熟後，他們所面對的財務資金上的限制也越來越小了，這使得他們更有能力來經營更多的店鋪。許多成熟的特許者上市或者有能力獲得大量的投資，他們不再需要用特許經營來作為融資方式了。結果是，成熟的特許者利用他們更好的融資管道來回購有利潤的門店。

在特許者可以大量擁有自己直營店的限制越來越小的同時，這些成熟的特許者還有強烈的願望要通過收回這些加盟店來減少與加盟商之間的衝突。當特許體系成長起來後，也就意味著市場飽和度越來越高，這使得他們要銷售更多的特許經營權越來越難。市場飽和也使得潛在特許加盟商不再有興趣購買你的特許經營權了，因為與市場中你的加盟店還不多時相比，如今購買你的特許經營權已不再有那麼好的利潤回報了。一旦加盟體系增長速度變慢，特許者也會缺乏執行合約中應給特許加盟商的廣告和服務支援的動力。這些因素綜合在一些就會引發特許者與特許加盟商之間的矛盾衝突，並可能導致法律訴訟等。這時特許者可以通過回購加盟店以減少與特許加盟商之間存在的潛在法律爭端。

⑷翻牌特許經營

上面描述的這些模式對於大多數種類的特許經營來說都是正確的，但是有一種除外：翻牌特許經營。翻牌特許經營指的是讓現已存在的獨立生意加入到特許體系大家庭中來的過程。

21 世紀不動產公司(Century 21 Real Estate)是翻牌特許經營的一個非常好的例子。由於翻牌特許經營是將許許多多獨立經營的門店吸引到特許者的統一旗幟下，而不是將特許經營權賣給那些正在尋找項目來開展業務的人們，因此許多有關公司直營店所能帶來的好處是不適用於翻牌特許經營的。

翻牌特許經營有其自身的優勢和劣勢。從正面的角度來看，翻牌特許經營所找的特許加盟商增加了具備行業相關經驗的可能性。翻牌特許經營的特許加盟商一般知道如何經營這個行業的店鋪，因為他們在轉入這個特許體系之前就應該在這個領域工作過好多年了。另外，翻牌特許經營可以將這些加盟店過去經營中獲得的經驗帶到新的特許品牌經營中。因為這些零售經營已經歷了門店經營的學習曲線階段，翻牌特許經營的業績會在特許經營開展後的短時間內得到快速提升。再進一步來看，翻牌特許經營能夠極為快速地建立一個龐大的特許體系，這些特許者也因此很快就可以在廣告和促銷中獲得規模經濟效應。

從不利的一面來看，翻牌特許經營需要特許者能夠與獨立生意人合作，習慣於在特許經營體系中用他的方式來做事。許多特許者不願意將特許經營權賣給有經驗的創業家。他們獨立經營的慾望會與特許體系內的標準化統一經營相衝突，這樣容易導致業績不佳。

3. 各地政府的法律規定應有幾家店

要注意當地政府的法律規定，每個地區所要求的條件都是不相同的，例如擁有 5 家商店才可以推展連鎖加盟，而且要事先申請核准經營加盟工作.

4.要在那個店鋪展開特許加盟經營

為了在特許經營領域取得成功，你應該將地理位置較遠的門店開展特許經營，自己直營那些距總部近的門店。距特許總部越遠的門店越需要你付出較大的代價去經營管理，因為送一個現場監察員到遠距離店鋪的成本要高很多。因此，利用特許經營這種方式去發展遠距離門店，既讓你節約了監管費用，又將產生更好的效果。你還應該將你在鄉村地區建立的門店開展特許經營，而自己直營那些開設在城市或近郊等人口密集地區的門店。在人口密集度高的區域，你可以在每平方公里的範圍內開設更多的店鋪，這樣你會通過你的地區經理而獲得監管上的規模經濟。這降低了你的監管費用，並且直接管理你的門店可比特許經營取得更大的成本效益。另外，在一個地區內有多個店鋪時，一個店鋪經理對於銷售產生所創造的價值相比地區經理而言降低了，地區經理可以協調整個地區的促銷活動。因此，在人口密集地區，公司直營店的廣告和促銷所帶來的利潤更多。

在那些回頭客非常少的地區你也應該經營自己的直營店，例如說在旅遊景點。「搭便車」的問題是伴隨特許經營模式最大的問題；但是作為一個公司直營店的經理是沒有動力去「搭便車」的。因此，在那些「搭便車」現象易出現，並且會削弱店鋪經營業績的地方，特許者最好採取直營店的方式。因為在控制「搭便車」問題時，商譽效應與公司直營是解決這個問題的兩種可選擇方式，所以在商譽效應不能正常發揮作用的情況下，特許者經常採用公司直接經營的方式。商譽效應在回頭客稀少的區域是很難發揮作用的，因此特許經營在這些地區很難做出好的經營成績。

在那些非旅遊景點地區，回頭顧客將自動變成一種機制來維持加盟商所提供的產品大小、品質一致，因為如果加盟店提供的產品偷工減料，下次顧客就不會再來了。但是在旅遊景點，大多數的顧客都是一次性消費，商譽機制在這裏起不到控制特許加盟商靠「搭便車」經營的作用，因此成功的特許者常常在這些區域自己經營以避免這類問題出現。

對於某些門店，它們的經營業績與整個體系中其他門店的業績沒有太大的相關性，或者在這些店中可變因素太多，經營業績不穩定，那麼你最好採用直營的方式。在那些情況下，特許加盟商更容易採取一些機會主義的行為，因為你很難將這些店的經營情況與系統的標準做比較去評價他們。因此直接經營管理這些店對於控制這些店並努力取得成果是非常重要的。

5. 區域擴張戰略

作為一名特許者，你需要決定你的特許體系應該採用怎樣的區域擴張戰略。更適合開展特許經營的生意模式是：利潤來源依賴於你的體系中增加了多少門店，而不是依賴於在一個現有的門店上去擴大經營，提高業績。這就意味著，你採用的新地理區域的擴大門店數量的方法對於整個特許體系的經營業績起到非常重要的作用。

雖然有些特許經營者採用「打一槍換一個地方」的做法，只要有人願意出錢購買它的特許經營權，不管在什麼地方都會開設加盟店；

而成功的特許者往往採用的是地理區域有限制的發展方式，他們會先集中力量在一個或兩個城市發展門店，直到有足夠的規模和力量去發展其他更多的區域。

地理區域有限制的門店發展對於剛開始開展特許經營的人來說是一個非常好的戰略，因為它可以幫助你提高監管、控制的品質。「打一槍換一個地方」的擴張方法會讓你很難進行有效地高品質地店鋪控制，因為這種方法提高了你派人到現場監督管理的成本，導致你在監管特許加盟商時資金嚴重不足。

例如，一個列印商店特許經營者一開始就分別在紐約、三藩市、洛杉磯、芝加哥和邁阿密建立了一家加盟店，因此與在紐約城的五個區分別開五家加盟店相比，特許者要花費更昂貴的代價送特許經營督導員去這五家店進行監督管理。因此，在加盟費和預支給各個店的監管費一定的情況下，在特許加盟商管理方面，在五個城市開五家店的特許者可能要比在一個城市的五個區開五家店的特許者差許多。

擴張方法也為特許加盟商製造了投機取巧的條件，當特許經營督導員遠離他們所在的區域，無法實施監督時，特許加盟商就可以從事一些不恰當的經營活動。更進一步來看，不採取地理區域集中擴張方法也就很難發揮主要經營活動（如廣告宣傳活動等）的規模經濟效應來刺激體系快速發展。因為許多廣告宣傳都是在當地市場投放，如果你在一個地區開了幾家店，你就可以在投放媒體廣告或製作平面廣告時獲得更高的成本效率。

 特許連鎖加盟的區域發展

作為一個成功的特許者，你需要制定一個合適的戰略來管理不同地理區域的發展。特許經營更適合在這些行業中採用——銷售額與利潤成長主要來自體系內門店數量的增長，而不是依靠現存門店的經營擴大而現實的。因此，做出一個完善的區域發展戰略對於特許體系的成功起著至關重要的作用。如果你採用了一個不恰當的區域發展戰略，必將使你在特許體系運營中所做出的努力大打折扣，而且還可能讓一個有效率的特許體系向著反方向發展。但是要設計一個合適的區域發展戰略絕不是一件容易的事。

一個有效率的區域發展戰略，你需要在單店特許經營模式和多店特許經營模式中做出選擇。

單店特許經營是指一次只賣給加盟者一個門店的特許經營權；多店特許經營是指在同一個時間內將幾個門店的特許經營權賣給加盟者，一般包括三種方式：主特許經營、區域發展協定和分特許經營。接下來就要考慮將那個區域賣給你的特許加盟商。這其中尤其要考慮，是否把某個區域的獨家特許經營權賣給你的特許加盟商；如果是的話，你需要認真考慮這個區域的範圍應該有多大。最後就是決定是否允許讓你的特許加盟商在他們的區域內擴張。

無論如何，區域發展戰略與其他戰略都應該是相互支持的，因此，在考慮採用區域發展戰略時，另一個重要的環節是弄清楚你的體系政策，並確保你的區域發展戰略與那些體系政策是相匹配的。

1. 多店特許經營

在特許經營中，一種普遍的做法是採用單店特許經營模式，即特許者將一個單店的特許經營權賣給一個特許加盟商來經營。還有一些特許加盟商採用多店特許經營的方式，如主特許經營、區域開發協定或者分特許經營。要想在特許經營領域中獲得成功，必須瞭解什麼時候應該採用多店特許經營，以及採用多店特許經營中的那一種方式。

⑴主特許經營

主特許經營是指經特許者授權另一方（常稱為主特許加盟商）為特許者招募特許加盟商，並為特許加盟商提供指導、培訓、支援等，作為回報，他可收取一部份特許加盟費和特許權使用費。主特許經營方式為特許者帶來不少發展優勢，其中最重要的一點是特許總部不需要有很多人就可以廣泛開店，加速了特許體系的擴張。因為你可以通過主特許加盟商來幫助招募、培訓和支持特許加盟商，以達到體系快速擴張的目的。

例如，美國特許品牌「溫蒂」通過主特許加盟方式在 9 年內從 2 家店發展到 1400 家店。

主特許經營方式在一定程度上減少了特許者與特許加盟商之間在特許體系發展門店數的問題上產生的矛盾。因為特許者的利潤增長來源於門店數量的增加，而特許加盟商的利益增長來源於單店營業額的上升，所以特許者和特許加盟商之間有一個根本矛盾，即在一定的區域內建立門店的數量。而主特許加盟商在一定程度上充當著特許者的角色，在利潤增長的來源上與特許者的利潤增長方式更為接近（與單個特許加盟商相比）。因此在採用了主特許經營的方式後，也就意味著在決定要增加門店數量時，你是在與一個與你有著相似目標的人在一起商談，這樣就必然減少了你與你的特許加盟商之間在市場開發問題上的直接衝突。特許經營中的這個衝突常常會影響到特許者與特許加盟商關係中的各個方面，而採用主特許經營方式能幫助你減少體系運營中衝突帶來的不利影響。

主特許經營方式還有助於回購特許加盟店，因為你只需要與這些主特許加盟商去談判，這相對於廣大的單個特許加盟者來說數量上要少了許多。如果你的特許經營戰略只是一個臨時性戰略，採取這種戰略只是因為在想要擴大連鎖體系時，公司缺乏足夠的資金和人力資源來發展直營連鎖，那麼主特許經營的方式比較適合你。主特許經營方式既可滿足你快速擴張連鎖體系的需要，同時，在收回一個區域的門店控制權時也會相對容易，因為在一個區域的連鎖體系建成之後，你希望購回這些門店時，只需要與一個主特許加盟商談具體回購條款就可以了。

另外還有一個優點，主特許經營為特許者在一個不熟悉的市場環境中尋找熟悉情況的合作夥伴提供了一個有效的方式。這也正是為什麼主特許經營方式被廣泛地用於特許者的跨國發展中，因為他們缺乏對國外的市場文化、經濟環境或法律體系的全面瞭解。通過這種方式，主特許加盟商會向你提供有價值的建議，幫助你選擇合適的特許加盟商，並且調整你的系統使其更適合當地市場的發展。儘管主特許經營方式有這麼多的優點，但是對於大部份的特許者而言，它並不是一種特別好的方法。

事實上，對一個剛開始實施特許經營的特許者來說，主特許經營方式還存在著一些特別的問題，而往往就是這些特許者喜歡採用這種方式來發展組織。研究表明，與其他特許體系相比，採用主特許經營方式的新的特許體系生存的時間可能更短。為什麼會這樣呢？一旦採用主特許經營方式，你就放棄了引導、鼓勵特許加盟商正確行為的重要激勵手段。為了保證特許加盟商與總部的經營要求相一致，一些特許者僅僅向那些遵守特許體系規則的特許加盟商提供增開新加盟店鋪的權利，這在一個盈利的特許體系內是非常有效的激勵方法；然而，如果你選擇了主特許經營模式，那就意味著你放棄了從特許加盟商中再次挑選出適合的、再開新加盟店的權利，這其實也就削弱了一個確保特許加盟商遵照體系規則來運營的重要激勵手段。

主特許經營模式還增加了有效挑選挑選特許加盟商的難度。為保證特許體系的成功，你必須挑選出合適的特許加盟商。然而，要在一大群陌生人中認準誰是將會成功的商業人士不是一件容易的事，即便你非常有眼光，也可能會在某些時候出錯，認錯特許加盟商。採取主特許經營模式，當你在選擇合作夥伴時，如果挑選了一個失敗的主特許加盟商，那麼造成的錯誤將比挑選了一個失敗的單個特許加盟商嚴重得多。

最後，還要提到的一個缺點就是，在現實中設計一個理想的主特許經營模式和恰到好處的激勵主特許加盟商的手段都是非常困難的。在與主特許加盟商簽訂合約之前，你需要提前制定具體詳細的發展計劃，即主特許加盟商需要銷售和支援單個特許加盟商的數量。這個具體的計劃不僅要為你的主特許加盟商創造出一個良好的激勵，讓他專注於銷售特許經營權而不是特許體系的建設，而且還要表現出你設想的合適的發展單個特許加盟商的數量是多少。但是事實上，當你在一個新的市場發展一項新的業務時，你不可能準確地知道主特許加盟商在這個市場應銷售多少個單個特許經營權才是正確的。許多特許者都因為沒有真正弄清楚這個市場能夠承受的店鋪數，導致為主特許加盟商設計了一個不合理的開店數量，從而陷入了經營困境。

⑵區域發展

區域發展協定是指合約中簽訂了授予特許加盟商開發一個地理區域範圍內的特許加盟店鋪權，也就是在這個範圍內允許建立多個加盟店。例如，你可能授予一個特許加盟商在德克薩斯州或者墨西哥開設所有加盟店鋪的權利。

區域發展協定在特許經營的各種授權方式中相對比較少見。最近的一項調查顯示，只有 28%的特許者會採用區域發展協定。這種區域發展協定在某些行業比在其他行業中使用得更為普遍，但是行業性質並不是區域發展協定是否被採用的決定性因素。在同一個行業中，相互競爭的企業常常採用不同的區域發展戰略。

例如 Bath Fitter，一個佛蒙特南伯林頓市的洗手間裝修服務特許企業，尋找區域開發合作夥伴；而它的競爭對手——猶他州鹽湖市的 Bath crest 特許企業則不採用此特許方式。因此，你需要決定區域發展協定是否與你的特許發展戰略相適合。當然，這首先需要你對區域發展協定的優劣勢有一個非常好的理解。

區域發展協定的一個最大的好處是：它減少了需要你去吸引加入到你的特許體系的特許加盟商數量。找到一個好的特許加盟商比起找 20 個好的特許加盟商所花費的成本應該會低很多，尤其是因為你帶給區域發展夥伴的好處要遠大於那些只經營一個加盟單店的特許加盟商。如果你發現為你的特許體系尋找一個好的特許加盟商非常困難，那麼與任何其他的特許方式相比，採用區域發展協定將會讓你的特許體系以更低的成本更快地擴張。

區域開發的另一個主要優勢表現在：區域特許加盟商能夠獲得與小型連鎖企業相同層面上的規模經濟效應，因為他們經營的是不止一個加盟門店。對於有些經營活動，例如為管理員工制定的政策制度或者在電腦設備上的投資等，這些規模經濟能夠節省不少資金。因此，採用區域開發協定能夠讓你的特許體系提高特許加盟商的邊際利潤，從而更加吸引特許加盟商。

同樣，區域開發還為區域特許加盟商提供了從一個加盟店到另一個加盟店知識轉化的好處，因為區域特許加盟商在經營中學到的解決方案可以被運用到多個加盟店中。

然而，一個區域特許加盟商既有發展的動力，又有機會將在一個加盟店內獲得的經營經驗轉用到同一個地區的其他店鋪中。

最後，當一個特許體系中的特許加盟商是區域開發商的形式時，還可以減少特許經營中對「搭便車」行為的防範。不同的特許加盟商之間都非常不願意讓其他特許加盟商的門店搭自己的「便車」，但是在同一個特許加盟商內部的各個門店間就不會產生這個問題。因此如果你的特許經營體系需要在某一個特定地理區域中做大量的廣告來為產品招攬顧客，你在這個區域中的各個不同的特許加盟商在策劃廣告時將試圖不讓其他特許加盟商免費從中獲得好處。但是，如果在這個區域內完全由一個特許加盟商單獨來開發加盟店，對這個特許加盟商來說，這個區域也就是一個獨自的廣告市場區域，特許加盟商在策劃廣告時就不會產生這種害怕他人「搭便車」的現象了。因為在這個廣告投放區域內，所有的加盟店都是由這個特許加盟商來經營管理的，這個特許加盟商將獲得所有廣告產生出的效益，因此也就不再會有「搭便車」的想法。

區域開發方式帶來的所有好處也都要付出一定的代價。首先，區域開發方式會產生一個推諉責任的問題。區域特許加盟商必須僱用員工來經營他們建立的各個加盟店。因此，這些店內經營的員工就必須獲得薪水報酬，但報酬並不來自他們經營的加盟店的獲利部份。這種薪水補償制度會造成員工推諉責任的問題。由於特許經營可以避免受僱用人員推諉責任的問題，所以，這就成為了特許經營首要優勢之一。而且，採用區域開發協定的特許體系與公司直營連鎖體系非常類似，也帶有管理層級過高的所有不利因素，常常在最後還是會建立起較高的管理層級，這種管理層級是由區域特許加盟商造成的。區域開發特許經營的另一個不利因素是讓你的特許加盟商擁有了更多可以超越你的權利。通常情況下，一個特許經營體系內會有許多的小特許加盟商，而區域發展協定的方式則會讓你特許體系只由一些大的特許加盟商組成。

對於特許總部來說，與大量的小的單個特許加盟商談判比與一個由更少數量而個體更大的特許加盟商談判容易得多。在前一種情況下，你一般不會因為大量的單個小特許加盟商中的某一家行為不規範，或做出與你的體系利益相違背的事而遇到很大的麻煩，而如果是在後一種情況下，某一個區域開發加盟者做出類似的不規範事件，就可能讓你遭受較大的災難。因此，相對於擁有數量更少而個體更大的區域特許加盟商來說，當你擁有大量的小的單個特許加盟商時，你的談判地位會有利得多。

⑶分特許經營

分特許經營是一種讓特許經營者授予某人再次對門店開展特許經營的權利的戰略。圖 1-9-1 展示了分特許經營的結構安排。在分特許經營這種方式下，分特許經營者承擔起培訓特許加盟商，幫助其開業經營，並收取特許權使用費的責任。

當然，不是所有的特許者都會從事分特許經營的方式。為了決定分特許經營是不是你想要採用的方式，你就需要對這種方式的優劣勢有個較充分的瞭解。

圖 1-9-1　一種典型的分特許經營結構圖

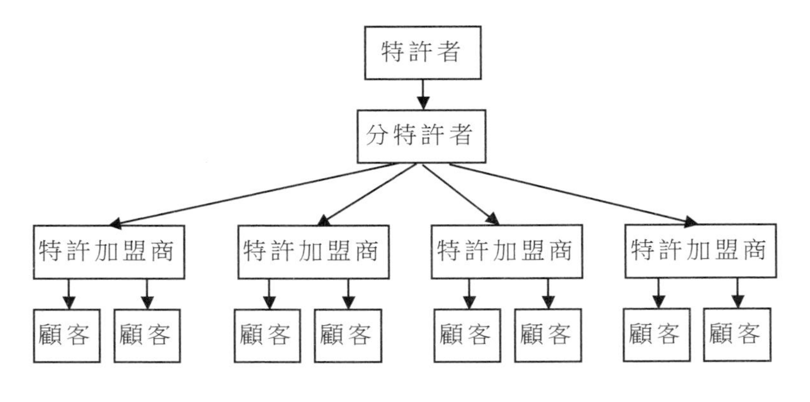

從好的一面來看，分特許經營可以幫助你的體系成長。因為分特許者會幫助你識別挑選特許加盟商，支持他們，監督他們的經營行為，並收取特許權使用費，這樣你的特許體系總部員工就可以控制一個大得多的領域範圍，與不用分特許經營相比，採用這種方式能讓你用更少的總部人員發展到更廣闊的領域。分特許經營帶來的這個效果正是這種方式最主要的優勢。

雖然對於一個在人力和資金方面已經固定投資的特許者來說，分特許經營會比一個個地採用直接特許經營的方式更快地發展你的事業，但是這種分特許經營對於特許者而言，常常會成為一個不好的經營戰略。通過運用這種方式，意味著你創造了一個擁有重要權利並超過了你的合作夥伴，因為分特許者比單個門店的經營者來說，佔有更多的利潤，經營更多的門店。這樣一來，就會使特許者置於一個不利的位置，特許者與分特許商談判比與單個特許加盟商談判要困難得多。

另外，特許者要採用分特許經營方式來開展工作，就必須有非常明確的特許經營發展進度安排。設計這個發展進度表的時候，就產生了主特許經營中的要主特許加盟商設計發展進度安排一樣的困難。對於特許者來說，你當然希望你的分特許者能夠更快速地挑選、發展特許加盟商，而分特許者卻認為要如此快速是不可能的。這就使得特許者與分特許者之間很難就特許經營體系應該有一個怎樣的發展進度安排的問題達成一致意見。

分特許經營還有一個不利因素，表現在挑選出適合的分特許者的難度上。大多數時候，對分特許商的財務資金要求比對單個特許加盟商的要求高出許多。在許多特許經營體系中，獲得一個分特許經營權需要花費好幾百萬美元，因此，要想找到一個希望做分特許經營，同時又可支付好幾百萬美元來購買此分特許權的人相對來說非常困難。所以，如果你選擇了分特許經營方式來經營你的業務，那麼當你的候選人非常稀少時，你可能會因為浪費了太多時間去尋找分特許商而失敗。

2. 獨家區域特許經營

特許者經常會將獨家區域特許經營權賣給他們的特許加盟商，或者是在一個地理區域內，特許者同意不再增加自己的直營店鋪，也不會將這個區域內的任一門店的特許經營權賣給其他的特許加盟商。事實上，70%的特許者向他們的特許加盟商銷售獨家區域特許經營權。

銷售獨家區域特許經營權對於特許者來說是一個非常好的戰略，尤其是當你的特許體系建立時間不長，規模還不大時，這個方式非常好。另外，如果特許加盟商在這個特許連鎖體系中起著相對重要的作用，獨家區域特許經營方式會更具價值，這一點在連鎖體系發展初期非常正確。當特許企業要銷售給終端顧客的產品或服務比較新，顧客還不是很熟悉時，特許加盟商在向終端顧客銷售此產品或服務時所付出的努力就非常重要。隨著時間的推移，當產品或服務已被顧客更好地瞭解後，特許者為確保產品的品質和提升特許品牌的聲譽做出的努力將顯得比特許加盟商為銷售做出的努力更為重要，這時獨家區域特許經營雖然仍然是有價值的方式，但相對價值就會降低。

為什麼向特許加盟商提供獨家區域特許經營權是一個好的戰略呢？畢竟，獨家區域特許經營是有代價的。因為特許加盟商尋求利潤最大化，而特許者卻在追求銷售額最大化，當你想要在一個地區多開幾家門店時，特許加盟商卻不希望如此。因此，如果你銷售給特許加盟商的是獨家區域特許經營權，那麼你就不可能像希望的那樣開很多店鋪來使市場飽和。

然而，獨家區域特許經營會帶來很多有利的因素來抵消那些不利的因素。首先，獨家區域特許經營方式會讓特許加盟商比較放心，他們不用受特許者會在他們的區域內開出新的店鋪的威脅，作為從經營業績中索取更多利潤佔有率的方法。投機主義的特許者可能會威脅他的特許加盟商要在他們現有加盟店的正對面增開店鋪，除非特許加盟商同意向特許者支付更高的特許權使用費。特許加盟商害怕將來你會想盡辦法要對特許經營合約條款進行修改，而獨家區域特許經營方式就會減少這種擔憂，這種方式可以防止特許者從事一些投機活動。

獨家區域特許經營還能減少連鎖體系內各加盟店之間為了爭取同類顧客而惡性競爭。反托拉斯法不允許特許者告訴特許加盟商那些地方可以賣它們的產品和服務，那些地方不能，因此同一個特許連鎖體系能夠也必然會相互競爭。特許者希望減少這類競爭，因為這會影響整個體系的銷售額。如果你的生意——例如說是標識店——需要有一個固定的經營場所，那麼向特許加盟商提供獨家區域特許經營權可以在很大程度上減少這種連鎖體系內的競爭。人們通常不會走很遠的地方去買一個標識。如果你在某個指定地區（或者就是某個指定的城市)授予你的特許加盟商獨家區域特許經營權，那麼他不太可能會面臨來自其他區域的特許加盟商的競爭。

雖然對你來說，向特許加盟商提供獨家區域特許經營有著非常清楚的價值，但是你仍然需要決定授權地理區域的大小。例如，東海岸奶油凍(美國的一個冰凍乳酪特許品牌)就授予特許加盟商獨家區域特許經營權，這個區域為一個門店半徑 5 英里的範圍。你向特許加盟商提供獨家區域特許經營的範圍部份取決於你所從事行業的特性。例如一個快速食品餐廳要是能獲得一個城市中幾個街區的獨家區域特許經營權，就非常有價值了，尤其是在一個人口密集度高的地方，如曼哈頓。但是，一個辦公環境清潔業務可能需要將全部一個城市作為一個區域，否則特許加盟商將無法成功經營。

決定授予你的特許加盟商獨家區域的大小非常困難，你很可能會將一個過大的區域授予了特許加盟商。這樣不僅降低了你的特許體系中店鋪的密集度，導致你的利潤降低，而且還讓你的競爭對手有機會溜進這個地區，與你競爭搶市場。

例如，假設你是一家汽車維修業特許經營企業，並且採用的是獨家區域特許經營方式，你將美國俄亥俄州克利夫蘭城市的特許經營授予了某一個特許加盟商，而他只開了一家店。那麼你最大的競爭對手就可能進入這個城市，並且建立 10 家汽車維修店鋪，而這時你卻被困在了這一家店上。因為你授予特許加盟商的獨家區域特許經營範圍太大了，你將不得不面對其他的連鎖競爭對手，這些競爭對手可能會有更大的規模，在做廣告時能體現出規模經濟效應，而且也有更多的店鋪來為大家都在爭取的顧客服務。

關於獨家區域特許經營，你需要考慮的最後一點就是如何測算你授予獨家區域的範圍大小。除了取決於產品和服務的特性外，測算獨家區域大小的一個好辦法可能是根據地理區域的大小、區域內人口數量，或者他們的財富和收入狀況。例如，一個兒童教育課程最合適的獨家區域範圍大小，最好是根據這個城鎮的兒童數量，而不是單純的地面公里數來決定。

10 連鎖業發展路徑的選擇

連鎖業發展路徑主要有兩種選擇：一種是滾動發展戰略，另一種是收購兼併戰略。這兩種戰略各有利弊，需要企業根據自身實際情況靈活運用。

至於連鎖企業應該採用何種發展路徑，可以結合自身情況具體而定。一般企業在初創時，實力尚小，更多地採用滾動發展戰略，逐步培養自己的核心能力。等企業發展到一定規模，各方面均已成熟，需要加速發展時，此時可以考慮收購戰略。不論採取哪種發展路徑，企業都應該將重點放在內在發展和質的飛躍上，而不僅僅是注意量的擴大。

1. 滾動發展戰略

滾動發展戰略是指連鎖企業通過自己的投資，建立新的店鋪，通過自身能力逐步發展壯大。這種擴張路徑可以使新店鋪一開始就按照企業統一標準運行，有利於企業的一體化管理，同時原先的經營理念和模式也得到了充分的核對總和修正。但這種方式的前期投入需要較多資金，且連鎖企業對新區域的市場有一個瞭解、認識、把握的過程，當地消費者需要時間瞭解、接受新的進入者。

2.收購兼併戰略

收購兼併戰略是指連鎖企業採用資本運營的方式，將現有的連鎖企業收購、兼併過來，再進行整合，使兼併企業能與母體企業融為一體。隨著店址資源的減少與競爭的加劇，近年一個較為引人注目的發展動向是兼併盛行，當然這也催生了另外一種連鎖企業贏利模式，即從開業的那天起該企業經營的重心就不是如何使每一家店鋪都贏利，而是拼命開店瘋狂布點，以便佔領店鋪網點資源，一旦企業做到一定規模，就尋找合適的買家將企業售出去贏利。

通過收購兼併，連鎖企業比較容易進入一個新市場，而且可以共用資源、擴大顧客基礎、提高生產率和討價還價的實力。

11 特許連鎖加盟的國際化擴張

特許經營正成為一種國際化經營活動方式，當你的特許體系獲得一定成功時，如果沒有什麼其他特殊原因，你就會面臨著體系國際化擴張的問題。在美國，現在大約有 400 個特許者企業經營管理著美國以外地區的 30000 個店鋪。

當然，特許經營作為一種純粹美國出口貨品的年代已經結束了。現如今特許者在海外擴張時，他們面對的不僅僅是當地同行業內的競爭對手，而且還有當地的特許經營企業。例如，在哥倫比亞，Oma 咖啡屋特許品牌連鎖店在五年的時間中從幾家店發展到了 50 多家店。接下來，海外咖啡屋特許品牌在尋找機會進入哥倫比亞市場時就要面對這個當地市場強大的競爭對手。

進一步來說，特許經營已經成為一種全球性的經營模式。即便是回到美國來看，咖啡屋的特許經營者現在也要面對來自哥倫比亞的競爭對手。

來自哥倫比亞的咖啡培育者的國家聯盟組織目前正在向美國擴張，在原來 11 個哥倫比亞咖啡屋的基礎上增加了 2 個特許加盟點。結果造成美國的咖啡屋特許者，如 Gloria Jean’s 和 Seattle’s Best Coffee 等咖啡屋特許企業不得不與海外咖啡屋特許品牌展開競爭，同時還要與美國本土的特許企業和一些非特許企業競爭，如星巴克等。

作為一名特許者，在關於跨國發展特許經營時你要解決兩個關鍵問題：首先你要決定應該在什麼時候開始海外擴張，接著是當你要進行海外發展時，你需要對你的特許經營系統做出那些相應調整。

1. 什麼時候開始進行海外擴張

為了讓你的特許體系在海外發展時獲得成功，首先你應確保你的特許系統已經達到相應的成熟度。當你剛開始開展特許經營時，即便有可能馬上做跨國特許經營，這樣做對於特許者來說也是非常困難的。在剛開始的時候，你需要不斷調整自己的業務模型，因此你在招募特許加盟商時儘量挑選距離總部較比較近的，這樣他們能從你那裏得到一些回饋意見，如有關培訓、選址、配送和廣告等經營管理上的問題，可以幫助他們快速調整這些方面的不足。而且，在其他國家的店面位置就更難以監管了，這不僅僅因為收集遠離特許總部的門店的信息更困難、花費更大，而且因為不同文化背景、匯率和經濟導致的國際業務環境不確定性。

如果你的特許體系在本國市場有過幾年的經營歷史，將有助於你日後開展跨國特許經營事業，因為這段經歷讓你知道應該怎樣有效管理你的特許體系，怎樣為自己的特許體系挑選適合的特許加盟商，以及如何鑑別合適的店址。你作為特許者的經驗還會幫助你找到將你的經營系統傳授給國外的特許加盟商的方法，這比將同一個經營系統傳授給國內的特許加盟商要難得多。

更重要的是，幾年國內市場的實戰經驗將會引導你走向國際特許經營市場，因為你在國內的發展經歷可能讓你的業務在國內的市場達到飽和，這是一個非常重要的海外擴張動因。當你的業務在國內市場趨於飽和時，你在國內的市場也就越來越受限制，因此在試圖發展國內特許加盟商時，你的邊際利潤會不斷收縮，這必然導致你對特許體系進行海外擴張。

即使在國內市場達到飽和的狀況下，大多數特許者也不願意向海外發展，直到他們有了最合適的動力——來自海外的某人詢價購買他的特許經營權，對加入這個特許體系非常感興趣。實際上，在海外發展的美國特許品牌中近 2/3 是因為有來自其他國家的人來詢問加入體系事宜。這也就說明了一件事，大多數特許者沒有將海外擴張寫入已商定的國外發展戰略中。然而，當他們的特許體系發展到國內相對大的規模時，他們更願意從事這項經營活動。

事實上，亞瑟· 安德森(Arthur Andersen)的一項調查數據顯示：美國的特許經營者在剛開始發展海外市場時，平均在國內已擁有 137 家店鋪。雖然這個平均數在不同的行業之間，或同一行業不同的特許者之間會有所不同，但是這麼大的一個平均數告訴我們，大部份開始跨國開展特許經營的特許者都不是新企業、小企業，而是相對大而成熟的特許系統。

2. 需要為國際化擴張做那些改變

為了讓你的特許體系在國際化發展中獲得成功，你需要改變你體系中的政策和戰略。與大多數特許者一樣，在進入海外市場時，你可能想要使用主特許經營方式而不是直接開展特許經營。主特許經營方式可以幫助你努力進入國外市場，因為這種方式可以在很大程度上減少成本和遠距離管理一大堆單個特許加盟商的無效管理過程。這種方式還可減少「瞭解如何在另一個國家經營」的負擔，在這一點上很容易出錯，大多數特許者常常沒有準備好，不瞭解新進入國就開始動手了。通過與主特許加盟商的合作，你可以使用公司在當地市場的經驗來幫助你的體系適應，以及將當地市場的監管機制運用到新市場中。這種方式還可以幫助你更容易地挑選出合適的海外特許加盟商，這比跨國親自去尋找要節約很多時間和費用。然而，跨國主特許經營方式的運用並不是沒有代價和風險。主特許加盟商不總是能夠維護體系的標準，當他們沒有按要求執行時，你不得不因此隨時準備與國外的主特許加盟商解除合約。例如，當麥當勞發現法國的加盟店不能達到統一的衛生標準，在餐廳中發現有老鼠時，不得不終止它與法國第一批主特許加盟商的合約。當你進行海外擴張時，你還應該做出其他一些變化。當你將特許經營權賣給其他國家的特許加盟商時，你應該提高初始加盟費的收取，同時降低持續性特許權使用費的收取。因為遠距離監管特許加盟商的能力不是及法律環境的不同，導致你很難執行特許經營協議，以及行使商標權和執行國際非競爭性條款，結果就可能使你在海外擴張的初期要支付更多的錢。

在培訓海外特許加盟商時，也應與培訓國內特許加盟商時有所區別。大約有一半的特許經營者在在進行海外擴張時，都會對他們的培訓內容有所調整。通常，他們所做的培訓會更適應於當地市場的實際情況，並會改變培訓形式以減少花費。特別是，在美國成功的特許者為了降低成本，通常要求他們的海外特許加盟商來美國的總部進行培訓，而不是到特許加盟商所有國進行培訓。這樣一來，只有極少的特許者會向美國以外地區的特許加盟商提供經營中培訓，而他們會對美國本土特許加盟商進行此類培訓。

總而言之，雖然當你的公司在國際化經營中越來越有經驗時，你應該減少對於特許經營的依賴，但是當你剛開始進行海外擴張時，你應該比在國內市場經營時更多地採用特許經營模式，依靠你的特許加盟商。而當你進行海外擴張時應該在多大程度上依賴特許經營要取決於一系列的因素，比方說目標市場的特徵等。例如，在那些經濟或政治上風險比較大的國家，你應該更多地採用特許經營模式，因為特許經營可以將風險轉移到特許加盟商身上，是規避特許者風險的一種非常有效的方法。

在文化差異很大的市場，你應該利用當地特許加盟商的豐富經驗來調整你的產品或服務以適應於當地市場。在從事國際化特許經營時要比在國內發展支付更多的成本去監管，而且當那個國家的文化與美國文化差異很大時，你很難保證你的監管是正確的。通過特許經營可以一定程度上減少你的監管，這也就使得特許經營在發展海外市場時比在國內市場發展顯得更為重要。

從另一方面來看，如果你在自己公司的品牌建設上做了很大的投資，那麼在發展海外市場時，你應該儘量少地發展特許加盟店。因為在進行國際化經營時就如同在國內經營一樣，你的特許體系很容易因為品牌的「搭便車」問題而遭受損害。然而，在國際化發展中，要對這個問題進行監管需要支付很大的代價，因為當你與特許加盟商之間的文化差異和自然地理差距越來越大時，管理成本也在不斷增加。

12 特許連鎖的開發新店布點要求

連鎖企業要發展，主要依靠品牌去開發新店，而為了作好開發新店這項重要工作，必須制訂週全的開發計劃，才能確保開發店鋪的成功。連鎖經營的店鋪開發計劃主要包括開發策略、布點要求、業態選擇等。

展店布點即開新店，這是連鎖店鋪開發的具體操作階段，在這一階段應有明確的要求，包括年度開店數、開店範圍選擇、設店條件的設計、商業區選擇、立地布點戰術及零售網路聯結方面。

1. 年度開店數量

根據連鎖企業的各項資源及市場的需求分析，可以訂出一個年度的展店目標。從展店目標的多少可以看出本連鎖企業開店策略是保守還是開放。當然，這裏需考慮一下實際開店數減去關閉店數而形成的淨開店數。

2. 開店範圍選擇

開店範圍的選擇有兩大類：一種是全面性選擇，一種是部份性選擇。全面性選擇是面向全部市場空間，隨著顧客群的發展而發展。部份性選擇有三類：第一類是選擇城市繁華區，第二類是選擇城鄉結合部，第三類是選擇在交通要道處。

3. 開店條件的設計

連鎖店鋪要發展，就必須對所開店鋪的面積、交通、招牌、內外市場、裝潢設計有一定的標準規格，不同的店鋪規格會影響到展店各項策略的選擇。為了應對不同的建築形式、規格，有的連鎖經營企業具有 3～5 種不同面積的店鋪設計，並且還進行菜單式選擇。除了店鋪面積外，開店還要考慮樓層、建築材料、店寬等要求。

4.立地布點戰術

開店布點順序指各項立地條件的優先順序。其主要有三種順序：全面布點、中心放射及包圍布點。全面布點多半在各類立地條件差異不大時使用；中心放射布點是以一個特定區域為範圍，先佔中心點後再分別擴展到邊區，進駐城市繁華地段就是其代表方式。包圍型布點的典型做法就是以「鄉鎮包圍城市」，如在大城市先沿著邊緣環形公路進行布點，然後根據情況向中間滲透，沃爾瑪的初期布點就是這樣。

店鋪立地指確定設立店鋪的理想開店場所。這裏會牽扯到兩個問題：立地條件和布點順序。

立地條件指店鋪所在地週圍的環境條件，如交通狀況、公共設施、停車空間、商店密集度、住宅密集度、社會穩定狀況等。連鎖企業必須確定店鋪的最佳立地條件。

5.零售網聯結

優良的零售網聯結戰術，宣傳效果強，可以形成網路的效果。

零售網聯結戰術主要考慮是採取單一業態店鋪通路還是多業態店鋪通路。對於多業態店鋪連鎖經營者，不但要考慮每個單店的經營，更要考慮到整體銷售網互相支持呼應的效果。所以對同一商業區中，客源重疊的店鋪或宣傳性布點都要有一定的規律，以避免造成互相制約失去連鎖的優勢及產生布點不均的現象，這種現象經常在連鎖店開到一定數量時出現。優良的零售網聯結戰術，實體商店與虛擬店鋪的連結。

13 案例：7-ELEVEN 便利商店

1927 年創建於美國德克薩斯州的達拉斯 7-ELEVEN 公司，起初名為南方公司(The Southland Corporation)，是當前全球最大的便利店。同時，它也是全美最大的汽油獨立零售商。在 1999 年 4 月 28 日的股東大會上，公司更名為美國 7-ELEVEN 公司。

7-ELEVEN 公司最初經營製冰，它開創了便利店概念的先河。在其創業的早些時候，南方公司的製冰店經營牛奶、麵包和雞蛋，為顧客提供一些便利。7-ELEVEN 的名字萌生於 1946 年，那時所有的店鋪經營是從早 7 點到晚 11 點。今天，7-ELEVEN 公司為顧客提供每週 7 天、每天 24 小時的便利服務。

7-ELEVEN 連鎖體系採取 3 種方式進行規模擴張：一是由 7-ELEVEN 總部直營；二是進行區域許可；三是進行直接特許經營。在世界各地的發展主要是通過區域許可的方式進行的，到 2003 年 1 月 1 日止，通過區域許可的方式經營的 7-ELEVEN 店鋪約有 18600 家。

目前，7-ELEVEN 便利店作為世界上規模最大的便利店體系，其重要的 3 個組成部份是：日本 7-ELEVEN 的便利店公司、美國的 7-ELEVEN 便利店公司、台灣的「統一超商」。

美國 7-ELEVEN 公司這一特許經營體系在全美取得了巨大的成功。現在，在北美(美國和加拿大)的 7-ELEVEN 店鋪已超過 5900 家。

日本的 7-ELEVEN 公司於 1973 年 11 月由日本大零售企業集團伊藤洋華堂引入，並為此成立「約克七公司」，也就是日本 7-ELEVEN 公司的前身，它現已成為伊藤洋華堂旗下的優勢企業。正是伊藤洋華堂拓展市場的驕人成績以及南方公司全球盲目擴張導致虧本的敗績，使伊藤洋華堂有機會入主美國南方公司並實現控股 70%。在全世界 2 萬多家 7-ELEVEN 便利店中，日本以 8900 多家位居首位。如今的日本 7-ELEVEN 可以說是當之無愧的便利店之王，它以便捷、優質、高效的服務奠定了便利店在零售業態中不可替代的地位。

台灣的 7-ELEVEN 店鋪，其特許經營模式有所不同，加盟商可以在兩種不同的方式(委託加盟和受許加盟)中選擇一種來開展自己的業務。台灣 7-ELEVEN 公司總部是美國 7-ELEVEN 公司的區域許可代理人。目前，7-ELEVEN 在台灣的經營權掌握在統一集團(Uni-President Group)手裏。台灣店鋪數量超過了 3700 家。截至 2006 年底的統計，7-ELEVEN 的全球分店總數為 34000 多家。

14 案例：連鎖經營戰略規劃

德克士炸雞店的戰略，在中國成為西式速食第三品牌

在中國的德克士炸雞店能在國際速食連鎖巨頭麥當勞、肯德基的夾縫中「瘋狂」成長，關鍵在於其制訂的三大競爭戰略。

一、農村包圍城市

地域的選擇對連鎖經營企業來說是戰略性的選擇，它意味著連鎖經營企業進入什麼樣的地域市場，在什麼樣的地域與什麼樣的對手進行競爭。

德克士採取「農村包圍城市」戰略，面向麥當勞、肯德基無暇顧及的國內二、三級城市進軍，主攻西北市場。在進入城市選擇上，德克士只選擇那些非農業人口在 15 萬人以上、居民年平均收入在 4500 元以上的地級市和那些非農業人口在 10 萬人以上、年人均收入在 6000 元以上的縣級市；在商圈選擇上，除了秉承在「城市內最繁華地段或人流量最大的大型超市或商場」這一基本選址要求外，德克士主要選擇在主商圈、社區以及學校週圍等商圈進行其不同規格店鋪的選址。

德克士的選址戰略避實就虛，避免了和肯德基、麥當勞的正面對抗，使德克士在幾乎是西式速食空白的市場得到快速發展。在很多城市，由於最先進入，德克士成為該城市的西式速食第一品牌，即便是後來肯德基或麥當勞也進入了該市場，但不論是品牌影響力還是單店的營業額，德克士也都處在領先地位。

二、以特許加盟主導

在連鎖模式上，相對於麥當勞、肯德基在特許加盟上的謹慎做法，德克士採取了「加盟連鎖為主、直營連鎖為輔」的戰略。其中在加盟連鎖方式上，德克士以特許加盟為主、以合作加盟為輔。特許加盟是為願意全額投資並全心經營的加盟者提供的合作模式：而合作加盟是針對投資型加盟者，由加盟者與德克士共同投資，德克士以設備資本作為投資，加盟者以場地、裝修等資本作為投資，德克士負責餐廳經營並承擔經營風險，加盟者提取固定利潤。

在投資額上，德克士的普遍投資額僅為一二百萬元，並且營運成本也被嚴格限定在適當的範圍內。根據德克士總部對多例與麥當勞、肯德基發生直接競爭的案例進行的測算，德克士的運營成本平均比麥當勞、肯德基低 10%～15%，而物業租金由於品牌、進入時間先後等因素的影響更低。因而，在同一個城市，如果麥當勞、肯德基虧損的話，德克士很可能還會活得不錯。

靈活的特許加盟模式以及低成本擴張策略使德克士迅速壯大，品牌影響力也不斷增強。到 2005 年，肯德基新開店鋪達 300 家，總店數超過 1500 家；緊隨其後的麥當勞新開店約 70 家，總店數約 700 家；排名第三的德克士新開店鋪 160 家，總店數超過 500 家。就店數而言，德克士與位於第二位的麥當勞的差距在逐漸縮小。

三、差異化行銷的戰略

德克士在產品開發、促銷方式等方面相比麥當勞、肯德基等洋速食嚴格執行的「千店一面」更具有個性化特色。

在產品開發上，雖然德克士的主打產品和肯德基一樣都是炸雞，但德克士在口味選擇上非常注意與後者形成區別。德克士炸雞採用開口鍋炸制，因而雞塊具有金黃酥脆、鮮美多汁的特點，並以此與KFC炸雞形成鮮明差別。另外，在德克士開發的產品中，有很多是具有東方口味的美食，例如玉米濃湯、米漢堡、鮮肉芙蓉堡、咖喱雞飯等。後來，德克士還推出照燒雞肉飯、紅燴牛肉飯等飯類產品。

在促銷上，德克士與麥當勞、肯德基自上而下的全國性或區域性促銷體系不同，採取自下而上與自上而下相結合的促銷策略。德克士的每個加盟店都可以根據自身情況隨時提出新的促銷措施，經過與德克士公司討論透過後，第二天就可以實施。正是憑藉這種貼近市場和消費者需求的靈活而快捷的促銷方式，德克士才能以更低的成本和更有效的方案吸引越來越多的消費者。

2006年初，德克士在中國的總店數就超過500家，穩居中國西式速食品牌第三位，並在店數上緊隨中國西式速食第二名的麥當勞。德克士的成功源於正確分析了自身的宏微觀環境，準確地把握了自身的優勢與劣勢，抓住了機遇，規避了風險，並採取以農村包圍城市的選址戰略；以特許加盟為主的連鎖戰略；以差異化行銷為特色的行銷戰略。連鎖經營企業應該審時度勢，正確進行整體規劃，制訂連鎖戰略目標和經營戰略，才能不斷做大做強。

第二章

連鎖業的發行股票上市

1 連鎖業為什麼要上市

缺錢要上市，不缺錢也要上市。

資本市場的作用不僅限於融資，除了融資的效益以外，資本市場還有品牌效應、財富效應、提昇知名度效應、規範約束效應、創新激勵效應等，對於許多企業來講，即使不缺錢也有必要上市。

1. 缺錢要上市，不缺錢也要上市

連鎖業的成長型企業公開發行上市，是其迅速發展壯大的主要途徑。

企業公開發行上市，主要有以下好處：

⑴為中小企業建立了直接融資的平台，有利於提高企業的自有資本的比例，改進企業的資本結構，提高企業自身抗風險的能力，增強企業的發展後勁。

⑵有利於建立現代企業制度，規範法人治理結構，提高企業管理水準，降低經營風險。

⑶有利於建立歸屬清晰、債權明確、保護嚴格、流轉順暢的現代產權制度，增強企業創業和創新的動力。

⑷上市能樹立品牌，提高企業及企業家的聲譽，有利於更有效地開拓市場。上市的品牌效應很強大，因上市而提高企業及企業家的聲譽的例子很多。

⑸有利於完善激勵機制，吸引和留住人才。

上市為原有股東的股份轉讓提供了一個公開流通的市場，上市後，一般都有溢價，對於公司來說，只有管理人員退休時才能給予該股份，如果是非正常的離職，如跳槽，就不能得到股份。這樣公司就能留住優秀管理人員，留住公司的客戶資源，更好地保護了公司的商業秘密。管理層持股只有在上市公司才是名副其實的「金手銬」。如果不是上市公司，股份流通性就會很弱。

⑹有利於企業進行資產併購與重組等資本運作。

⑺有利於股權的增值並增強流動性。

2. 上市可以優化公司財務結構

企業缺錢就要上市，因為資本市場最基本的功能就是融資。企業通過發行股票並上市，募集企業發展所需的大量資金，能夠擴大企業規模，取得快速發展，成為行業龍頭，增強企業的競爭力和影響力。

企業即使可以拿到信用貸款，也要上市。這是最基本的財務管理原理：貸款屬於間接融資，需要支付利息，企業發行股票並上市，不需要歸還「本金」。

間接融資和直接融資的這些特點決定了，要想成為一個好的企業，就要有一個左右逢源的融資來源，就要有一個好的資產負債結構。某家上市的連鎖業就是如此，它有發行股票並上市，它有公募的股本融資，也有私募的股本融資；有銀行貸款，也有短期融資券……這樣的公司，即使是受影響較大、銀行貸款不斷加息、信貸條件更加嚴格、銀根一而再地收縮，它也能保證企業健康發展所必需的大量資金。這樣的公司才能抓住有利時機發展壯大，使自己長久地發展。

VC/PE 選擇企業投資的三原則

VC 是英文 Venture Capital 的簡稱，意思是「風險投資」或「創投基金」；PE 是英文 Private Equity 的簡稱，意思是「私募股本」。兩者的不同點是，VC 會投資沒有盈利的創業企業，而 PE 則投資已經有盈利的成長型企業。不過，由於投資市場的激烈競爭，VC 和 PE 的界限已經非常模糊。

VC 和 PE 的相同點是，都投資於有發展潛力的企業，用資金換得企業的股權，等到企業做大後，再通過上市或者併購等方式退出。兩者都在企業發展的關鍵階段，給企業帶來急需的資金，帶來更多的資源和發展策略，甚至改變行業格局和競爭規則，成為企業的「幕後創業者」和「幕後締造者」。

1. 業務與市場(B：Business)

在資本市場上，投資高成長企業才有高回報。具有成長空間或者高速成長的行業，才會孕育出高成長甚至是爆炸式成長的企業，不同的市場規模決定了其中企業的發展空間。

因此，VC/PE 的普遍投資標準之一就是：業務與市場。

投資圈有一句話「自上而下選企業」，或者叫「先選行業，然後再從行業中選企業」。這兩句話其實說的是一個意思：VC/PE 機構首先會看這個公司所做的產品或服務的市場規模有多大？這個市場處於發展初期，還是已經飽和？等等。只有這個產品或服務的市場足夠大，處於其中的公司才有足夠的成長空間。

2. 團隊(T：Team)

創業管理團隊的創業精神、激情、責任心、事業心和能力，是一個項目能否成功的關鍵。

在投資圈中有兩個流派：「投人派」和「投事派」。

「投人派」認為，投資就是「投人」，先有人後有事，沒有這個人就沒有這個事，事在人為，「人」尤其是創業管理團隊是項目中最革命性、最活躍、最關鍵的因素。寧可投「一流的團隊、二流的商業計劃書」，不投「二流的團隊、一流的商業計劃書」，因為把「二流的商業計劃書」改變為「一流的商業計劃書」比較容易，而把「二流的團隊」改造為「一流的團隊」非常難。

「投事派」認為，「事」的性質、高下決定著公司的發展方向，而「人」尤其是創業管理團隊的差異、優劣決定著公司的發展高度。在很多時候，「事」的性質、高下，已經基本說明了「人」尤其是創業管理團隊的差異、優劣。

「投人派」和「投事派」各有側重，都符合邏輯，也都在實踐中得到了成功檢驗。

3. 商業模式(M：Model)

商業模式(Business Model)，簡單來說就是幫企業賺錢的方法。商業模式主要是指你經營一個企業，如何經營，如何準備產品或服務，如何向客戶收費，如何向產品提供方進行結算，盈利來源是以產品差價形式，還是以收入分成的方式，等等。

不同的商業模式需要不同的基礎設施、專業人員和經營方法，不同的時代需要不同的商業模式，而創新的模式可以比傳統的商業模式提供更多的價值，具備更大的競爭優勢。

例如，同樣是賣家用電器，傳統的百貨商場賣家電和連鎖業賣家電，就是不同的商業模式。傳統的百貨商場沿襲的是流通領域傳統經營方式：製造企業→製造企業的辦事處/分公司→一級批發公司→二級批發公司→傳統終端，這種運行方式龐雜而低效。

而大型連鎖電器的崛起，不僅僅是在於它創新了價值鏈，傳統的流通方式被壓縮為「製造企業→連鎖電器的銷售終端」，取消了「製造企業的辦事處/分公司→一級批發公司→二級批發公司」等中間環節，與此同時，與一級批發公司、二級批發公司伴生的物流成本、倉儲成本、運營費用和「灰色費用」得到壓縮，這使得連鎖電器可以把價值讓渡給消費者的同時，實現自身高速成長，並快速成為主流的家電銷售管道。

同樣是銷售管道，連鎖終端與傳統終端相比，其競爭優勢在於連鎖終端創新、縮短了價值鏈，這是連鎖業管道終端作為一種新商業模式的價值所在。

 VC/PE 基金投入連鎖業的原因

創立或發展企業,一定會需要資金, 連鎖業經營團隊募集資金的方式有多種, 其中之一是向創投基金 VC/PE 募集入股投資資金.

連鎖業成為繼 Internet 之後的又一個投資熱點，因為連鎖業態本身具有一些獨特的投資特性。

1. 特性一：快速擴張性

連鎖業具備非常強的可複製性，那麼這家企業就具備了快速擴張的基礎。而如果這家企業同時又處於無限廣闊的市場，同業內沒有龍頭企業，或者說行業集中度非常低，輔之以外部資金的推動，快速擴張就是必然結果了。

獨特的複製價值，正在使連鎖業在工商中佔有越來越重要的地位。一種業務模式一旦成型、成熟，其複製的生命力就會像細胞一樣不斷地裂變，成為資本增值的最大驅動力。

2. 特性二：柔性的盈利模式

作為一種管道網路和終端勢力，連鎖業的盈利模式與產品型企業的盈利模式迥然不同。產品型企業的盈利模式是剛性的，每一種產品基本上都有生命週期，此類企業只有通過成功的產品革新和新品戰略來彌補剛性盈利模式的不足。

而連鎖業的盈利模式是一種可以調整的「柔性的盈利模式」：如果某一種產品不受歡迎了，或者利潤空間太低了，完全可以找一種其他更好、利潤空間更大的新產品來賣。這種盈利模式使得連鎖業的盈

利能力不會受到單一產品生命週期的影響，形成了自身獨特的、柔性的盈利結構調整能力。

3.特性三：穩定的成長性

一家連鎖業快速擴張，並不一定代表該企業穩定成長。在廣闊的市場背景下，一家快速擴張的連鎖業如果同時具備優秀的管理能力，那麼這家連鎖業一定擁有穩定的成長性，甚至是持續、穩定的高成長性。而這正是投資機構期望的。

4.特性四：戰略資產

無論對於工業製造企業，還是對於商業服務企業，連鎖業的網路尤其是成規模的終端網路，都是一種獨特的戰略資產，即使一家連鎖業的淨利潤率為零，或者為負，也並不意味著這家連鎖業沒有商業價值了，因為連鎖業沒有利潤在很多時候是管理的問題，而不是網路的問題。

如果一家連鎖業的淨利潤率為正，同時該連鎖網路在所屬行業內又具備一定的影響力，那麼該這個連鎖業就是優質的戰略資產了。

VC/PE 對連鎖業的評估重點

什麼樣的公司能夠得到 VC/PE 投資者關注呢？有沒有一套特殊的標準或者原則？

針對近年來已經獲得投資的多家連鎖業進行深入分析發現，這些連鎖業一般都符合以下五條標準：標準化，對連鎖體系的管控能力，關鍵指標，在細分市場的領先性，與網店等相關競爭管道的關係。這

些標準總結為 VC/PE 投資連鎖業的「(SMILE)微笑原則」:

1. 標準化(S：Standardization)

站在消費者的角度，連鎖業的不同門店的功能，就是在不同區域或者不同地點給不同的消費者提供相同的產品或服務。那麼，既然消費者需求的產品或服務是相同的，標準化就成為明智之舉和最佳選擇。

標準化是複製能力的基石。在選擇、判斷是否投資一家連鎖業時，產品或者服務、運營流程標準化以及標準化帶來的複製能力，幾乎是 VC/PE 機構看重的首要標準。因為一家連鎖業的產品或服務標準化程度越高，複製能力越強，企業就更容易實現快速擴張，高速成長。

2. 對連鎖體系的管控能力(M：Management)

連鎖業的版圖宏偉，做大容易，但做實、做好、做強非常不易。試想，當連鎖體系的一個個孤立商業組織分佈在不同區域的不同地點，其中既有直營連鎖店，又有特許加盟連鎖店，人流、物流、資金流和信息流交織，事務龐雜而具體，而又要求及時而準確，如何做到步調一致、秩序井然，這對連鎖體系總部的管控能力是一個極大的挑戰和考驗。

門店數量、經營規模，是連鎖業的「生產力」，而總部的管控能力是這家連鎖業的「生產關係」。有什麼樣的「生產力」，就會有什麼樣的「生產關係」；而「生產關係」水準的提升，又會催生、釋放出更大的「生產力」。

在連鎖業中，麥當勞、肯德基對連鎖體系的管控能力位列一流，無疑屬於超級連鎖品牌。

3. 關鍵指標(I：Index)

VC/PE 機構關注連鎖業的兩個關鍵指標是：

⑴該連鎖業的利潤總額，以及該企業在細分市場的佔有率。

⑵該企業的近三年的年度增長率和複合增長率。

為什麼 VC/PE 機構會首先關注連鎖業的這兩個關鍵指標？

作為企業，VC/PE 同樣也要追求投資回報。VC/PE 機構獲利，是通過項目的退出來實現的。上市的道路越來越窄，在這樣的外部環境下，VC/PE 投資的項目在國內上市或企業併購而後退出，將成為主要方式之一。

4.在細分市場的領先性(L：Leader)

VC/PE 投資的連鎖業，一定是所屬細分市場的領導者，第一陣營的企業，或是前三名。行業領先者的銷售規模、利潤規模大，或者同時年均增長率一定是高於行業平均水準、高於行業內的其他公司，否則這家連鎖業也無法成為行業領先者。

行業領先者的競爭優勢和內在價值，都高於同業的競爭對手，會更早地與資本市場對接，VC/PE 的投資價值更大，效率更高。

5.與網店等相關競爭管道的關係(E：E-Commerce)

隨著電子商務市場的發展，大都市人網上購物的習慣已經形成，將來會有越來越多的銷售業務轉到 Internet 上去。尤其是近幾年，購物網站的崛起，以 B to B、B to C、C to C 為代表的網店成為一個新主流銷售管道。在有些行業，例如圖書零售，網路銷售已經成為主流銷售管道。如果連鎖實體店和網店等電子商務手段結合，能增強競爭優勢，這類連鎖業的投資價值將隨之水漲船高。

電子商務崛起的浪潮一定會孕育出新的商業機會。在連鎖門店和網路直銷(B to C、C to C)之間會有新的商業模式出現。VC/PE 一定會看好連鎖門店以及連鎖門店和網路直銷(B to C、C to C)之間新的商業模式。

5 VC/PE 的投資標準是門檻

VC/PE 投資的企業，是有獨特的內在價值的。如果其他企業很容易或者很快就具有了這種類似價值，VC/PE 投資的企業以及投資，就會大打折扣。所以，VC/PE 都會希望被投資的企業，有一定的門檻，只允許有限的玩家參與這場競爭遊戲。

VC/PE 一般會希望被投資的連鎖業，它具有以下門檻：

1. 規模門檻

如果一家連鎖業有相當數量的終端網點，遠遠領先於同類企業。後來者不可能一下子開出那麼多店面，這樣，這家連鎖業就具備了規模門檻，給後來者設置了競爭壁壘。

2. 專業人員門檻

連鎖業的網點是需要有專業人員經營的，網點的效益、影響力與專業人員有很大相關性。如果一家連鎖業擁有數十名優秀的專業運營人員，例如專業的店長，而後來的競爭者要想找到同樣數量的優秀的專業運營人員，是需要很長時間和更高代價的。

3. 資金門檻

連鎖業的終端網點規模，以及一定數量的優秀的專業運營人員，都需要相應的足夠的資金來保障。後來的競爭者就要考慮：是否願意拿出這麼多資金來加入競爭？如果拿出這麼多資金加入競爭，勝算的概率又有多大？

這時，同業競爭的資金門檻就已經形成了。

4. 牌照門檻

開辦連鎖門店都需要去當地行政主管部門辦理很多許可證或者牌照。例如，具備連鎖業資格或者擁有跨地域連鎖經營資格，在很多行業都還需要行政主管部門認可或者許可。

VC/PE 機構一般是這樣看待牌照門檻的：擁有許可證可以讓這家企業在一段時間視窗內保持暫時的領先性，但企業並不會因為許可證而獲得長期的、長久的競爭優勢，因為你可以通過種種途徑和方式獲得牌照，別人可以通過同樣的甚至更好的途徑和方式獲得牌照。當然，那些國家壟斷或者管制特別嚴厲的行業除外。

國際上發展特許連鎖經營的步驟

如果決定進入國外市場，首先要做的工作就是選擇通過什麼途徑來在國外建立業務。有以下幾種基本的方法可供採用：

1. 設立獨資經營的業務

在這種形式中，特許人不是通過出售特許權來經營業務，而是自己直接在目標區域內經營業務，採用這種方式的特許人可以直接在目標國外市場建立加盟單店。因此特許人需要足夠的人力和財力來建立和保持業務經營。

公司直營網路的成功對其在將來建立特許業務將是一個極好的宣傳廣告、經驗總結，這種方式常常被作為特許人在海外實施特許連鎖經營的前奏和試探性運營。

2. 直接出售特許權

這意味著特許人直接與獨立的受許人訂立特許合約，向他們出售特許權，並提供基本的支持和後續支援。這種方式技術上的局限性在於特許人距離其目標區域越遠，則越難向受許人提供服務。但直接出售特許權與建立分支機構結合起來使用，則可帶來稅收上的好處。

在採用此種方式之時，特許人必須考慮到如下可能出現的問題：語言障礙，對特許連鎖經營業務開展可能產生影響的當地法律、文化和生活方式的差異，該國各地區居民在愛好和習慣上的差異等等。

這種方式較適合於資金實力雄厚、體系較為成熟的特許人，因為為遠在異國他鄉的受許人提供與本國受許人同樣服務的支援顯然是對特許人管理、配送等能力的一個巨大挑戰。弄不好，特許人不但給受許人帶來傷害，還會損害自己的聲譽並可能喪失國外的這一個市場。

3. 設立分支機構

特許人可以先在國外市場設立自己的分公司、辦事處等開發管理機構，然後由此機構負責目標國外市場的特許連鎖經營業務開拓。

分支機構可在以下情況中建立：特許人需要經營自己的分支店；特許人直接向目標區域出售特許權，建立分支機構以便為受許人提供服務；分支機構可以是地區級的，以便為地區內所有受許人提供服務。建立分支機構與否的決策，可能更多地受到業務所在區域法律方面因素的影響。

4. 設立子公司

建立一個子公司，從本土直接向目標區域出售特許權的特許人可使用子公司為受許人服務。

特許人可授予子公司總特許權，子公司可以自己經營業務，也可以把特許權再出售給子加盟者。子公司可以成為合資企業的一方。

子公司可以成為地區級的，為地區內的子加盟者或子特許人服務。

5.建立合資企業

特許人將發現合資企業中也會出現許多問題，比如說確定一個合適的合資對象。特許人需要談判他占多大股份，需要繳付多少資本。合資的公司本身也將成為特許體系中的一個次特許人，因此特許人就可以把他的服務和經營訣竅等技術算作一部分投資。

合資公司能幫助特許人在目標區域以共用的方式建立特許體系，而當地的合作夥伴在總特許合約下進行經營。但特許人會發現他捲入了通常可以避免的經營風險之中，而合資夥伴的另一方認識到總特許合約的存在賦予了特許人在諸多事物上的最終決定權而對此感到不滿。這兩種情況都會導致合資雙方的關係不穩定，容易產生摩擦。

最後，特許人還將發現當他想終止合資關係或合約時會遇到很大困難，這主要是合資夥伴的位置及其對特許體系的作用無法馬上取代。特許人如果真想這麼做，那麼他將要冒很大風險。

第三章

連鎖總部組織架構

在特許經營企業發展初期，企業先是由單店運作，隨著連鎖店鋪的不斷增加，再導入特許經營技術，組建連鎖特許經營總部。

1 建立連鎖總部

在特許經營企業發展初期，企業先是由單店運作，隨著店鋪的不斷增加，再導入特許經營技術，組建連鎖特許經營總部。

隨著店鋪數量的增加，必須要有專業分工與專業協作的功能部門為連鎖經營店鋪提供支援與服務。簡單總部是相對於擴大總部來講的總部等級，是連鎖經營在形成階段所組建的最簡單的總部組織形式，即只設置能夠支援連鎖經營店鋪運作的功能部門。

任何理想的總部運營管理都不是一蹴而就的，都要歷經簡單總部運營管理這個階段。

簡單總部設置的第一原則是保證與連鎖經營規模相匹配。總部規模取決於連鎖經營店鋪數量，連鎖經營店鋪數量愈多，總部所需功能就愈齊備，反之，則相反。簡單總部規模設計應以店鋪規模為基礎，理性原則為導向。

簡單總部設置的第二原則是保證總部功能部門設置經濟實用。如果不考慮企業發展現狀，一味設置功能齊全的總部，就會引發不良後患，導致總部組織機構龐大，決策時效緩慢，運營效率低下，還會為維持龐大機構而支付高額成本。

企業規模大小不同，對組織架構的要求也不同。

零售企業小的時候，基本是營采合一，即營運部和採購部在一起。隨著發展壯大，營運部和採購部就要分離。企業發展到一定程度，就必須要有營運部和督導部。

(一)初始階段

建立總部，會產生一定的費用。我們在做人力資源部署和公司配置的時候，首先想到的是，總部的費用需要由門店進行分攤。對於標超，只有當銷售額超過 3000 萬元，才可以考慮建立健全總部。如果是大賣場，就另當別論。

當銷售額低於 3000 萬元的時候，特別是對標超和微超，我們認為企業這時不應該建立總部。因為，如果此時建立總部，會在一定程度上加大企業的人工成本，加大企業的人工使用量。這個階段，更多的是用一個單店，帶領若干個小店。

(二)3000 萬元到 1 億元

企業的銷售額在 3000 萬元到 1 億元，是我們建立總部最基本的標準。

此時的總部，有四個最基本的部門配置：一是採購部，二是營運部，三是財務部，四是人事行政部。

部分企業在這個階段可能沒有設置營運部，但是一定有採購部。營運部更多的時候是由總經理兼任。

(三)1 億元到 5 億元

當企業的銷售額在 1 億元至 5 億元的時候，總部的編制就應該非常豐滿，這意味著我們在搭建總部組織架構和安排人員編制時，應該有充分的考慮。對於一個規範化的公司，總部必須要配置哪幾個部門，每個部門正常的結構大概需要多少人員編制，都會有一定的規範。

為什麼要將此階段的銷售額定在 1 億元至 5 億元，而不是 1 億元到 10 億元？

因為大部分企業銷售額到了 5 億元以後，往往會出現跨區發展的趨勢。銷售額達到 5 億元，總部組織的完整結構會顯現出來，各項組織功能基本發育健全。

我們的一個調查發現，在中國，基本上把銷售額 5 億元以下的企業看作是中型零售企業的上限，它們都屬於中小零售企業的範疇。

(四)5 億元到 10 億元

銷售額在 5 億元到 10 億元的企業，其組織架構，包括對人員的要求將會發生質的變化，有很多部門是銷售額在 5 億元以下的企業所不具備的。比如說，監察部、聯合促銷委員會、招標投標委員會等。當涉及如何對工程進行監控，這種聯合部門就會出現。這些部門的出現，會對企業人員編制、人工成本產生非常大的影響，對人員素質的要求也會提高。

一個零售企業的營業額超過 5 億元以後，原則上都會有總監這個崗位的編制。

2 連鎖總部的重要職能

連鎖總部應具有的職能，包括如下：

1. 展店職能

如何將門店連鎖運作體制推銷出去，同時又能使門店及總部雙方皆有獲利，是連鎖總部的首要任務，如此才能奠定此連鎖體系日後的發展基石，因此連鎖總部必須設計出真正屬於自己的開店策略，包括全面展店計劃、市場潛力分析與計算、商圈調查與評估、開店流程制訂與執行、開店投資與效益評估、外場配置規劃等。

2. 研發職能

連鎖企業經歷了初創關卡後，要能繼續守成的話，只有不斷研究開發出適合顧客的產品及服務，考慮針對差異性產品（或服務）研究，在顧客可以接受的合理價格之內，如何使連鎖運作更加有效率，以及使連鎖不斷升級，也屬於研發職能的範疇。

3. 行銷職能

行銷是較廣義的說法，涵蓋了產品採購及引進門店的促銷與活動、整體形象的塑造與建立、廣告媒體的運用等方面，故行銷的任務在於如何透過各種工具、手法及種種可行且具體事項，提高門店的營業額。

4. 教育訓練職能

連鎖運作的成敗關鍵在於如何將連鎖運作的精華及成功經驗轉接傳承給加盟店或閘店，也就是如何將連鎖運作成功的經驗，有系統地讓門店接受並可以很快地運用。這期間，教育訓練扮演了內部(總部人員)、外部(加盟店)傳承仲介的角色。唯有如此，才能讓毫無經驗的門外漢，在最短的時間內進入該運作領域；也可使運作熟練的執行者，提高其經營管理的能力；或者讓管理者預見其描繪未來連鎖發展的藍圖。

5. 指導職能

門店一旦執行運作，許多運作問題將接踵而至，如果僅靠教育訓練單位的訓練課程，勢必緩不濟急且可能會應接不暇，因此總部以指導人員輔導門店的職能將是必要的，一則可以作為總部及閘店之間的橋樑，避免其有斷層；二則指導人員可以快速地提供最好的經營技術給門店，協助門店運作更有績效。

6. 財務職能

財務職能是發展連鎖的重要關鍵，財務健全才能不致努力到最後卻不得善終。所謂財務職能包含了正確的賬務及會計系統、稅務處理、防弊與稽核、善用並調度資金等。通常財務扮演著較為被動而守勢的角色，但若能充分發揮其職能，則也可能因此而避免發生營運危機，甚至也會因其靈活調度而增加非營業方面的收入。

7. 信息收集職能

該職能常被遺忘或輕視，因為繁雜的運作問題及行政作業，就已讓從業人員焦頭爛額了，如果缺乏較宏觀長遠的視野，則往往會將該職能視為無意義且浪費成本的工作。信息收集主要集中在經營環境的變化，經營相關資訊的整合、國際發展脈絡與趨勢、新觀念新技術及內部營運資訊的整合等方面，只有做好這方面的工作，才能建立更科學、更宏觀、更長遠的經營觀。

連鎖企業的組織架構

通常來說，連鎖企業的組織架構包括：<總部——分店>或<總部——地區分部——分店>兩種結構。

1. 連鎖總部

連鎖總部是為門店提供服務的單位，通過總部的標準化、專業化、集中化管理使門店作業單純化、高效化。其基本職能主要有：政策制定、店鋪開發、商品管理、促銷管理、店鋪督導等，由不同的職能部門分別負責。

一般說來，連鎖總部包括的職能部門主要有：拓展部、營運部、商品部、財務部、管理部、行銷部等。

2. 地區分部

地區分部又叫區域管理部，例如中國華北分部，即連鎖總部為加強對某一區域市場連鎖分店的組織管理，在該區域設立的二級組織機構。如此，總部的一部分職能轉移到地區管理部的相應部門中去，總部主要承擔對計畫的制訂、監督執行，協調各區域管理部同門店的關係。

3. 門店

門店是連鎖總部政策的執行單位，是連鎖公司直接向顧客提供商品及服務的單位。其基本職能是：商品銷售及服務、進貨及存貨管理、績效評估。

商品銷售工作是向顧客展示、供應商品並提供服務的活動，是門店的核心職能。進貨工作是指向總部要貨或自行向由總部統一規定的供應商要貨的活動，門店的存貨工作包括賣場的存貨（即陳列在貨架上的商品存量）和內倉的存貨。經營績效評估包括對影響經營業績的各項因素的觀察、調查與分析，也包括對各項經營指標完成情況的評估以及改善業績的對策。

 連鎖總部的組織設計模型

特許連鎖加盟企業作為一個由總部自己的機構和眾多受許人(加盟商)與加盟店所組成的龐大而複雜的系統，要求有嚴密和科學的管理。在特許連鎖加盟體系運行中所發生的人事、財務、物流、培訓、督導等等眾多煩瑣的事務都必須要在總部的統一管理下有條不紊地運轉，任一環節的失誤都可能導致整個體系不可挽回的損失。

所有特許連鎖加盟體系各部門、各環節、各流程、各階段及各方面的有效、高效運轉，都離不開總部的經營領導和管理，有人形象地將特許連鎖加盟體系的總部比作該連鎖體系的「龍頭」。總部設計的內容主要是總部的組織結構以及各部門的工作職責分配與描述。

圖 3-4-1 是特許連鎖加盟總部組織模型。但實際的情況要因總部本身性質的不同而不同，所以，下面分兩種典型的基本情況來敍述。

總部組織結構圖參見圖 3-4-2。

圖 3-4-1　特許連鎖加盟總部組織模型

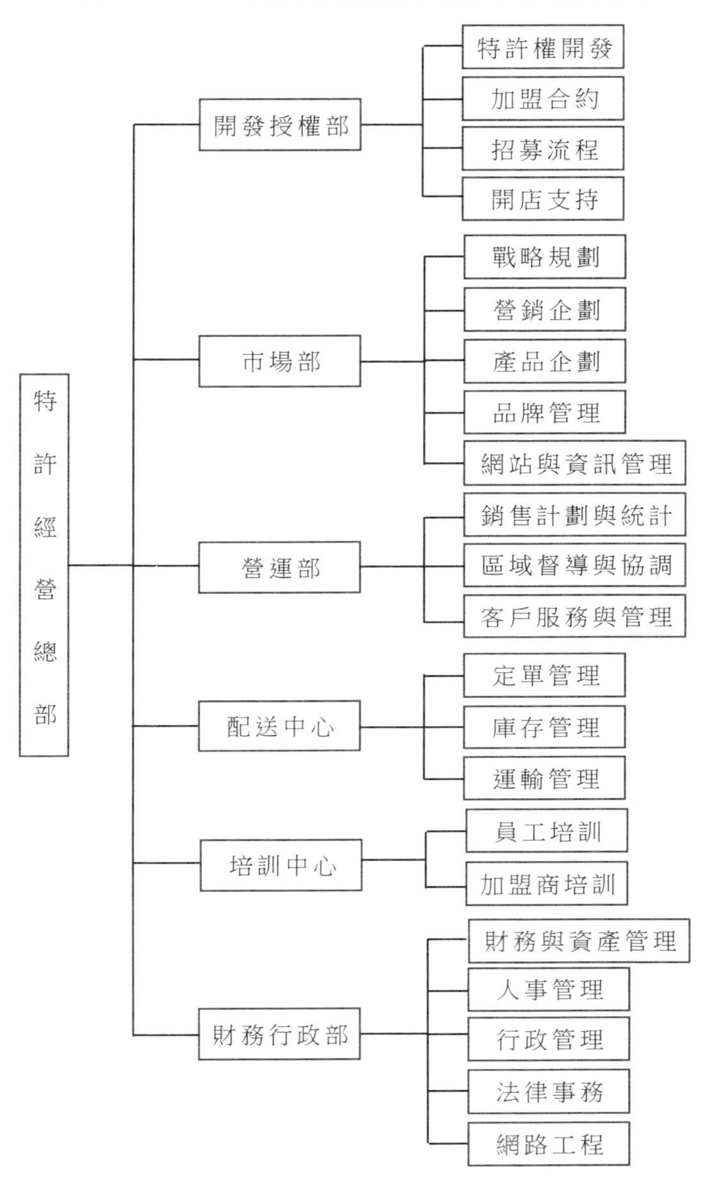

圖 3-4-2　特許連鎖加盟總部組織結構圖

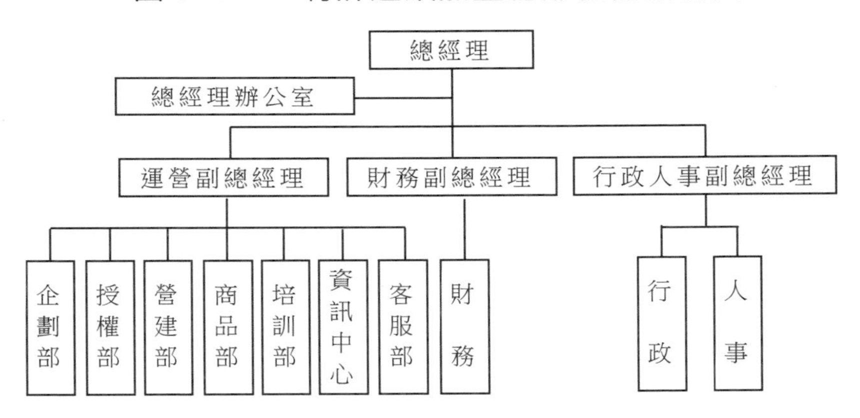

5 連鎖總部的部門工作崗位職責

下面以餐廳行業為例，列明各工作崗位職責如下。

1. 營運部

崗位職責是職務說明的關鍵點，它是使員工有效工作的工具，也是績效考核的依據。

⑴在公司連鎖分店各項營運工作中負有主要工作責任，對分店行政運作、廣告促銷、日常營業中 Q. S. C+V 等進行督導管理。

⑵制訂部門階段性工作(目標)計劃，上報營運總監審批後執行。

⑶審定餐廳的工作計劃及月末工作報告，審批餐廳各項營運報表及促銷方案，並將每次促銷成果報告營運總監。

⑷全面負責監督、引導餐廳管理組實行程序化的營運工作：

①檢查各餐廳對總公司各部門佈置的階段性工作任務的執行情

況；

②檢查各餐廳管理組工作計劃開展情況；

③檢查連鎖餐廳各項營運報表的真實情況；

④與分店經理配合對分店在職員工崗位操作標準進行再培訓；

⑤督促餐廳開展日常員工崗位再培訓，開展員工崗位技能競賽；

⑥收集餐廳反映的各種問題，向各有關職能部門反映；

⑦設計各種餐廳營運、工作計劃開展情況、管理控制等相關考核資料和表格。

⑸全面負責營運部及其下屬部門與總公司其他職能部門的協調工作。

①定期巡視各餐廳，瞭解各餐廳日常營運工作中存在的不足，設法解決，並通報營運總監和其他有關部門。

②在公司工作會議中討論和交流營運工作中存在的問題和優質管理方法，總結經驗和教訓。

③制訂餐廳各項物品設備的使用說明。

⑹同人事部配合對餐廳員工崗位操作技能進行考核，登記並存檔，作為員工晉升或降級的考核依據。

⑺經常對餐廳所在地區的市場經營環境進行調查瞭解，協同餐廳經理制訂相應的銷售策略，提高餐廳銷售業績。

⑻深入瞭解各餐廳員工的動態，及時糾正不良傾向。

2. 區域經理

⑴職務

・主持本區域會議。

・審閱文件、報告、工作計劃、各項營運報表及促銷方案等並及時批復回饋。

- 正確傳達上級指示並追蹤落實。
- 根據需要進行現場指揮、動員和調配力量。
- 向上級報告真實情況，及時對下級的爭議作出裁決，並代表本區域申請和投訴。
- 制訂本區域工作目標，經常對餐廳所在地區市場經營環境進行調查瞭解，協同餐廳經理制訂相應的經營策略，提高餐廳銷售業績。
- 制訂下級的崗位描述並界定好下級工作。
- 與相關部門聯繫，並作好相關部門之間的工作界定。
- 授權。
- 巡視檢查工作並適當進行獎懲。
- 對下級作出工作評定。
- 制訂本區域各項工作計劃，上報辦公室主任，呈總經理審批後執行。
- 瞭解情況及有關本區域工作的數字。
- 作好區域內下屬的工作和人事的安排。
- 負責解決區域內提出或反映的一切問題。
- 對區域內人員特別是店長進行指導和培訓，並提供協助和服務。
- 定期或不定期向上級彙報工作情況，反映問題，提出方案。
- 對外代表本區域處理和解決較棘手的問題，協助餐廳處理好與當地各部門的公共關係。
- 以身作則，嚴格遵守公司各項管理制度。
- 不斷提高自身的業務水準及綜合素質。
- 完成總經理下達的業績目標，協助分店達成營運目標。

· 在公司連鎖分店各項營運工作中負有主要工作責任，包括對分店行政管理、行銷管理、日常營業中 Q. S. C+V 等進行督導。

· 嚴格控制各餐廳成本費用。

· 全面負責監督、引導餐廳管理組實行程序化的營運工作：

①檢查各餐廳對總公司各部門佈置的階段性工作任務的執行情況；

②檢查各餐廳管理組工作計劃開展情況；

③檢查連鎖餐廳各項營運報表的真實情況；

④督促餐廳開展日常員工崗位再培訓，開展員工崗位技能競賽；

⑤收集餐廳反映的各種問題，向各有關職能部門反映並協助及時解決；

⑥設計各種餐廳營運、工作計劃開展情況、管理控制等相關考核資料和表格；

⑦督查餐廳定期對餐廳經營設備進行保養；

⑧定期巡視各餐廳，瞭解各餐廳日常營運工作中存在的不足，設法及時解決，並通報總經理和其他有關部門；

⑨在公司工作會議中討論和交流營運工作中存在的問題和優質管理方法，總結經驗和教訓。

· 配合人事部、培訓部、行銷部做好各餐廳人事管理工作及行銷、培訓工作。

· 維護公司的整體利益，保守公司機密，處理好公司與加盟店老闆之間的利益關係。

· 做好分內及其他未列的工作職責。

⑵責任

· 對餐廳營業額、Q. S. C+V 等級等目標完成負責。

· 對餐廳給公司帶來的影響負責。
· 對區域紀律行為、工作次序、整體精神面貌負責。
· 對工作流程標準負責。
· 對公司秘密負責。
· 對規章制度的執行情況負責。
· 對費用成本負責。
· 對餐廳組織建設負責。
· 對人員的培養和發展負責。
· 對餐廳的員工士氣、工作積極性、工作成效負責。
· 對餐廳的正常運轉負責。
· 對餐廳的財務檢查、監督負責。
· 對公司的信息傳達和餐廳信息回饋負責。

⑶權力(在公司管理制度下行使)

· 餐廳計劃、組織、協調、控制等的管理權。
· 餐廳經營狀況和意外情況的報告權。
· 餐廳經營管理的建議權。
· 新餐廳開業現場指揮權。
· 對下屬崗位職位變動的提名權。
· 監督檢查權。
· 爭議的裁決權。
· 餐廳員工獎懲的建議權。
· 餐廳員工考核權。
· 區域餐廳間人員、物料、設備資源的支配權。
· 顧客投訴處理權。
· 營業費用的審批權。

・與相關部門的協調權。

(4)角色

・主管的角色：僱用、訓練、評價、提升、表揚、干預、組織、協調、解僱。

・聯絡者的角色：上下左右外。

・信息員的角色：接受、傳播信息，顧客、競爭者、市場環境、公司、區域。

・變革者的角色：應對市場不斷調整變化，推動公司的變革。

・故障排除者的角色：上下左右外的衝突和其他故障。

・資源分配的角色：人員、時間、其他。

・談判者的角色：供應商、合作商。

3.發展部

・新開店址調查。包括人口數、家庭結構、收入水準、消費偏好、行業競爭狀況等。

・編制新開店投資預算，估算投資回收期和投資收益率，交財務部審核以申請店面開發資金。

・制定店面建設、裝修、設計統一標準，依此建設新店，進行內外部裝修，或者包給外單位承建，但要對工程進度和品質進行嚴格監督和控制。

・店面營業設備的採購和安裝。

・制定店面營業設備的使用和保養制度，並監督和不定期檢查執行情況。

・店面及店面營業設備的維修和保養。

4.人事部

(1)人員招聘：負責撰寫和發佈招聘啟示，安排應聘者面試、背景調查、考核、培訓、企業簡介和上崗等。

⑵勞資管理：負責每月員工考勤、薪水、福利的擬定並送財務部門，負責薪金制度的管理和執行。

⑶根據有關組織、人事、薪水、教育培訓的規定，負責制訂相關的規章制度，經批准後組織實施。

⑷根據公司和部門發展需要，合理制訂公司用人計劃、年度工作(目標)計劃，上報辦公室主任審核並予以執行。負責辦理公司職工獎懲、轉正、調動、定級、任免手續。負責公司本部考勤管理，檢查工作紀律執行情況並進行考核；負責擬訂公司薪水、各類津貼等薪金標準方案，經批准後組織實施。

⑸負責專業技術幹部的職稱評定、聘任、考核工作。

⑹負責後備幹部的選拔、考核，建立後備幹部檔案，提出使用意見和建議。

⑺負責公司幹部職工檔案管理。建立公司員工的完整個人檔案，包括在職表現記錄。

⑻負責辦理幹部職工調配手續和離、退休手續，負責辦理幹部職工因公出國(境)審批、報批手續。

⑼負責承辦職工養老保險、醫療保險等社會統籌保險業務。

⑽協同辦公室做好職工的活動，豐富業餘生活。

⑾負責組織開展爭先創優、評先、評優活動。

⑿負責制訂公司職工教育培訓計劃，並組織實施。負責公司日常保密工作，制定保密制度，監督保密制度的執行。

⒀檢查公司的員工手冊和一切規章制度是否得到執行。

⒁分析和審查公司的各職能部門機構設置，對各部門定員、定編及餘、缺人力的調配工作提出基礎意見。

⒂根據經營需要，負責安排新員工招聘，及人職前《員工手冊》的學習；佈置各訓練中心有計劃地進行崗位操作培訓工作，並定期追蹤；參照各餐廳（訓練中心）考核結果作出新員工試用期結束後的任免決定。

⒃負責公司各項人事管理制度的整理、編輯；編寫公司各級員工訓練、考核資料。配合開發部、營運部對各崗位操作標準進行修改完善，對執行措施不力的餐廳，及時向營運部提出整改意見。

⒄協同各部門通過崗位工作培訓和考核來綜合評定公司員工的綜合素質，並將測評成績整理歸檔，以便相關部門調閱。以德才兼備為原則，選拔各類優秀人才，出任相應職務或作為儲備人才。

⒅健全和完善公司的員工激勵機制，及時瞭解員工動態，激發和培養公司員工的工作熱情和信心；經常對下屬進行職業道德教育和公司意識教育，培養員工企業責任感和敬業精神。

⒆負責審查和辦理公司員工的有關身份、務工、體檢等證件及相關保險事務。

⒇負責檢查和督促各餐廳對員工宿舍的管理，做好員工住宿等有關工作。

(21)負責安排員工胸章、制服、宿舍用具等的收發、登記及保管工作，以及監督相關制度的執行情況。

(22)充分掌握瞭解勞動法規。

(23)負責協調和處理工作糾紛。

(24)完成主管交辦的其他工作。

5.行政部

⑴職務

以熱情、高效、細緻的工作，為公司各部門提供全方位、優質的服務。

- 負責辦公室日常事務的管理，檢查督促公司各項規章制度在各部門的貫徹執行。
- 負責公司文件的收發、登記、傳閱、歸檔及印信、打字、複印等工作；負責起草整理公司有關的文件材料，把好政策關、文字關，嚴守公司機密。
- 負責收集各部門申請的各類工作文函，進行登記、備案，並按文件性質分流至各職能部門，同時追蹤任務的完成情況。
- 組織籌備公司各類綜合性會議，作好會議記錄，並檢查落實會議決定的執行情況。
- 總經理離崗期間，負責保管各部門向總經理申報的材料、文件等。
- 對總經理已批復及會議決議分配給各部門的任務，在規定時間後，追蹤落實情況，並向總經理彙報。
- 根據各部門工作計劃，檢查各部門的工作進程、工作品質等的執行情況，定期向總經理彙報各部門工作開展情況，並提出建議。
- 協調、解決各部門在按照現行管理原則、程序運作過程中出現的問題；及時提出制度改進的基礎意見，向總經理反映，定期組織進行修訂。
- 負責公司印章的管理，應本著對公司負責的原則，嚴謹縝密。
- 負責公司人事考核聘用及薪水工作。
- 做好與公司各部門及員工的溝通工作，及時掌握動態信息，及時向主管回饋。
- 積極舉賢薦能，表彰好人好事，塑造公司文化形象，提高公司的凝聚力。

· 做好與上級有關部門的溝通、聯繫，搞好公共關係，樹立良好的公司形象。
· 負責接待公司來訪的客人，並落實有關事宜。
· 負責公司本部的消防和安全檢查。
· 負責證照申辦，合約條款審查、存檔。
· 負責公司辦公所需物品的採購。
· 負責本部門員工的任用、考核等管理工作。
· 公司大事記。
· 負責組織職工的定期培訓工作。
· 配合財務部做好固定資產管理，做到賬目清楚、賬物相符。
· 負責公司傳真機、影印機、電腦等的使用管理，做好公司業務往來的收發登記工作。
· 負責公司後勤總務管理及員工福利、獎懲工作的管理。
· 負責制訂和完善公司的辦公管理制度(包括接待、文件、印章、會議、保密、設備、複印、電話、信息、用品、環境、紀律、考勤、成本、次序、宿舍等)。
· 負責公司管理制度的貫徹執行和檢查督促執行公司各管理標準、工作要求，並根據實際情況提出獎懲措施。
· 定期組織收集、分析、綜合公司各方面的情況，主動作好典型經驗的總結並定期向主管彙報。
· 負責公司內部刊物的徵集和發行工作。
· 負責公司辦公場所的分配調整和環境清潔、設施維護工作。
· 完成公司主管交辦的其他工作。

⑵職權

- 有權向其他部門索取必要的資料和信息情況。
- 有權檢查監督會議的執行情況。
- 有權督促各部門按時完成上級交辦的工作任務。
- 有權協調各部門的工作關係和處理矛盾衝突。
- 有權對各部門起草的文件進行審核和校正。
- 有權拒絕列印和發放不符合要求的文件資料。
- 有權分配和調整辦公場所和辦公用品。

⑶職責

- 對得知公司出現意外情況未及時向上級反映造成損失負責。
- 對公司發文差錯，資料失實負責。
- 對機密文件和文檔管理不嚴，丟失、損壞、洩密負責。
- 對公文、函件、報刊傳遞不及時、丟失、誤傳負責。
- 對印章、介紹信管理不嚴負責。
- 對部門工作品質差負責。
- 對辦公場所因管理不善發生的意外事故負責。
- 對公司制度和主管交辦的事情未及時落實、檢查、督促、處理負責。

6. 培訓部

⑴安排需要加強培訓的員工，學習《員工手冊》。

⑵配合管理組對受訓員工進行各崗位操作的學習，和實際操作技能的培訓。

⑶定期安排員工進行職業道德、企業理念課程教育。

⑷設立考題，對受訓人員進行書面或實際操作的考核。

⑸根據考核成績，會同管理組對受訓人員提出評估意見，並將結

果上報人事部備案。

⑹與各部門配合建立和不斷完善各級員工崗位操作訓練資料。

⑺建立訓練網路，選拔和考核、培養訓練員，管理訓練團隊。

⑻定期評估、鑑定訓練執行情況和訓練水準。

⑼建立和不斷完善訓練資料、崗位標準。組織和學習訓練技巧和方法，提高訓練水準。

⑽執行和檢查 3/30 訓練計劃。

⑾制訂訓練需求分析和訓練計劃。

⑿協調訓練和營運的關係。

⒀預估訓練費用，管理和控制外派學習的員工，審核報銷培訓費用。

⒁聯繫和安排外請教師的培訓工作，檢查教學效果。

⒂提出改進訓練計劃的建議。

⒃負責培訓地點的選擇和整理，培訓器材的購置、保養和維修使用。

⒄及時完成公司交付的其他工作任務。

7. 產品開發部

⑴產品的試驗、開發與改良，有計劃地開發研製符合市場需求的新產品。

⑵生產設備改良與研製，使公司各連鎖店設備運轉、佈局更合理化。

⑶新產品推廣、技術傳授及制訂操作標準。

⑷與人事部、營運部配合，擬定或修改「崗位操作標準培訓資料」。

⑸崗位操作標準執行情況的檢查和督導，並根據現場情況提出整

改意見。

⑹改善和穩定公司各連鎖店產品品質，使品質及操作標準統一化。

⑺及時制訂部門工作計劃，上報總經理審批並負責執行。

⑻監督產品品質及配送中心庫存原料採購品質，發現問題須及時採取相關措施，並予以徹底解決。

⑼瞭解與分析當地口味，針對不同需求，提出相應的產品調整方案。

⑽與其他部門配合及協調，定期檢查品質標準執行情況。

⑾規範和完善公司各崗位產品和原材料的研製、加工製作、貯藏的程序資料。

8.廣告行銷部

⑴全權策劃有利提升公司品牌形象和增加營業額的工作。

⑵全權完成大小節假日公司行銷策劃工作。

⑶全面負責公司廣告、宣傳、形象記錄、企業形象塑造、促銷活動等。

⑷全面負責市場調查、客戶調查、同業調查、環境調查、項目可行性分析等。

⑸全面負責新店開業的行銷策劃、宣傳工作。

⑹制訂中長期和階段性的行銷計劃。

⑺審核餐廳遞交的行銷建議和計劃。

⑻培訓和指導餐廳有效地開展和落實行銷工作。

⑼負責有關宣傳材料的設計、印製和促銷品的訂購工作。

⑽負責新聞發佈、對外促銷會議的安排。

⑾評估每次促銷活動，分析研究促銷效果以為建立企業行銷檔案

提供參考，不得洩露公司業務機密，不得隨意向外界透露公司的經營計劃、資金財務狀況、訂單合約及效益、債務等內部資料。

⑿調查本企業產品在市場的銷售狀況，根據情況制訂行之有效的市場行銷策略。

⒀不得假公濟私，利用公司業務的名義及便利在外私自進行以牟取私利為目的的經營交易活動。不得在經營洽談過程中向供應商提出索取回扣，或以降低條件甚至損害公司利益等而獲得個人好處。

9.市場開發部

⑴不斷總結經驗，形成一個規範完善的「公司」連鎖業務的開店模式。

⑵設計出一套科學完整的加盟程序手冊，以使公司的各項加盟業務能有條不紊地開展，提高工作效率。

⑶按計劃完成各種連鎖業務拓展的前期籌備工作。

⑷根據公司的發展要求，有計劃地組織人員進行市場考察、分析。開拓新的目標市場，認真審查市場考察報告，提出評估意見，並向總經理彙報。

⑸負責連鎖業務開展的各種接洽和前期談判工作，並將談判結果及時向總經理彙報。

⑹提前安排和督導辦理開展連鎖業務所需的各項營運證件手續。

⑺協同相關職能部門制訂連鎖分店的前期籌備和開業計劃，並負責監督各項計劃和準備工作的進展情況。

⑻制訂分店的各項裝修改造計劃，及時審核各種施工方案，以保證分店的裝修工程保質、保量地按期完工。

⑼及時制訂出連鎖分店的設備需求計劃，並負責安排訂購和安裝

調試。

⑽新連鎖分店正式開業後，協同其他相關部門，認真與新分店管理組做好前期籌備工作的驗收移交手續。

⑾及時總結連鎖事業發展的各種經驗，編訂《連鎖店開發手冊》。

10.配送中心

⑴健全各下屬部門管理制度和各項物資保管制度，使整個後勤有序、有效地運轉。人員配置和管理儘量合理、精練，做到人盡其才。

⑵制訂和提出物資採購計劃，貨比三家，並密切注意市場行情，力求採購到物美價廉的各種物品。

⑶經常保持與各分店的密切聯繫，瞭解各分店的物料需求情況，並做到及時配送。

⑷在保證供應的前提下，儘量減少倉庫的存貨量，嚴格控制各種倉儲成本。

⑸嚴格控制進出配送中心的各項物料品質，合理安排配送中心的各項生產，使加工廠能保證各連鎖分店的營運需求，亦不得生產過多，造成過期變質。

⑹密切保持聯繫，虛心聽取回饋意見，檢查與總倉庫之間物資配送手續的完整性。

⑺制訂倉庫、加工廠的管理細則，組織員工認真學習，使每個操作者都深知操作規程和自己的職責。

⑻對採購員所採購的物資應當清楚瞭解，並監督倉庫驗收入庫，簽名確認後方可向財務報賬。

⑼倉庫發生貨物變質時，應負責查明原因，分清責任，作出書面記錄，並必須留存實物，報請財務部及相關部門審查處理。

⑽編制年度、月份主要物資的進貨計劃和加工生產計劃。

⑾做好凍庫、車輛等設備的正常維修和保養工作，設備更新須報請總經理主任批示。

⑿嚴格控制所屬各部門的運作成本及控制費用支出的合理性。

⒀月末監督倉管員做好盤點工作，保證賬賬、賬實相符，並及時編制各種報表，並報送相關部門。

⒁根據開發部提供的技術指導和新產品資料，組織安排加工廠生產新產品；合理安排已定型產品的批量生產，並應及時瞭解產品的銷售情況。

⒂根據餐廳需求，安排好肉類凍品的加工和飲料、調料的包裝工作，並應保持必要的庫存餘量。

⒃保持與供應商良好的合作關係，保持企業信譽。

⒄做好貨品的庫存工作，避免因溫度、擠壓、蟲鼠等原因造成直接損失。

⒅在保證貨品供應的前提下節約運輸成本。

⒆嚴格要求和仔細驗收進貨，確保品質和數量無誤後方可入庫。

⒇對於出現品質問題的貨物後，應主動及時聯繫供應商，儘量把損失降到最低。

(21)保持清正廉潔，不貪圖小利損害公司利益。

11.財務部

⑴貫徹執行財經法規、財務制度，負責組織制訂公司財務管理制度，經批准後組織實施。

⑵負責編制公司年度財務計劃，編寫財務報告，建立財務檔案。

⑶負責公司利潤管理，制訂年度利潤計劃和分配辦法，經批准後組織實施。按稅務規定匯總清算所得稅。

⑷負責組織實行公司統一對外、分級核算的財務管理體系，指導、

監管分店、加盟店的財務工作，編制公司合併財務報表。

⑸負責公司經營資金、資產重組資金、合作合營資金的籌措和公司本部固定資金、流動資金、專項資金管理。

⑹負責公司財務管理，建立財務核算規程，組織會計核算，編報財務報表，按月匯總損益表，按季匯總資產負債、損益、利潤等報表，定期提交財務分析報告。

⑺負責公司本部成本核算，及時辦理貨款結算和其他往來結算，嚴格審核與控制營業外支出。

⑻負責編制公司財務預決算方案，成為公司年度運作的主要依據。組織公司財務活動分析，提出建議，充分發揮財務的參謀和助手作用。

⑼會同有關部門制訂公司各分店的責任制，負責財務指標考核。

⑽參與公司資金活動，根據公司實際需要和財力狀況，提出意見和建議。

⑾負責公司對外財務資料上報、交流工作。

⑿編報月份營運成果財務分析，每月向總經理呈報(營業總額、營業成本、管理費用、各種稅費、效益成果)。

⒀隨時向總經理彙報資金運用情況和當時資金庫存額，並提出催收和承付項目措施請總經理決策。

⒁隨時瞭解有關政策法令。

⒂瞭解當時的主要外幣匯率的變動，隨時通報總經理。

⒃督促會計按照法規繳納各種稅費。

⒄按規定時間計算、發放全體員工薪資。

⒅對公司財產進行登記並掌握流動情況。

⒆監督出納現金管理工作，審核費用支出，每月兩次檢查現金賬

實狀況。

(20)制訂餐廳和其他部門的現金管理規定。

(21)審核會計、統計報表的正確性。

(22)組織屬下進行專業知識學習，提高業務水準。

(23)嚴守商業秘密。

(24)採購成本控制：尋價、比價，監督採購，審查合約條款。

(25)總倉管理：做好總倉對材料、設備、貨物的收、發、存工作的監控管理。

(26)部門管理：加強對會計、出納等本部門人員的管理，做到廉潔高效，團結合作。

(27)協調銀行及其他機構的關係。

(28)完成公司及主管交辦的其他工作。

12.資訊服務部

(1)公司管理資訊系統的開發和維護。

(2)系統地進行人員培訓。

(3)商品經營進、銷、存各環節的資料統計整理和分析，滿足有關經營部門對經營商品資訊的需要，提高商品管理水準。

(4)定期或不定期地自主或應有關部門要求開展專題市場調研活動。

(5)保持與外部環境的密切聯繫，隨時隨地收集消費者需求變動趨勢，行業競爭狀況，經濟景氣等有關資訊，進行加工處理，做出分析報告，供有關決策參考。

13.店面經營部

(1)店面經營業績的考核制度的制定和執行。

(2)店長工作績效的考核與人事變動的建議。

⑶店面崗位責任、作業規範、服務規範的制定與執行情況的監督與考核。

⑷將物流部制定的商品銷售計畫，根據區域各分店的具體情況（主要是市場環境、經營規模、經營狀況與潛力等）分解後下達任務，指導店長執行與實現。

⑸店面經營指導，包括商品陳列、POP 廣告設置、店員培訓。

⑹推廣先進店面的經營經驗，督促和幫助落後店面改進經營狀況。

⑺分店、分區域促銷計畫的制訂和執行。

6 連鎖總部的建立步驟

特許總部的重要任務，就是特許經營總部的建立、網路的建設及試運營，同時，還要把總部的手冊系列進行編寫修正與完善。

1. 成立建設準備小組

總部的建設要組建一個專門的總部及體系小組，進行全程參與、全面接觸，這樣可以為特許經營體系培養一批將來特許經營體系管理的專家，更有效率地完善總部系列手冊。

2. 制定特許總部的組織結構

3. 制定特許總部的職責

這裏指在特許總部職能明確的基礎上，制定特許總部各個部門的工作職責和主要人員的工作職責，為以後制定工作標準和編制營運手冊打下基礎。

4.編寫特許總部手冊

在某種程度上而言，總部的手冊比單店手冊更具有動態性，因為總部的管理和營運水準、方法、技術等都需要隨時更新，而且只要體系有延伸，總部的職能就會發生改變，至少在職能的數量上需要增加。因此，總部及體系的工作小組要有長期完善總部系列手冊的準備。為了防止小組中人員的變遷而給總部系列手冊的延續性帶來的傷害，企業應儘量使此小組人員保持穩定，同時採取積極的個人資源企業化、隱性知識顯性化的知識管理策略和手段。總部的手冊主要有以下若干類：

《特許經營總部總則》、《特許總部人力資源管理手冊》、《特許總部行政管理手冊》、《特許經營組織職能手冊》、《特許總部財務管理手冊》、《特許總部商品管理手冊》、《特許總部產品知識手冊》、《特許經營招募管理手冊》、《特許總部營建管理手冊》、《特許總部示範店管理手冊》、《特許總部物流配送管理手冊》、《特許總部信息系統管理手冊》、《特許總部培訓手冊》、《特許總部督導手冊》、《特許總部行銷管理手冊》，（包括《特許經營總部市場推廣管理手冊》、《特許經營總部 CI 及品牌管理手冊》、《特許經營總部促銷管理手冊》分冊）、《特許總部產品管理手冊》，（包括《特許總部產品設計管理手冊》、《特許總部產品生產管理手冊》）等。

5.建立外部體系

在建設總部及網路體系的過程中，將來整個體系正常運營所需要的一些外部合作夥伴在這時也應加強聯絡。特許人企業可以和包括產品供應商、裝修商、運輸物流公司、設備製造商、工具供應商、體系文件函單等的設計印刷商、廣告商、金融部門、信息服務部門等合作者進行洽談，以確認他們有能力、願意並同意以優惠、長期、穩定、互利的合作方式與本企業進行戰略聯盟式的合作。

6. 儲備人員與信息

此階段可以招聘將來特許經營體系所需要的工作人員，使他們儘快熟悉體系的歷史，在初期就進入體系的實際運營，這樣對於他們日後推動特許經營體系的高效運轉都是大有裨益的。

在建設特許經營網路的雛形時，企業同時也應注意搜集關於潛在受許人的一些信息，如社會人士對示範店、總部及網路體系的反映等。

7 案例：麥當勞總部的職能系統

麥當勞漢堡包公司的總部坐落在芝加哥西郊橡樹河畔的一座白色醒目的開放式大樓裏，1973 年 3 月麥當勞總部搬進了這座大樓，當地人都親切地稱之為漢堡中心。

麥當勞就是在這個大樓裏統率著自己眾多的連鎖店。總部的組織體制和功能是十分重要的，整個總部的組織機構及職能部門可以分為「加盟店開發和培育」和「市場行銷和操作」兩大部門。每個部門又分設成各個職能部門，具體領導各個加盟店。

加盟店開發和培育部門所轄的職能機構有勞務部與新加盟店選定部、設計與建築部、訓練部、總務部等。它們主要負責擴展新的加盟店，同時保證已有加盟店的各項標準，保證加盟店的服務品質。

市場行銷和操作部門所轄的職能機構有廣告宣傳部、研究和開發部、店面營運指導部等。它們的主要職能是負責加盟邊鎖店系統的營運，不斷開發新的市場行銷方式，以保持麥當勞的活力。

總部對於整個麥當勞系統而言，承擔著如下八大職能：

一、管理

總部代理加盟店除銷售以外的各種日常工作，還包括成本、費用、利潤的計算和核算，福利和社會公共事務。總部統一處理加盟店的經營統計，對加盟店的經營實績進行分析和比較。

1. 總部檢查制度

體系中有三種檢查制度：

常規性的制度考評，公司總部的監察，抽查制度，每年在選定的餐館進行一次。

麥當勞為保證《麥當勞手冊》的執行，每年都要依靠《指導手冊》和《工作檢查表》對手冊的執行情況進行檢查。《指導手冊》並不只是一種書面規定，而是實現「品質、服務、清潔、划算」標準的工具。它以麥當勞餐館的實際操作為基礎，透過歸納和加工，使之成為具有實用價值的效率手冊。

透過有效的檢查，麥當勞對加盟者的手冊執行情況進行有效的監控，以達到手冊的要求。

2. 地區督導檢查制度

在手冊檢查的同時，麥當勞也採用地區督導檢查制度，在某間麥當勞餐廳中，有時會看見這樣一個人，他要了一個漢堡包、一小袋炸薯條、一杯熱咖啡和一盒香酥雞後，找一個座位坐下，但並不急著用餐。他表情嚴肅地將一個個食品拿起來仔細地端詳，看看調味醬是否會合口味，包裝是否符合標準，漢堡包中肉餅燒烤的程度和顏色是否恰到好處。然後，把食品一點點放進口中，考察食品是否新鮮，溫度是否合適，味道好不好。他一邊用舌頭考察食品，一邊用眼睛掃視著大廳的每個角落，查看地板、天花板、照明器具、牆壁、桌椅是否清潔衛生。之後，他從口袋裏掏出一隻碼錶，開始計算櫃台服務員為顧客服務的速度。這個人很可能就是麥當勞在該地區的地區督導。

對每個餐館一年一次的監察也主要由地區督導主持。監察的主要內容是現金、庫存和人員。

二、系統開發

總部把加盟連鎖店作為一個整體的麥當勞系統進行開發，對各項職能進行有機的組合，發揮整體優勢，以此推動整個加盟連鎖店系統的發展。

麥當勞是靠賣漢堡起家的，麥當勞最出名的也是它的漢堡，而事實上，現在麥當勞公司的收入其實主要不是靠銷售漢堡包，而是靠加盟連鎖店系統的發展。

雷・克洛克在開創麥當勞事業之初，遇到的最大問題就是難以尋找到出資建設餐館的投資人。他為了保證連鎖店的品質，堅持只出賣個別連鎖的特許權，而不出賣地區連鎖權。但是，一般人都沒有足夠的資金支付 3 萬美元的土地費用和 4 萬美元的建築費用，更無力爭取貸款。為此，克洛克想出了一個辦法，成立麥當勞的連鎖加盟房地產公司，負責尋找合適的開店地址，以 20 年為期的合約租賃土地和房屋，然後將店面出租給加盟店，獲取其中的差額。這樣既解決了加盟者開店的困難，又增加了公司的收入。

三、開發新產品和改進服務

具體地開發獨特的新優產品，同時把開發的產品和服務以合適的價格、合適的方式提供給加盟店。適應市場的變化和競爭，及時地改變產品的品種、品質、外觀以及銷售和服務方法等。

麥當勞食譜簡單，但並不墨守成規，麥當勞也會根據市場的需求，推出新產品以適應大眾的不同口味，當然這種改動是十分慎重的。

麥香魚漢堡包經過麥當勞總部的層層論證、考察，終於登上了麥當勞的標準速食食譜，正式走向速食天地就是一個典型的例證。

四、加盟店的後勤保障

總部採購商品以及生產商品所需的原材料，提供加盟店所需的各種物資，基本上是從服務水準、成本考慮及配送品質三方面來思考的：

1. 配送頻率要能滿足連鎖店的需求，而且不會造成連鎖店的過度庫存積壓，另外應能配合緊急需求、即時配送。

2. 計算方面採用電子訂貨系統並配合整體的 MIS 系統，快速地將訂貨信息轉換成揀貨單，然後將揀貨配送出去。如此，除了方便連鎖店的訂貨作業之外，也可以縮短配送的牽制作業時間，使物流配送系統的服務水準提升。

3. 為了方便上下貨，減少下貨所需的時間，因而使用集裝箱裝物品。而運載工具方面，不管使用何種載體，均配合貨物的配送數量，並做到統一運載工具的規格，在整個進貨、儲存式配送的過程中，若能使用統一規模的運載工具，將可節省運載工具轉換的時間。

4. 配送的回頭車通常是空跑，這樣會形成資源的浪費，所以它經常順便將連鎖店的滯銷品或退貨不良品予以載回。

5. 在配送的品質上，最基本的要求是貨源的配送數量要正確，而且要安全地送達，不能因為配送不當而造成貨品的損壞。

五、財務管理

總部透過融資活動向加盟店提供資金援助。同時，對於財力薄弱、資金困難的加盟店，總部以連帶擔保的方式，與融資機構協商，幫助加盟店獲得貸款。

六、教育和指導

總部設有專職指導員，對新加盟店和原來加盟店的經理人員和從業人員提供定期的教育和訓練，指導加盟店的營運，有效貫徹麥當勞手冊。

七、促銷

總部開展各種促銷活動，投入大量廣告費用，以增進加盟店的銷售額，提高加盟店的形象及普及新產品。

麥當勞公司十分看重廣告宣傳，特別是電視廣告。因為他知道，當今，電視是最廣泛的傳播媒介，幾乎人人都看電視。透過電視廣告，可以對麥當勞廣泛深入地做宣傳，以令那些從未問津過麥當勞漢堡包的觀眾躍躍欲試，令那些曾涉足過麥當勞速食店的人做回頭客。有關麥當勞漢堡包的電視廣告製作得生動活潑，妙趣橫生。它專門設計了一個名為「羅奈爾得・麥當勞」的滑稽角色，那種幽默滑稽的表演十分受人歡迎，曾引起很大的轟動效應。麥當勞公司還舉辦過名目繁多的有獎猜謎等活動，使許多觀眾受到吸引而參加進去。如有人在 7 秒鐘內回答出麥當勞漢堡包的配料，則可免費得到兩份漢堡包。這些活動，把麥當勞漢堡包的成分很好地做了宣傳，令廣大顧客知曉了漢堡包的「五大營養素」是如何合理搭配的，以令其「堅定麥當勞的立場」。

八、獲取信息

總部及時地向各個加盟店提供世界各地的市場信息、消費動向等。總部同時收集麥當勞系統內各加盟店的各種信息，編制成有重要參考價值的信息，及時提供給各個加盟店作為參考。

第四章

特許連鎖體系的招募加盟

在開展加盟業務之前，首先必須累積一套切實可行的門店運營方法，並建立一定的品牌知名度，制定一系列的加盟政策和準備相關的材料，這些都是連鎖事業順利開展的必要前提。

1 招募加盟店之前的準備工作

在開展加盟業務之前，首先必須累積一套切實可行的門店運營方法，並建立一定的品牌知名度；其次，門店必須瞭解連鎖經營運作模式；最後，要制定一系列的加盟政策和準備相關的材料，例如擬定加盟合約，明確加盟費用、加盟流程、雙方權利和義務，建立模範店，制定標準化運營手冊，等等。這些都是保證連鎖經營事業順利開展的必要前提。

特許經營作為一種先進的經營模式，是基於總部擁有了其所特有的產品及服務、管理技術、經營模式等知識產權，加盟商希望利用這些知識產權發展自己企業，由此而形成特許加盟體系。

具體來說，總部要成功的進行連鎖化經營，必須具備以下條件：

1. 建立完善的法律保障體系

連鎖公司若想採用特許經營模式成功進行擴張，沒有相應的知識產權法律保障體系是不可能完成的。因此，特許公司應當重視自身的法律屏障建設，才更有助於餐飲門店的有序發展。

公司要建立完善的知識產權預警保護制度，從行政管理上設立專門的法務部門對本公司所有的商標、商號、專利技術進行整理、歸檔，申請登記註冊，對與其有關的合約進行管理等，使總部建立起有序的管理機制。

2. 已建立並被認可的商標及品牌

特許經營逾百年的經驗，知名品牌是特許經營的發展基礎，凡屬成功的特許經營，一般都有一個在社會上已建立起聲譽和好感的特許經營授權企業。特許企業的品牌效應是吸引加盟商以及顧客最強大的動力，失去這一動力，特許權就毫無使用價值，永遠「特許」不出去。

3. 擁有成功的單店管理經驗且容易被複製

科學管理是連鎖經營的成功手段，特許經營之所以能奏效，是因為特許方能為受許方提供一個經實踐證明是成功的企業模式。特許經營核心是科學的管理，沒有一致的經營管理標準，決不是真正的特許經營，而失去了堅強的後盾和堅固的內核，是註定無法長久的。

4. 製作規範的運營手冊

特許連鎖是一門標準化的複製技術，規範化是它的「神經中樞」。若想成功地實現特許連鎖經營，特許餐飲門店除了要擁有一套成熟的管理方法、制度、運營模式，關鍵還在於將這些成功的經驗複製到加盟店。這就需要餐飲門店製作一套完整、規範的運營管理手冊，包括：VI 系統、建店手冊、營運手冊、培訓手冊、採購手冊、物流手冊等各方面內容，並盡可能完善、書面化。

5. 建立相應的支援系統

建立相應的支援系統是必需的，一旦門店無法順利運作，則將直接反映在顧客的流失率上，因此總部必須全力地讓門店順利運作，且能逐漸提高其效率：也就是儘量把煩瑣複雜的工作由總部負擔，門店運作則盡可能使其簡單、方便。

後勤支援系統包括物流配送系統、財物管理系統、資訊應用系統、產品採購開發系統、教育訓練系統、門店開發系統、行銷企劃系統及門店輔導系統，等等。後勤系統越強，相對的前線門店運作則越順暢，新店的拓展將更如虎添翼，連鎖企業才能得以穩步地向前衝。

2 申請加盟的步驟

特許經營推廣體系的構建，就是確定推廣的步驟、策略和流程的過程。特許經營推廣體系的構建一般分為如下步驟，如圖 4-2-1 所示。

· 特許加盟體系推廣的準備階段

本階段包括：建立推廣活動組織、建立示範店、設定加盟條件、準備加盟條件、準備受許人招募文件。

・特許加盟體系推廣的實施階段

本階段包括招募信息的發佈與諮詢、遴選受許人、簽訂特許經營合約、受許人培訓及加盟店開業。

圖 4-2-1 特許加盟體系推廣的一般步驟

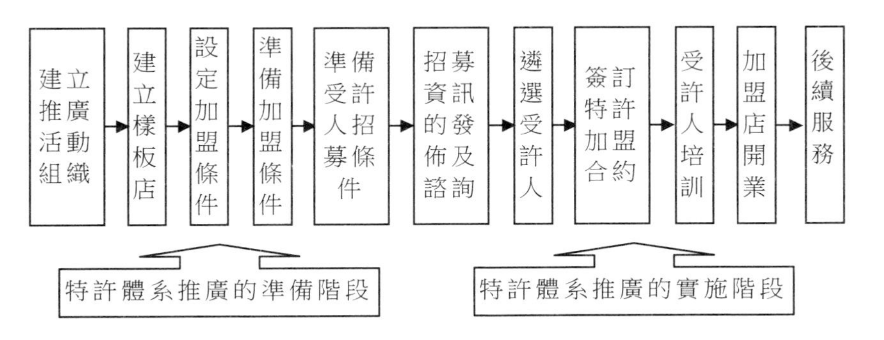

當特許雙方選定合作夥伴後，接下來便進入實質性的加盟操作階段。受許人從申請加盟到正式開店的時間，因行業不同和店鋪基礎不同而有所差別。在日本，大體上平均需要半年左右時間，但也有的要花費 1～3 年的時間。一般情況下，受許人從申請加盟到正式開店需要經過以下步驟：

1. 遞交加盟申請

受許人在確定特許人後，可以直接向其遞交一份書面的加盟申請。有些必須到特許人總部領取專用的申請書，詳細清楚地填寫有關欄目，並按總部規定繳納一定的申請費。

(1)申請過程始於受許人對某一特許經營進行詢問。通常在報紙和雜誌上登廣告來表示特許經營的存在。一旦收到問訊，特許人就寄出包括有關特許經營體系的初始信息。不同的特許經營給出不同的信息。

(2)審閱整個申請詳細計劃後，受許人若願意，可以遞交一份基本受許人申請表。遞交申請既不意味著受許人有接受特許經營的義務，也不意味著特許人有提供特許經營的義務。該申請或由特定的特許經營體系的地區特許經營經理審閱，或由該體系特許經營部派遣的官員審閱。申請表為初步篩選之用，並考察受許人是否滿足所有特許經營業務的要求的潛力。對所有要求受許人具備的資格，尤其是財務淨值，都要進行評估。一些因素諸如信用可靠性、樂意遷移和受許人的經驗等都經過審慎考察。若申請通過篩選，特許人的銷售代表可能會與受許人接觸。這種接觸可能是為獲得更多信息，也可能是證實申請表中提供的信息。這種溝通使受許人有機會問一些有關特許經營的問題。在審閱申請時，特許人也以此評估受許人的興趣。

⑶隨著共同興趣的繼續存在，特許人會將所有有希望的受許人召集起來安排提供一些法律要求的信息，並且可能安排一次會談。該會談不僅會包括有關特許人的哲學和目標的討論，也會包括對受許人的背景信息、財務狀況、對特許經營的真實興趣的評估。通常說來，這是特許人和受許人之間第一次面對面會談。它提供了一次坦誠布公交流信息和對雙方長期關係的潛力進行評估的機會。會談可能通過電話，也可能在特許人公司的某個地區代表處進行。

⑷若雙方同意，並且受許人滿足淨值和資產流動性等最基本的財務標準，他或她將會被邀至特許人公司總部或地區代表處與有關人員繼續討論。這時候，雙方要對特許經營計劃進行全面審查，也可能會安排在不同地區與個人進行私人會談。這些會晤結束後，一般會通知受許人決定接受或不接受其申請。

⑸若接受申請，將會進行有關店鋪的地理位置、廠址發展、租賃要求、租賃物發展和租用或購買選擇權等方面的進一步討論。可能對候選人進行實際能力的評估，一般會在實際工作培訓中進行。通常這

種培訓會在特許經營的店鋪中進行，並且比較短暫。若受許人已經有過與某個特定的特許經營合作的經驗，則培訓要求會被取消或減少培訓時間。這種實際工作中培訓允許特許人和受許人雙方在餐廳環境中評價對方的經營情況，並向受許人提供了一次更進一步接觸特許經營的理念和經營的機會。

(6)當受許人通過租賃、租用或購買一個場所，並由特許人批准後，受許人和/或其代表即開始進行經營方法方面的集中培訓計劃。這種正式培訓提供有關特許經營的經營和管理方面的全面知識和實際工作經驗。這類培訓的類型和持續時間，在各個特許經營中各不相同。

經過培訓後，受許人就可以著手簽訂正式合約文件，並開始進行特許經營店鋪的施工和經營。若在希望的時間和地點無法特許經營，被接受的受許人可能必須等一段時間，這對於受歡迎的特許人來說，可能需要很長時間。

2. 總部調查分析

總部收到加盟申請者提出的申請後，即著手對受許人的人格和開店地點進行調查。首先與受許人面談，瞭解受許人的素質、能力、性格、反應等，同時介紹總部經營的宗旨和經營內容；其次是派專人實地去考查，一方面對商圈內顧客需求市場狀況進行調查研究；另一方面調查加盟店的建築、面積、租金等，為確定未來的營業指標作準備。

3. 簽訂合約

總部在調查合格後即向受許人展示合約書，如果受許人看過後無異議，雙方即可簽訂合約。合約是由總部提供的，受許人不能隨意增減合約內容，只能表示同意或不同意。如果合約中有不清楚的地方，受許人應立即指出，必要時須諮詢法律專家。若草率簽約，日後可能會出現麻煩。

4.繳納費用

合約簽完後，受許人要繳納一定數目的加盟費、附加費、保證金、違約金等。收費標準因特許總部的不同而不同，受許人在簽約之前應對此心中有數。

5.店鋪裝修

總部的建築設計部門詳細研究顧客的活動路線、經營對策等，設計商店裝修方案。然後介紹建築工程公司，並負責簽訂承包建築合約。商店裝修費用由加盟店承擔，有些總部也可能提供部份融資。

6.人員招聘和培訓

店長以及幹部一般是由連鎖總部委派，而其他服務人員等可以由加盟業主自行招聘。招聘人員到後，總部要對工作人員進行嚴格規範的系統專業培訓，培訓時間為 3～30 天，以餐飲連鎖而言，培訓內容為兩大部份：一是菜式和餐飲門店其他經營品種相關基本知識與製作技術培訓；二是連鎖餐飲門店開店經營指導培訓。

7.開店準備

裝修及培訓工作結束後，即將進入開店前的最後準備工作，內容包括：購置從總部租借統一規格的貨櫃、貨架、收銀機、電腦設備等；商品進貨，並按總部的統一要求進行陳列；招募店員，進行簡單的培訓；總部負責廣告宣傳及促銷活動。

8.試營業以及開業

做好開業前的宣傳活動，並試營業，保證開店正常運營。籌劃開業典禮，邀請供應商、相關主管、重要顧客、股東、總部管理人員等參加，正式開始營業。

9.後續服務

總部對所有加盟店提供長期的後續經營指導和諮詢，免費提供印刷精美的《門店培訓教材》、《連鎖行銷指導手冊》等文件資料和開業所需 POP 宣傳畫、貴賓卡、門店菜單、店員工作服、胸卡等物品和連鎖經營授權書、授權牌等。

3 招募合格加盟店主的方法

除了直營加盟企業，以及只招募內部員工為加盟店主的加盟企業外，所有的連鎖加盟企業都必須對外招募加盟店主。

在招募加盟店的過程中，大多數的連鎖加盟企業對加盟者的資金、店面及資格都有比較嚴格的條件限制。但對未來的加盟店店主本身，卻很少有明文的條件限制。對外的招募信息，一般只包括學歷、健康及相關工作經驗等。

事實上，對加盟者本身的審核有時比數據化的資料更重要。一個經營理念不適合的加盟店店主會導致總部管理上的困難，所以加盟者的相關經驗，甚至個性、脾氣等，都會影響加盟店日後的經營狀況。為了加盟店營運的成功，企業就要進行一定的審核及評估，系統地評價加盟店主可以說是連鎖企業的發展必要基礎。

加盟店主的資格限制，會因為加盟方式與企業形式的差異而有所不同，但是主要的招募方法和程序則一般無異。加盟店主的招募方法一般有兩種：一種是申請者主動前來聯繫，另一種是連鎖加盟企業主動尋求。

發展初期的連鎖加盟企業，由於知名度不高，大都選擇主動出擊，較具規模的連鎖加盟企業，則可以吸引有意加盟者的主動諮詢，也可以採用自主招募的方式。

連鎖業的主動招募方法通常有以下六種。

1. 媒體招募

傳統的招募方法仍然以依靠媒體傳遞信息為主，傳遞的信息以吸引有意加盟者為目的。一般包括基本的加盟優惠政策、加盟條件及聯絡方式等內容。

透過媒體招募必須考慮傳播地區、傳播目標及接觸頻率等因素，以形成媒體組合功能。使用媒體的目的除了容易建立知名度外，也有較強的引導效果。

一般所常用的媒體包括電視廣告、報紙廣告、雜誌廣告、車廂廣告等。近年來由於網路的迅速擴展，網路廣告成為了新興的傳播媒體，因有的連鎖加盟企業也把網路廣告作為招募的重要媒體之一。

此外，如果連鎖加盟企業本身擁有面向固定主顧客群或VIP會員發行的刊物，能夠維持主顧客群對企業總體商品的品牌忠誠度，刊物也可以視為一個很好的傳播管道，成為刊登招募廣告的重點。

2. 討論會(創業討論會或座談會)

對於發展初期的連鎖經營企業，討論會是一個主動招募加盟店主的方法，由於大眾對新連鎖經營企業的經營狀況及商品等情況都不瞭解，即使是知名的連鎖加盟企業，也不容易由書面或廣告的方式，使有意加盟者都瞭解。這時只有以面對面的溝通方式，才能收到較佳的說服效果，有的甚至要以實際商品做說明，這對於缺乏詳細書面資料的連鎖加盟企業來說，是效果較好的招募方法。定期或不定期的討論會或座談會，是被經常使用的招募方法，而且多半應在企業自身的場地或所在地舉辦，但也有針對特定加盟店來舉辦的座談會或討論會。

3.開拓人員或其他種類的口頭招募

有的連鎖經營企業，設有專門的拓展部門，主要負責加盟店的拓展，這些專職部門的開發人員對於潛在加盟者或地段不錯的傳統店，有時採取主動邀請方式，以說服對方加入連鎖體系。對於意向不明顯的加盟者，也可經由專職的開拓人員負責會談和說服。

鼓勵或規定內部員工及現有加盟店主介紹和招募的方法，也常被採用。由於內部員工及加盟店主對企業和加盟條件較熟悉，可以間接地為公司作宣傳，而加盟店主更可以現身說法，詳細地回答申請者的提問。

4.店面 POP

POP 是英文 Point Of Purchase Advertising 的縮寫，意為「購買點廣告」，簡稱 POP 廣告。POP 廣告起源於美國的超級市場和自助商店裏的店頭廣告。連鎖經營企業本身，通常擁有相當數量店鋪及人員，所以以店面 POP 的方式傳遞招募加盟的信息，是由來已久的招募方法。其優點，一方面是成本費用較低，另一方面是考慮有意加盟者在店面出現的可能性較高，實際店面的商品展示及實際的經營狀況，更具參考價值及說服力。

5.說明書

加盟說明書是平面媒體的一種，但是因為可以和以上四種方法混合搭配，所以特別在此提出說明，加盟說明書可以夾在報刊裏傳遞，也可以作為說明會、開拓人員招募的輔助工具，也可以用在店鋪中當成說明資料，部份說明書甚至可以直接附有加盟申請書。

6.混合運用

根據招商的實際需要，企業可以對上述方法進行組合或同時混合運用。

 有系統的招募連鎖受許人

在招募過程中，大多數的特許人企業對受許人的資金、店面及資格都有比較明確的條件限制。對未來的受許人本身，卻很少有明文的條件限制。在對外的招募中，除了學歷、健康及婚姻狀況外，特許人對受許人的審核條件，幾乎都是鎖在企業內部的黑盒子中。

事實上，對加盟者本身的審核有時比數據化的資料更重要。一個經營理念不合的受許人會導致本部管理上的困難。受許人的經驗，甚至個性、脾氣等，都會影響到加盟店日後的運作項目。因此為了加盟店營運的成功，應該做到一定的審核及評估。

1. 招募的流程

特許人招募受許人的流程如下：

⑴發佈特許信息

在這一階段主要以信息傳達為主，把招募加盟店的開發地點及基本信息傳遞給大眾，通過不同的媒體及其他方式將特許信息傳遞給有意受許人。

⑵線上溝通回應電話或傳真

特許人多半設有專線電話或傳真號碼，以供有興趣的人索取資料，除此之外也備有書面或口述資料，由專人提供解答，但一般都是僅就初步加盟狀況作解說，因為這個步驟是為了回應有意受許人，並且對受許人作初步過濾。一般特許廣告並不能很清楚地說明細節，企業最好提供 24 小時電話語音資料說明。

⑶提供基本特許資料

如果受許人符合基本要求，特許人應提供較完整的書面資料給他們參考，同時儘早安排與他們會談，或邀請他們出席連鎖加盟企業的說明會。雖然電話或傳真能提供比招募廣告更詳細的資料，但是經過初步過濾的有意加盟者，企業可向願意加盟者郵寄完整的書面資料，甚至包括加盟申請書。

⑷面談審核

由於受許人的特點不容易根據電話或傳真判斷，通過面談觀察受許人，是招募受許人最為重要的一步。面談方式有個別面談、團體座談，甚至包括模範門店參觀。在面談時，許多對受許人本身的審核觀察，也會在這一步驟中進行。

正式面談的重點，除了觀察瞭解受許人的理念及狀況外，最重要的就是要使受許人認清相關的權利義務問題。

⑸簽約特許預約

如果受許人初步符合要求，特許人應與受許人簽訂特許預約，以確保準受許人不被同業搶奪或有變動。

⑹評估加盟店地點

特許人一般都要求受許人擁有自有店面或承租店面，所以必須對受許人的地點進行評估。

開店的地點對連鎖加盟的成敗有決定性的影響。立地環境與連鎖業者有密切的關係，加盟店的成敗，會影響到整個加盟系統的形象；同時加盟店的營運成功與否，加盟店地點也是關鍵條件之一。所以在正式簽約之前，企業一次或者多次到加盟店評估地點，是必要的措施。加盟店的門店大都由加盟主物色，企業則提供針對公司商品的市場專業調查和獲利評估，其中包括專業的商圈評估、各時段人口流動的差異性、競爭對手狀況、消費者及人口分佈與結構、消費客層、交通狀況、未來趨勢，等等。

⑺審查受許人財力及其他條件

一個優良的門店必須考慮門店本身、門店地點、資金、商品、人員五個條件。除了加盟店地點及受許人本人外，受許人的財力及其他條件也必須一併考慮，但通常是以財務狀況為主。加盟時須繳納一定金額的加盟金或權利金，之後有的企業則規定受許人每月固定繳納月費(也有按營業額提成或直接供應原料或材料)。除了對一般財務條件審核外，有時也包括貸款及財務週轉能力。

⑻制定經營計劃

根據所作的各項調查，為成立的加盟店作經營計劃，向受許人傳達並解釋。經營計劃中以人力及資金的安排與運用最為重要。

①人力的安排與運用。加盟店人員的安排與管理，大都由加盟店自行負責，加盟總部只負責招募輔導及加盟店人員的培訓。

一個合適的受許人，如果不能有效地招聘到管理人員、兼職人員，就無法將加盟店經營得很出色，雖然人力安排的能力不是企業的第一考慮，但是企業應有一套完整的安排程序，提供給受許人參考，並定期給予輔導。

②資金的安排與應用。加盟店的財務與總部是分開的，除了部份加盟店的收入必須先匯回公司，再由公司匯入加盟店帳戶外，加盟店大都是獨立的財務個體。

⑼正式簽約

如果有意受許人符合連鎖加盟企業的各項條件，接下來就是討論簽約事宜。尤其是加盟店與特許人總部之間的權利義務條文，必須經過認定簽署。

⑽人員培訓

特許人企業招募受許人，通常以具有相同或類似經驗背景的對象為主，但也有對招募缺乏經驗但卻有潛力的受許人給予培訓。培訓一般可分為對加盟店所作的店主培訓以及對加盟店員所作的員工培訓兩種。有些企業保留最後的審核權，如果受許人無法或不願參加訓練，則可以據此拒絕其加盟。

2.加盟店面及資金的評估

⑴加盟店面的評估

加盟店面的評估，包括：

①店面地點。具體要評估的是所在地點的繁華程度、所在地點的商圈類型及範圍等。

②營業面積。各類型的特許人都有其適合的面積需求。

③其他的店面設定條件。交通狀況、交通路線、附近的公共設施等。

④客源條件。是否有基本客源、同業的競爭狀況等。

⑵資金評估

資金評估，包括：

①保證金或擔保金。特許人企業應要求加盟店主以現金或非現金為擔保。

②加盟金。企業的加盟金一般由 0 到 10 萬元不等，依照各特許人企業的差異有所不同，評估受許人能承受的資金是多少。

③權利金及廣告促銷費。一般為按月付或按營業額比率付兩種支付方式。

④貨款及週轉金。是否有貸款能力及備有初期週轉金。

⑶營運情況

對僱用員工程序是否熟悉，也是某些特許人需要評估的要點之一，尤其在人員使用較多或流動頻繁的速食、餐飲、服飾連鎖業中，這是一個要重點評估的問題。

同時，受許人的事業經營計劃中的預計利潤、最低毛利保證、風險及初期可能會遭遇的種種問題等也應進行評估。

5 連鎖加盟招募文件的設計

在特許連鎖加盟理念導入、基本設計、樣板店、總部架構以及手冊(總部手冊和單店手冊)都完成之後，企業特許連鎖加盟體系的構架就基本建立起來了，特許連鎖加盟項目組以後的任務便是著手進行特許連鎖加盟加盟推廣體系的設計和營建。

一般而言，特許連鎖加盟加盟招募時的相關文件有六個：加盟申請表、加盟指南、特許加盟意向書、特許連鎖加盟合約、合約附件、特許連鎖加盟授權書。

1. 加盟申請表

這份問卷將作為收集一般資料的用途並在法律上不會對公司或申請人構成任何約束力。不過提出申請的一方必須在他的能力範圍內據實填報所有資料，以便公司能夠根據這些資料來評估申請人的資格。

2. 加盟指南

企業應按照加盟指南的具體內容和原則進行設計。除此之外，企業在實際設計和撰寫時還應根據自己的具體情況予以增、刪、修、改。

在實際撰寫時還要注意以下幾方面。

(1)一般情況下，文字和圖案等內容部份由企業自己選擇和確定，但整個精美、別致的《加盟指南》外觀最好請外部專門的藝術設計公司來做，因為在顏色的搭配、位置的協調、大小的配合、字體的設置、內容的編排、整個加盟指南書或小冊子的風格、式樣、紙張性質等等方面，都需要有藝術的科學化風格，如此才能在時下眾多同行們的宣傳材料中凸顯自己，才能引起潛在受許人的注意。這樣的加盟指南既體現了特許人的意願，也具備了藝術化的效果，應是最理想的。

通常的情況下，只要企業準備好了內容且雙方配合順利的話，設計公司可以在 1～2 天之內就拿出設計樣品，然後出片、打樣、交付印刷並一直到最後的加盟指南印刷出來，總共需要大概一週的時間。因此，企業可以據此時間合理地安排各個文件的編寫和印刷計劃。

(2)加盟指南的一次印刷數目應根據實際需用來定，不可為了爭取印刷量大而印刷費便宜的原因大量印刷。不能大量印刷的另一個原因是，因為有的企業可能會頻繁地更改加盟指南(例如聯繫人、聯繫方式、對已有體系的描述、加盟政策、聯繫電話、相關費用、增加新的內容等等的變化)，這樣，最新的資訊就必須反映在加盟指南裏，而一旦有了更改之後，舊的加盟指南顯然就不能再用了，餘下的舊加盟指南就只有作為廢紙了。

通常，一次印刷數量在 2500～5000 本之間比較適宜。當然，在大規模需要的時候，例如企業要連續參加幾個大型的展會並決定在展會上無選擇地發放給所有前來諮詢者、企業需要在另外的地區大力開展體系推廣、企業決定實施郵購性的廣告宣傳等等時候，就可以多印刷一點。而在企業只是針對有限的目標群體發放，且加盟指南的更新頻率很高或很快就要更改時，其印刷數量就可以少一些，而甚至只印1000 本或更少。

⑶企業在設計時，無論是加盟指南的內容，還是其外觀，都要善於學習借鑑別家企業的做法，這些「別家企業」指的並非只是本行業內的競爭者，而是包括所有行業、地區的特許人企業。現在，每次的特許連鎖加盟展會都是各家特許人進行加盟指南集中大比拼的戰場，企業可以盡情地收集並加以比較。即使不參加展會去親自收集，企業也可以有諸多方法能收集到許多特許人的加盟指南，例如以諮詢的名義或扮演成潛在受許人去索取相關資料等。總之就是，企業要善於吸收別人的長處、善於吸收最新的設計理念和形式，然後用這些先進的、有效的東西來「合理化」自己的加盟指南，但不能盲目地「全盤西化」，以免被指有抄襲之嫌。

⑷加盟指南上的內容，尤其是關於單店投資收益的部份，一定要真實、準確和經得起推敲。在特許連鎖加盟展會上有無數的加盟指南，其中就有一些存在著各種各樣的毛病，結果是貽笑大方。例如有的連起碼的財務知識都弄錯了，固定資產、遞延資產、流動資產分不清楚；有的在計算投資收益時，明顯地有重要項目的遺漏；有的對一些單店預計費用數值的估計不合理或不符合實際情況；有的白字、別字、錯字連篇，甚至連聯繫地址與方式也會有錯；有的企業在描述自己優勢時為了湊夠「十大」、「八大」項內容，竟不惜反覆地從不同角度述說一件事情，或乾脆把公有的優勢也說成是自己的特色等等。試想，這樣錯誤百出、平庸拼湊出來的加盟指南，怎麼能讓潛在受許人放心地加盟呢？所以，特許人在設計加盟指南時，一定要謹慎、小心、反覆校對，不能有半點偏差，否則就會影響企業的形象和招募效果。

⑸加盟指南上的有些內容，例如加盟政策、特許人對受許人的支

持、對未來加盟店的利潤預計等等，其實也是特許人對受許人的一種承諾，而一旦有人加盟，特許人就必須履行這些承諾，因此，特許人對待這些承諾必須持有嚴肅認真的態度，不能僅僅為了吸引受許人而海闊天空地胡亂承諾，因為那些不能兌現的承諾一定會給日後特許連鎖加盟雙方的糾紛埋下隱患，這一點必須引起特許人的高度注意。而且，因為現在特許連鎖加盟熱潮的掀起，潛在的受許人們也都具備了日益豐富的防欺詐知識，所以，太過誇張的承諾反而會引起潛在受許人的懷疑和警惕。

3. 特許加盟意向書

在雙方簽訂正式的特許連鎖加盟合約之前都要簽署一份《特許連鎖加盟加盟意向書》，其目的是為了給潛在受許人時間來慎重考慮最後加盟的決心，在此期間，特許人不能將潛在受許人意欲加盟的區域單店特許權再授予他人。

4. 特許連鎖加盟合約

分為特許連鎖加盟主合約及輔助合約，其中，特許連鎖加盟主合約又可分為區域特許連鎖加盟合約和單店特許連鎖加盟合約。

5. 合約附件

合約附件的內容為特許人或加盟商認為在加盟合約之外還需說明的事項，根據與每個加盟商談判情況的不同，附件的內容也有所不同。

6. 授權書

為了美觀和表示隆重，特許人通常將特許連鎖加盟授權書做成牌匾或掛件的形式。

6 連鎖總部對加盟店的具體職能

一、加盟前

1. 接洽事宜

全面接受加盟方的信息諮詢，回答加盟方的各種問題，向加盟方闡明餐飲門店行業現狀以及未來發展趨勢，加盟本餐飲門店的優勢、加盟方式、加盟政策，瞭解加盟方的財務狀況、職業背景等信息，最終達成一致意見。

2. 地點評估

選址是決定餐飲門店經營成敗的關鍵原因。加盟商由於受到個人經驗的限制，在選址策略上缺乏專業性。餐飲門店總部必須協助加盟商進行選址，並對加盟商自己推薦的位址進行評估、決策等，以確保加盟店的選址的正確率。對商圈的評估主要包括：

⑴外部評估：商圈類型、交通狀況、停車位、人流動向、同行業狀況、目標客戶群；

⑵內部評估：店鋪結構、店鋪展示面、供水、供電、供煤氣、排汙管道等。

3. 簽訂加盟協議

若所選餐飲門店地址合適，雙方達成一致意見，雙方即可簽訂加盟協定，內容包括工程承包合約書、加盟合作協定、品牌授權書等。

二、店鋪籌備期

1.店鋪設計裝修

為了保持連鎖餐飲門店形象的統一性，同時也是為了保證工程的品質以及按期完工，餐飲門店的裝修設計一般由餐飲公司總部的專人負責，實行統一的裝修標準，使用統一的材料，並保證在預定的期限裏按質完成。

除此之外，雙方也可以經過協商，由加盟商自行招募裝修公司進行裝修，但是必須使用總部提供的統一設計方案。雙方簽訂工程裝修合約後，餐飲公司總部提供外場、吧台、廚房的平面設計圖、立體設計圖、天花板裝修圖、招牌施工圖，並確定服務區座位及包間數量。經過加盟商審核確定後，開始施工。施工中遇到的問題，總部要及時和設計師以及加盟商協商，以便確定更加符合實際的方案，利於以後工作的全面開展。另外，為了保證工程如期完工，使餐飲門店按期正常試營業，減少費用支出，餐飲公司總部將為加盟商制定施工進度表。

2.經營執照辦理

協助加盟商辦理工商、稅務、消防、環保、衛生等相關執照，使餐飲門店能夠正常營業。

3.人員招聘與培訓

協助加盟商招聘服務員、吧員等員工，並且送到指定的餐飲門店進行理論與實踐的培訓，比較重要的人員送往公司總部進行培訓。這樣可以有效保證新店人員的素質和能力，保證新店正常運行。

4. 公司物料配送籌備

根據餐飲門店實際定制的傢俱、設備、物料等，委託專業的物流公司送達餐飲門店，為店鋪的開業工作做最後的準備。

5. 開業流程擬定

結合當地實際和店鋪的運作情形制定餐飲門店的開業流程。

三、開業及後期支援

在餐飲門店開業之後，店長將根據實際情況制訂店鋪調整計劃，以適應實際市場狀況，贏得當地市場口碑，進而站穩腳跟。總部的支援分為幾種，分別從不同的方面和角度支援餐飲門店的營運工作，使之能夠在當地市場中佔有一席之地甚至獨佔鰲頭。

1. 標準管理方法

總部具有非常豐富和有效的管理經驗，成功的將這些經驗複製是保證連鎖餐飲門店成功的重要前提。這些管理經驗和智慧複製就體現在餐飲公司總部制定的各項制度、政策和規章以及標準運營手冊中。例如，餐飲公司總部制定了完整的薪資制度、考核方法、餐飲門店各個崗位員工的職責、流程以及工作標準、財務制度、收銀制度、採購制度、庫存制度，等等。這為餐飲門店提供了一整套完善的運營管理方法，保障了加盟店的管理水準。

2. 營運支援

店鋪開業後總部的營運部門會根據店鋪的實際運作情形，給予營運建議和工作指導，使之能夠實現有效的管理，保持營業額的穩定和利潤的不斷提升。

3. 培訓支援

培訓是餐飲公司總部一項重要的職能。餐飲門店的總部要制定完善的培訓體系、實用的培訓課程並培養培訓師，根據加盟餐飲門店的需要提供培訓。總部可以派出培訓專員到店鋪進行實際培訓和工作指導，也可以將員工送到指定店鋪進行強化訓練，以期能夠不斷提升改善餐飲門店的服務水準和產品品質。

4. 物料支援

總部提供統一標準的高品質的物料，用專業化的物流系統按時送達各個餐飲門店，保證各個餐飲門店物料的品質以及供應的及時性。

5. 技術支援

產品是餐飲連鎖的關鍵，不斷推出受市場歡迎的新產品是餐飲公司總部的職能之一。總部設有專門的技術人員負責研究產品創新，產品製作方法調整，運用新式材料等，以豐富產品種類，改善產品口味，提高餐飲門店的利潤，增強餐飲門店的競爭力。

6. 品牌支援

統一的廣告宣傳、CI 設計、促銷活動，是連鎖經營一大特色。總部在這方面的職責包括：透過報紙、廣播、電視等傳媒及其他形式進行統一的廣告宣傳；策劃大型的行銷活動；統一餐飲門店設計、裝潢、櫥窗設計、門店佈局、著裝、服務方式等。

7. 信息支援

為餐飲門店提供各種有關行業、消費者、競爭對手的信息，方便各個加盟店採取更有效的措施。具體的包括：

(1) 收集、分析有關市場變化、消費動向、競爭對手的信息；

(2) 收集、分析和綜合來自各加盟餐飲門店的第一手情報，對經營情況作出綜合判斷，結合外部信息，為正確制定和調整經營的戰略和經營計劃服務。

總之，總部為加盟餐飲門店提供各個方面詳細而具體的支援，為餐飲門店的營運提供強有力的後勤支援保障。

7 特許加盟店的兩種形式

特許加盟店的形式可以分為兩種：一種是把公司正在經營的門店放寬經營權進行加盟；二是開新店。加盟者的來源也有兩個管道，一個是公司在職員工或離職員工；另一個是對外招募有意創業的經營者。

1. 現有直營店開放為特許加盟經營

由於現有店營業已有一段期間，其現有的客流量、營業額、該店總投資額、每月費用、營運獲利狀況及營運情況皆已明確，營運風險與不確定因素相對於新開店來說相對較低，其開放須考慮的因素如下：

(1)公司營業額的考慮。由於特許加盟店的每日銷售收入須匯回公司指定帳戶，基本上總部的現金週轉不會因開放特許加盟而受到影響，且該加盟店所開立的發票，亦可開具總公司發票，這樣公司對外總營業額，亦不會因此而受影響。但開放特許加盟後的加盟權利金收入、該特許加盟店之部份投資金的回收與其他相關費用的分攤，可使總部因此而有更多資金可供運用，而且該店因開放特許加盟後，加盟者有當老闆的感覺，能全心投入經營，使得該店經營獲利的能力能提高30%以上，這樣該店的淨利回收總額，不但不會降低，還可能提升。

⑵管理因素上的考慮。對於較偏遠的門店或與總部的其他分店差異較大的門店開放特許加盟權，因為總部不參與直接管理，因此，可以降低交通費和管理成本等。同時，公司選擇的加盟者都是那些比較瞭解和放心的員工，因此也便於管理。

2. 新開店的特許加盟經營

新開店的選址方式有兩種解決：一是由總部尋求店面；二是加盟者自行尋求店面（經總部評估和批准後才能開店）。

⑴總部尋店。由總部來開發評估，這樣總部則必須有專職的拓店人員，專門負責尋點開店。其要求所尋的拓展店的地點不能在總部直營店或特許加盟店的商圈裏，總部把店址選好後，再由加盟者辦理後續事宜。

⑵由加盟者自行覓點。加盟者自行覓點，可使尋點的成本和時間縮短，想創業獲利的加盟者，可能透過其個人或家庭關係，取得地段好且租金低的地點。但是，加盟者在自己選擇店址時要服從於總部的統一規劃和評估標準。

 對加盟店的審核內容

1. 已有店加盟(對內部員工)的審核程序與內容

⑴對具備加盟資格的內部人員的工作責任心進行調查和審核。

⑵開放總店數、總投資額審查。

⑶開放店目前的營業額、每月費用、盈利情況審查。

⑷開放的股份數、加盟權利金金額、履約保證金金額，利潤分配方式與時間。

2. 新開店加盟(對外開放招募)的審核程序與內容

⑴申請表填妥上交。

⑵地段審查。

⑶初審資料匯整與面談。

①基本資料、申請表格；

②地段審查與資料核對；

③加盟者的想法與配合意願訪談；

④來來收益的預估與分析；

⑤通知該區其他加盟店經營者進行面談。

⑷初審。

①資格(學歷、年齡、資金、經營理念等)資料審核；

②加盟意願、配合意願；

③地段評估、加盟者經濟狀況的調查；

④詳細審核評估說明。

⑸確認。

①投資金額雙方同意；

②設備、裝潢運用方式洽談確立；

③公司審核小組同意；

④詳細審核評估說明。

⑹簽約。

①律師與拓展店人員陪同；

②公司登記透過；

③繳交加盟權利金、履約保證金；

④向工商部門登記審請；

⑤員工招募。

⑺施工裝潢發包(原則上由總公司處理)。

①施工繳交裝潢、設備款項；

②施工完成驗收、繳交工程尾款。

⑻員工招募、培訓計劃。

⑼開張前商圈造勢計劃。

⑽開張準備。

 總部招募部門的工作崗位職責

全球商業特許連鎖加盟的歷史證明，加盟商是特許連鎖加盟體系的決定性一環。沒有加盟商的加盟和單店營建，也就談不上特許連鎖加盟體系的發展。特許連鎖加盟體系的生存和發展是由特許人和加盟商的這種「夥伴」關係決定的。因此，能否招募到合格的加盟商並高質量地營建單店，是特許連鎖加盟體系成功的關鍵一步，也是最基本的一步。

1. 招募加盟商的工作內容

- 研究和制定加盟商的加盟條件。
- 擬訂年度招募計劃。
- 策劃招募活動和廣告。
- 審核加盟申請。
- 與準加盟商談判簽訂加盟意向書。
- 與加盟商談判簽訂加盟合約。

2. 招募工作的職業素質要求

加盟商的招募是特許連鎖加盟總部重要工作之一，總部配置有相應職業素質的人員專職負責該項工作，配置的招募人員要有以下特別的職業素質：

- 熟悉有關特許連鎖加盟法律法規和政策。
- 熟悉本特許連鎖加盟體系的企業歷史、經營理念與企業文化。
- 熟悉特許連鎖加盟的有關知識。

・熟練掌握本體系特許連鎖加盟合約的各項條款。

・熟知本體系招募加盟商的條件。

・熟知本體系特許連鎖加盟業務內容。

・良好的溝通能力。

・豐富的談判經驗和談判技巧。

・正直誠實、強烈的責任心。

・形象好，給人誠實、敬業、專業的感覺。

3. 招募部門的工作崗位職責

⑴招募工作組織機構

招募工作的組織結構可以是非常簡單的直線制，這樣的工作效率高、溝通速度快、各崗位和人員的職責分明。

對於有些特許人，特別是那些較小型的特許人而言，招募工作也可以只設招募顧問一種崗位，然後聘請若干在行政級別上屬於同級的招募人員進行加盟商的招募工作，所有招募顧問都直接對總部的負責特許連鎖加盟體系市場推廣的副總經理負責。各個招募顧問的職責範圍實際上就融合或兼備了上述直線制中招募主管和招募諮詢人員的應有職責。

特許人的招募人員分組標準可以是按地區進行，例如分為 A 組、B 組等；也可以是按招募工作的流程時間順序進行截取式地分工協作，例如有人負責前期的發佈資訊、回答諮詢等，有人則專門負責中期的實地考察、與潛在受許人談判並簽訂合約，有人則負責對受許人的培訓、幫助受許人進行單店營建等。

⑵招募工作人員崗位職責

①招募經理崗位職責

・根據上級下達的年度經營指標，制定加盟商招募計劃和工作進度、分階段拓展目標、實施方案和執行策略。

- 對分階段目標進行任務分解、組織實施、督導完成，以系統的方式計劃所有活動，以減少或避免低效率。
- 建立基本的加盟系統，制定加盟作業流程，設定合格加盟商的基本條件。
- 負責對加盟商的資信及業務拓展計劃(區域、店數、時間)進行審核及評估分析。
- 負責對準加盟商招募的談判及資訊管理結果的呈報。
- 負責對合約的解釋說明和合約的簽訂。
- 定期對本部門工作效率進行分析及評估，並指導部門所屬人員進行整改。
- 在本部門所屬人員需要公司支援時，給予相應支援及與其他相關部門協調處理。
- 對本部門所屬人員規劃的工作建議，進行審核、評估。
- 領導、培訓、激勵、評估及督導部門所屬人員不斷提高其業務水準及績效。
- 接受上級領導的業務督導和業務培訓。
- 與其他部門密切合作，完成上級領導交待的其他工作任務。

②招募主管的崗位職責

- 負責協助上級主管對加盟商招募工作制定計劃、構思及協調安排。
- 接受上級主管的業務督導和業務培訓。
- 與其他部門合作，完成上級主管佈置的工作任務。
- 負責協助上級主管對加盟店招募工作的計劃構思及安排，協助上級主管推行招商活動。

· 負責與準加盟商的聯繫、跟蹤洽談、談判總結的呈報。
· 參與招募加盟商的資格審核和評估分析。
· 負責對競爭對手資訊的收集及參與應對策略的制定。

③招募人員的崗位職責

· 負責「招募熱線」的接聽和客戶諮詢。
· 負責對加盟申請人以書面、E-mail 傳真等方式進行諮詢。
· 負責「加盟申請人數據庫」的建設和維護。
· 負責「加盟申請人數據庫」的數據錄入。
· 負責所有加盟招募相關文件的編寫。
· 負責整理和保存所有加盟招募資料。
· 參與招募加盟商的資格審核和評估分析。
· 與其他部門合作，完成上級主管佈置的工作任務。
· 負責協助上級主管對加盟店招募工作的計劃構思及安排，協助上級主管推行招商活動。

10 招募工作的流程

⑴招募方法

①制定總體特許加盟招募的目標計劃

- 整個特許連鎖加盟體系中總部直營店與特許加盟店的比例：＿＿＿＿＿＿＿＿。
- 整個特許連鎖加盟體系計劃於＿＿＿＿年完成。
- 自××年開始，每年發展＿＿＿個區域加盟商或＿＿＿個單店加盟商。
- 特許連鎖加盟體系在地區上的推廣計劃是＿＿＿＿＿＿＿＿。

②制定年度招募計劃

在這一階段，工作人員必須清楚地瞭解總部的經營目標、經營戰略和經營方針，以使招募工作計劃和進度與總部整體計劃相配合。在此基礎上，經過團隊的集體討論，用一個甘特圖將全年的招募行動計劃展示出來。應用甘特圖的好處在於：在一張紙上，將各種資源在時間和空間上的分配做出充分和清晰的展示，同時可以明確地顯示責任人和工作進度要求。

③制定加盟條件和加盟商招募優惠條件

這一項工作是政策性相當強的工作，工作人員應當多做調查研究並多方徵求意見，在此過程中，腦力激盪法是最好的決策工具。

加盟條件主要是對受許人的要求，有人也將之稱為招募標準。制定招募標準即對加盟商資格要求，是能否招募到合格加盟商的前提，制定招募標準時可從潛在受許人的如下幾個方面考慮。

· 信譽(個人品德、商譽等)。
· 資金實力。
· 經營經驗(本行業經營經驗、其他行業經營經驗、無經營經驗)。
· 加盟動機(有強烈的個人創業慾望，欲借助特許連鎖加盟創立一番事業；有一定的閒置資金，欲投資於回報高於銀行利息的生意；退休後希望能有寄託)。
· 文化素質(高中以上、大專以上、本科以上)。
· 家庭關係(配偶、子女等)。
· 身體健康狀況。
· 心理素質(承受壓力、自我約束、拼搏奮進等方面)。
· 個人社會關係、人脈資源狀況。
· 個人能力和資歷。
· 個人基本情況(年齡、性別、家庭所在地、戶籍、國籍等)。
· 對本體系的企業文化認可程度。

各個特許人體系對受許人的要求都不盡一致，特許人應針對自己單店運營的實際需要、針對自己樣板店經理人分析的結果、針對已有受許人特徵的分析，並同時考慮到自己的期望，定出一個大致的受許人「模型」。但此模型不能太詳細，應留有一定的餘地，因為太詳細的「受許人模型」描述會使招募工作喪失很多有發展潛力的潛在受許人。模型也不能過分泛泛和模糊不清，因為這樣會使招募人員在實際的工作中無所適從，或感到每個申請者似乎都合適。

圖 4-10-1　加盟商招募工作流程

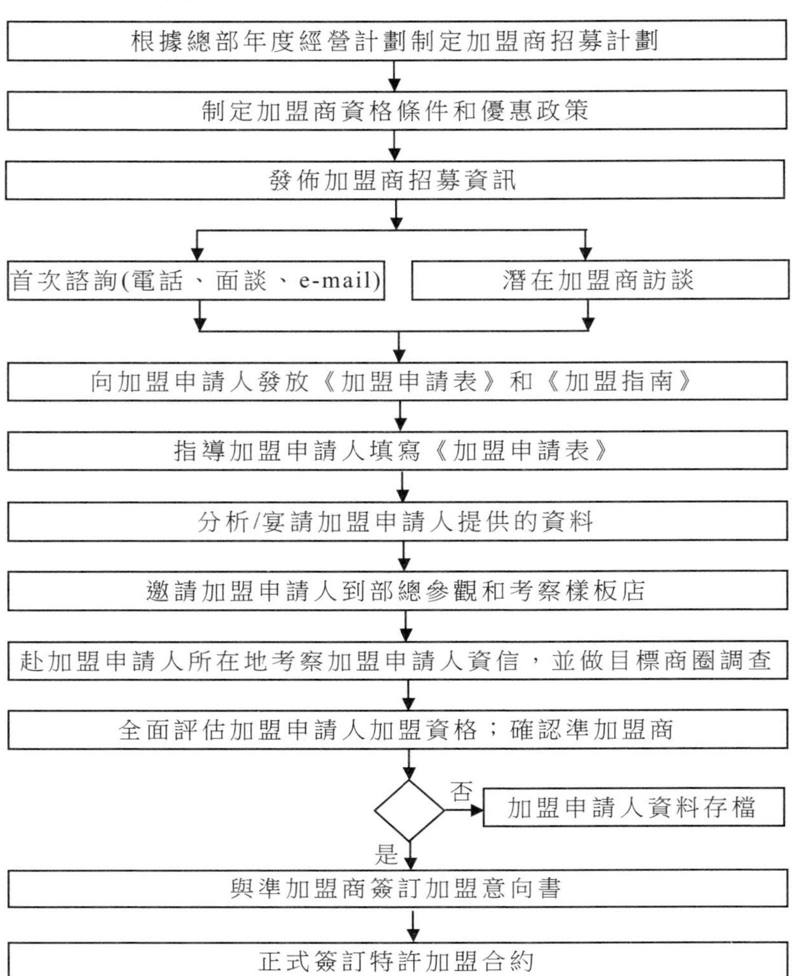

⑵發佈加盟商招募資訊

企業應充分利用一切機會向外界或目標招募地區發佈自己的招募加盟資訊，以吸引盡可能多的申請人。

①在面向目標區域的固定媒體上發佈通用招募資訊。

②參加全國性和地區性特許連鎖加盟展覽會。

③在特定的區域性媒體上發佈招募區域加盟商或單店加盟商資訊。

④召開地區性的招募發佈會，現場發佈加盟資訊。

⑤建立企業的網站，發佈電子招募加盟資訊。

⑥委託資訊公司、諮詢顧問公司、代理商、經銷商、營銷仲介等第三者進行招商。

⑦電話營銷。

⑧郵寄營銷，包括普通信件郵寄、電子信件郵寄等。

⑨鼓勵已有加盟商或受許人推薦。

⑩鼓勵企業的合作夥伴和關係戶推薦。

⑶加盟申請人的諮詢和資訊收集

這部份工作內容包括以下幾方面。

①首次諮詢(面談、電話、E-mail、傳真)。

②向加盟申請人發放《加盟指南》和《加盟申請表》。

③指導加盟申請人填寫《加盟申請表》。

這部份工作是相當基礎性的工作，需要注意以下幾點。

①設立招募熱線，由經過培訓的招募諮詢員負責，認真回答諮詢；下班後熱線應有自動回應功能。

②所有信件、傳真、電子郵件每天由招募諮詢員接收。

③招募諮詢員記錄所有的資訊並填寫《招募資訊記錄表》。

④招募諮詢員負責將當日所有信件、傳真、電子郵件整理歸檔。

⑤疑難問題由招募主管回答或記錄後請教招募主管再回覆。

⑥展覽會及招募會現場諮詢由招募經理負責。

⑦所有發出的書面文件要確保準確無誤。

⑧彼此之間要經常保持高度的資訊共用和交流。

⑷加盟申請人的考察和篩選

這部份工作內容包括以下幾個方面：

①分析/審核加盟申請人提供的資料。

②邀請加盟申請人到總部參觀和考察樣板店。

③赴加盟申請人所在地考察加盟申請人資信，並做目標商圈調查。

這部份工作是與潛在加盟商進行大量溝通的階段，也是宣傳和推廣本特許連鎖加盟體系的好機會。在這一階段，特許人在考察加盟商，加盟商也在考察特許人，因此必須做好以下工作。

- 清楚地向加盟申請人傳達企業的理念、文化以及加盟條件、加盟優惠政策。
- 樣板店的規範操作及店面陳列要到位。
- 赴加盟申請人所在地考察要細緻耐心，有效率。
- 在可能的情況下，一個地區至少要選擇兩個以上加盟申請人作為候選對象。
- 加盟申請人的資料輸入數據庫。

⑸加盟商資格的全面評估和加盟意向書的簽訂

這部份工作內容包括以下幾方面。

①全面評估加盟申請人加盟資格，確認準加盟商。

②與準加盟商簽訂加盟意向書。

這部份工作是屬於決策性的，因而要求做到以下幾點。

①加盟商資格的全面評估工作應由一個工作小組負責進行。小組成員應包括：招募經理、招募主管、財務經理、總部營運經理等。

②加盟商資格的全面評估使用打分制。評估指標包括：組織狀況、資本信譽狀況、業務拓展和管理能力、市場運作能力、社會關係、與總部的關係、經營方案等。經過上述全面評估，對一個城市而言，要從若干個加盟申請人中篩選出一個確認為準加盟商。然後要填寫一份準加盟商申報表報主管批准。

③經評估認可後的準加盟商要與特許人簽訂一個加盟意向書。

④經過上述全面評估暫時不能入選的加盟申請人也應得到妥善對待。由招募諮詢員禮貌地及時通知對方特許人的評估結果並表示感謝。

⑹特許連鎖加盟加盟合約的簽訂

在與準加盟商簽訂加盟意向書後，招募工作人員應就特許連鎖加盟加盟合約及其附件的各項內容與準加盟商進行談判。

在完成上述一切準備工作之後，即應與準加盟商簽訂特許連鎖加盟加盟合約和（××商標使用許可合約）。同時總部授予加盟商相應的身份證書和標識。

⑺加盟商的營運指導

在雙方簽訂完合約之後，特許人應立即組織受許人單店的營建工作，主要的內容就是按照《開店手冊》和《營運手冊》進行實踐操作。

雖然特許人在受許人加盟的前前後後都給予了大量、詳細的培訓和指導，但在加盟商實際建立單店並運營時，特許人一般都還應派遣總部人員或委託分部相關人員前去實地指導和幫助，以便加盟店可以順利地開張和運營。

在單店開業時，總部還應派遣特許人總部的高層人員親臨現場，主持開業儀式，以示對受許人的支持和重視。

為了確保加盟單店的開業後正常度過試運營期，特許人總部應派遣管理、技術等各個關鍵方面的專家在受許人單店裏進行為期 1～3 個月的跟班指導，直至受許人完全可以獨立地進行正常單店運營為止。

11 案例：不從零開始的肯德基特許加盟

肯德基在中國的特許經營有兩種模式：一種稱之為「西安模式」，另一種稱之為「常州模式」。

西安模式是指，1993 年 4 月，中國第一家特許經營的公司加盟肯德基，該公司買斷了整個陝西省的肯德基經營權，這種模式稱為「西安模式」。

常州模式是指，2000 年 8 月，在常州市溧陽，第一家「不從零開始」的肯德基中國地區特許加盟店正式授權轉交，後來把這種加盟正在營業的肯德基店的模式稱為「常州模式」。

目前中國肯德基利潤已佔其海外市場利潤的三分之一，經營狀況已經超過麥當勞，其店鋪分佈在中國 230 多個大中城市。其為了奠定長遠發展的基礎，下一步擴張的重點將是中小型二、三級城市。

肯德基對特許加盟有自己一套嚴格而完整的挑選程序和要

求：

一、特許人選要求

1.必須熱愛速食業。

2.必須具備豐富的行業知識。

3.必須具有與肯德基建立 10 年以上合作關係的意願。

4.必須至少具備 800 萬元人民幣的資金實力。

二、確定加盟地區

⑴肯德基公司對已經有其合作商的城市不考慮發展特許加盟。

⑵對像北京、上海等競爭激烈的大中城市不考慮加盟，而是由肯德基公司自己經營。

⑶在中國境內非農業人口大於 15 萬小於 40 萬，且年人均消費大於人民幣 6000 元的地區發展特許加盟。

⑷目前肯德基宣佈將常州、西安、揚州等 28 家肯德基店授權交接成特許加盟店。

三、特許費及投資回報

⑴肯德基的加盟費一般都在 800 萬元以上，這是根據肯德基餐廳的投資、營業額、盈利狀況而定的，是根據一些綜合指數制訂的參考價格，但 800 萬元的加盟費不包括房產租賃費用。

⑵如果一家肯德基餐廳的年營業額為 1000 萬元，加盟者初期投入需 850 萬元(其中 800 萬元是轉讓費，50 萬元是加盟費和一些裝飾費用)。在 1000 萬元中，總成本佔 76%(其中 45%是食品原料，10%是勞動力成本，10%是動力設備耗費和折舊費，5%是廣告費，6%是特許權使用費)，所以毛利率約為 24%，再從毛利率中扣除初期投資利息和稅金 13%，所以加盟商年報酬率在 11%左右。也

就是說，要想獲利的話，至少需要 8 年以上的時間。

四、加盟契約的期限

肯德基與其加盟商首期合作至少 10 年以上。

五、專門培訓

肯德基要求加盟商必須首先具有一定的相關行業從業經驗，還得經過非常廣泛的專業培訓，包括值班管理、領導餐廳等課程。除了專門的培訓課外，加盟商在接手餐廳後，還要進行為期 5～6 個月的餐廳管理學習。

第五章

連鎖體系的收費方式

特許連鎖加盟的收費說明

特許人歷盡辛苦開發出的特許權授予受許人以及在受許人的經營過程中仍然持續地向受許人提供大量支援性工作是需要受許人給予一定的回報的，這些回報就是特許人向受許人收取的各種費用。

特許連鎖加盟費用指的是在特許連鎖加盟關係的發生過程中，受許人需要向特許人上交的費用。

按照各種費用的性質，可以把特許連鎖加盟費用分為三類：特許連鎖加盟的初始費、持續費以及其他費用。如圖 5-1-1。

特許連鎖加盟的初始費指的是受許人向特許人交納的加盟金，這是特許人將特許連鎖加盟權授予受許人時所收取的一次性費用。它體現的是特許人所擁有的品牌、專利、經營技術訣竅、經營模式、商譽等無形資產的價值。

圖 5-1-1　特許連鎖加盟費用的構成圖

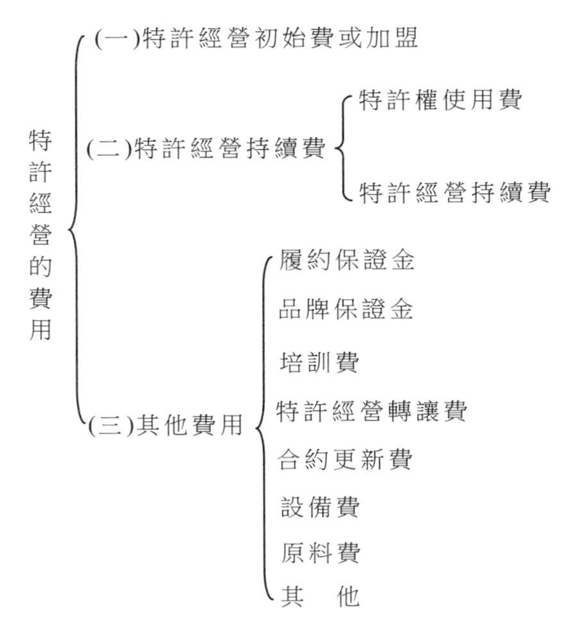

其交納時間通常是在雙方簽訂了正式的特許連鎖加盟合約之後的一個約定時間內，例如簽字後的一週到三個月之內。具體的時間根據特許人的不同而不同，並在特許連鎖加盟合約上予以說明，法律上並沒有嚴格的規定。但因為簽訂了合約就意味著特許人要幫助和指導受許人進行市場調研、商圈分析、選址、裝修、培訓等一系列工作，所以，特許人通常為了儘快地建設加盟店，特許人可能會要求受許人在較短的時間內一次性交納齊備加盟金。當然，根據受許人的實際情況，有的特許人也允許受許人分次分批地交納。

加盟金是受許人進入特許人特許連鎖加盟體系的門檻費，即使受許人悔約，此費用也不予退還。一個特許連鎖加盟加盟期限需要且僅需要交納二次加盟金，特許連鎖加盟合約到期後，如果雙方續簽，那麼受許人需要再為下一個特許連鎖加盟期限交納一次加盟金。

加盟金的數量沒有法律的明確規定，各個特許人也各不相同。就目前情況看，大致有三種情況：一種是免除加盟金的，但潛在受許人需要注意，特許人可能會在別的費用方面把這個免除的加盟金「補」回來；第二種情況是特許人則欠取數量很少的象徵性的費用，數額從數千元到數萬元不等；第三種情況是特許人收取數額較大的加盟金，少則十多萬元，多則幾十萬元，甚至上百萬元或更多。

表 5-1-1　所選行業的平均特許經營加盟費

行　　業	平均特許經營加盟費(美元)
旅館住宿	35200
餐　　飲	31900
列印複印	27900
保險和安全系統	27100
美　　髮	25200
僱用和個人服務	22700
汽車維修	22600
商務服務	22194
快速食品	20800
水洗、乾洗	19000
房 地 產	14700
旅遊仲介	14000

那麼，加盟金的數量到底有沒有一個科學的計算方法呢？從前述加盟金的目的來看，加盟金由三部份組成或受到三個因素的制約，即加盟金(IF)的數額是由特許人的前期支持成本(c)、特許人的期望利潤(p)以及加盟金調節係數(α)這三個方面決定的。

如果用函數的形式來表示就是：

加盟金=廠(特許人的前期支持成本，特許人的期望利潤，加盟金調節係數)或 $IF=f(c, p, \alpha)$

1. 特許人的前期支持成本

特許人在前期(即受許人的加盟店開業並進入正常運轉這段時期)需要為受許人提供許多支援，包括接受潛在受許人的第一次諮詢，挑選甄別合格受許人幫助受許人選址，對受許人進行培訓(免費的部份)，幫助受許人招聘人員，贈予受許人物品(包括開業用品、促銷品甚至前期鋪貨等)，開業支持，派總部人員到受許人單店進行現場指導等。簡而言之，從潛在受許人第一次向特許人諮詢開始，一直到該受許人的加盟店正式開業並進入正常營運階段，特許人需要為受許人提供一系列支援，這些支援需要特許人耗費一定的成本，那麼這個成本應該由加盟商支付，並作為加盟金的一個基本組成部份。

特許人應該首先詳細列出自己在前期為加盟商所提供的所有支援活動，然後就可以根據每項活動所耗費的資源來初步估計出這個前期的費用總值。但應該清楚的是，加盟金的「底線」就是這個前期的支持費用總值，換言之，特許人的加盟金應該至少等於這個前期值。

由此看來，許多特許人的所謂加盟金為零的政策就應該這樣理解。對於這些雖然免去了加盟金卻仍然在前期提供支援的特許人而言，基本上有三種情況會導致他們在收取所謂的零加盟金。

第一種情況是，特許人在轉嫁加盟金，亦即特許人並不是真地不收取加盟金，而是使用了一些策略，例如把加盟金打入其餘費用之中(例如產品價格、培訓費用、權益金、設備費等)。

第二種情況是，特許人縮減自己的前期支持活動並進而縮減了前期需要收繳的加盟金，因此，在這種情況下，表面上是受許人免去了加盟金，而實際上受許人並沒有得到多少好處，因為受許人可能因特許人前期提供支援的力度變小而使自己以後的成功經營潛伏著隱患。

第三種情況是，特許人在實行強力的競爭措施，例如當市場競爭異常激烈時，特許人為了應對激烈的市場競爭情況，他就可能以加盟金為零來吸引更多的潛在加盟商。

作為受許人而言，要準確判斷出特許人採用零加盟金的原因是屬於上述三種情況中的那一種，並採取相應的措施。若是特許人在實行強力的競爭措施而實施零加盟金政策，那麼受許人就可以考慮加盟，因為這個零加盟金是實力雄厚的特許人為加盟商提供的「優惠」。相反，若是特許人把加盟金加到了別的方面或是縮減了前期提供的支援活動，那麼受許人就要謹慎行事了，因為這個零加盟金既不能保證特許人前期提供的支援達到相當的力度，也不能保證特許人不在後續的別的方面變本加厲地向受許人收取更多的費用。

但無論如何，因為特許人的前期支持費用是必須支出的，而這個前期支持費用對於特許人更盡心地用自己的優勢資源來使加盟商順利、成功經營加盟店是必須的，它對特許連鎖加盟雙方都是有利的，所以特許人應光明正大、理直氣壯地收取前期加盟金，並且此加盟金的最底數額或「底線」應該等於此前期費用總值。

如果特許人能把收取的加盟金的具體用途都向受許人說明的話，那麼，當受許人看到自己交納的加盟金都是特許人為了使自己更成功而支出時，受許人一定會更加信任特許人，也當然會心甘情願地支付這個數額較大的加盟金。

2.特許人的期望利潤

在收取了上述第一項即前期費用總值之後，特許人的前期支持支出是沒有問題了，因為至少是不「虧本」的。那麼在此「底線」之外，特許人還可以收取一個自己期望的利潤。

關於特許人收取自己的期望利潤這種做法，也是無可非議的。因為很顯然，特許人從零開始地付出自己的腦力、智力、體力並投入了相當的各種資源(人、財、物等)來打造自己的品牌、技術、經驗、商譽、客戶群、產品、關係網絡等等，這些對於成功地經營一家企業或單店都是非常寶貴的「秘笈」，那麼現在受許人要使用這些「現成」的資源來經營自己的加盟店，受許人因為利用了特許人積累、造就的許多高價值資源而必然會大大地減少風險、提供成功率、節省不必要浪費、縮短創業成功時間等，所以，特許人因受許人享受到的這些利益而向受許人收取費用並賺取一定的利潤也是合情合理的。

具體到期望利潤的數額大小，其主要取決於特許人自己的意願而並沒有嚴格的科學計算方法。但特許人應充分考慮「雙贏」、受許人初期創業的資源緊張、特許雙方長期利益等各個方面，確定一個雙方都能接受的合理的利潤值。

3. 加盟金的調節係數

僅僅把加盟金等同於前期支持費用總值與特許人期望利潤的總和是不夠的，因為特許人向受許人最終收取的加盟金數額還要受到其餘一些因素的影響，這些因素包括行業競爭、續約次數、加盟店數、加盟地域、加盟店性質和規模、加盟期限、權益金、受許人的初期總投資等。因此，在特許人加總了前期支持費用總值與特許人期望利潤並得出加盟金的初值之後，特許連鎖總部還應該根據這些因素的影響情況來調節這個加盟金初值。

⑴ 行業競爭

畢竟，特許人需要和同行競爭，而加盟金這個門檻費無意也是競爭的一個重要因素，所以過高的加盟金會使特許人喪失大量合格的潛在受許人，而過低的加盟金則要麼會迫使特許人將不收取的加盟金費用轉嫁到其餘費用上，要麼就會因資金的不足而影響特許人建設特許體系的質量。

一般而言，當同業競爭比較激烈、本特許體系沒有明顯的競爭優勢時，特許人收取的加盟金可以適當放低一些；當同業競爭不太激烈、本特許體系有明顯的競爭優勢(例如是別人沒有的新項目、品牌卓著等)時，特許人收取的加盟金就可以適當抬高一些。但無論如何，加盟金最低的數額一般不能低於「底線」——特許人前期提供的支援費用總值。

⑵續約次數

對許多特許人而言，不管是由於關係的原因還是由於特許人對於老受許人的獎勵或對新受許人的吸引，特許人都可能會對續約的受許人在加盟金方面實行一定的優惠減免政策，例如第二期加盟金比第一期低，第三期會更低……依此類推。

但 IFA 的一份統計資料顯示的關於加盟金減免和續約次數的關係卻呈現出相反的結果，亦即越來越多的特許人正趨向於不再以減免加盟金的形式來吸引或獎勵受許人。

⑶加盟店數

受許人購買特許權使用權的交易其實和購買普通商品有許多類似之處，在數量和價格方面也極為相似，亦即也有批發和零售的意味。因此，有的特許人會規定，加盟的店數越多(區域加盟商或多店加盟商)，平均到每家單店上的加盟金可能就越少。但對盟主本身而言，它也可能會隨著自己的成熟與成長而增大加盟金，如表 5-1-2 所示的一家盟主企業就是如此。

表 5-1-2　盟主擁有店數與特許連鎖加盟費用的關係

店　數	1～30 店	31～100 店	100 店以上
加盟金	30000	50000	60000
權利金	2.5%	3.5%	5%
廣告宣傳費(不變)	1%	1%	1%

⑷加盟地域、加盟店性質和規模

因為目標顧客市場的不同，特許人可能會針對不同的加盟地域規定一個最低的加盟店規模，相應地，加盟金等費用也會有所不同。例如某餐飲店體系的加盟費用規定如表 5-1-3 所示。

表 5-1-3　某餐飲店體系的加盟費用規定

	店面面積	加盟費	保證金	合約期
省級中心店	800 平方米以上	15 萬元	3 萬	3 年
市級特許店	500 平方米	10 萬元	2 萬	3 年
地級特許店	300 平方米	8 萬元	2 萬	3 年
縣級特許店	200 平方米	5 萬元	1 萬	3 年

1997 年連鎖加盟店已達 800 家，其品牌基礎店、小型店、標準店、中心店、旗艦店、汽車綜合服務站分別需要 6.8 萬元、10 萬元、18 萬元、38 萬元、80 萬元至 380 萬元不等的加盟費。

⑸加盟期限

因為一般而言，特許人每個加盟期限都會重新向受許人收取加盟金，所以特許人的加盟期限就必然與加盟金存在著正相關的關係，亦即，加盟期限越長，加盟金就會越高；反之就越低。

⑹受許人的初期總投資

加盟金一般會占受許人的初期總投資的 3%～10%，但有時會有例外。雖然這一數字的根據沒有科學論證過，但仍然可以供特許人在確定自己的加盟金時作參考。

特許連鎖加盟的持續收費

特許連鎖加盟的持續費指的是在特許連鎖加盟合約的持續期間，受許人需要持續地向特許人交納的費用，它主要包括兩類：特許權使用費和市場推廣及廣告基金。

1. 特許權使用費(Royalty Fees)

又稱權益金、管理費等，是受許人在經營過程中按一定的標準或比例向特許人定期支付的費用。它體現的是特許人在受許人的經營活動中所擁有的權益。特許權使用費的具體內容和交納辦法也應在特許連鎖加盟合約中予以詳細地說明。

權益金的數量可以是一個固定的數額，亦即受許人需定期交納一定數量的費用而不管這期間的營業狀況如何。也可以是根據受許人的營業狀況而按照一定的比例向特許人交納，例如按照受許人加盟店營業收入、營業利潤等的一個固定比例上交。根據目前的實際情況，在按照營業收入進行收取時，這個比例的範圍在 1%～5%之間最為普遍，而最高的甚至超過了 10%。

如果特許人採取比率的方式來收取特許權使用費的話，那麼他最好按照加盟店的營業收入而非營業利潤的百分比來收取。原因很簡單，與監控營業利潤相比，特許人更容易控制、更容易較為準確地得到加盟商的營業收入。這樣，特許雙方可以減少不必要的糾紛，因為加盟商經營成本的計算問題經常是特許雙方發生爭執的主要原因之一。

表 5-2-1　所選行業的平均特許權使用費比例

行　　業	平均特許權使用費比例(%)
商務服務	10.6
僱用和個人服務	6.5
列印複印	5.9
美　　髮	5.2
汽車維修	5.0
保險和安全系統	4.9
房 地 產	4.8
速食食品	4.7
餐　　飲	4.5
水洗、乾洗	4.5
旅館住宿	4.2
旅遊仲介	0.4

特許加盟商為購買特許經營權所支付的價格的第二個主要組成部份就是特許權使用費。特許權使用費是特許加盟商加盟特許體系後，在開展特許業務過程中，每年持續向特許者支付的金額。

另外，特許人只對營業收入進行比率性收費的方式還有利於促進加盟商積極主動地減少經營成本，因為加盟商知道，減少的經營成本其實就是自己可以增加的利潤。而反之的話，如果特許人向加盟商收取利潤的百分比，那麼加盟商就可能會做假賬以增大成本的數量並從而為自己謀取更多的利益，而這顯然不是一種良好的合作狀態，不利於雙方建立持久的互利關係，而是對特許連鎖加盟關係的一種損害。

另外還要注意，有的特許人在收取權益金時，為了鼓勵受許人更多地實現營業額，特許人所採取的權益金比率還可能是一個變數，例如某便利店連鎖總部就採取了這種變動的權益金收取機制，如表5-2-2 所示。

表 5-2-2　便利店的權益金收取機制

毛利/月	便利店總部份配	加盟店分配
≤30000 元	25%	75%
30000～50000 元	30%	70%
50000 元	35%	65%

日本 7-11 便利店公司則採取另外的激勵方式，總部和加盟店之間毛利分配的原則是：

對於 24 小時營業的加盟店，只需上繳給總部 43%的毛利額；對於 16 小時營業的加盟店，必須上繳給總部 45%的毛利額。商店開業 5 年後，根據經營的實際情況及實際成績，作為獎勵，總部會減少加盟店上繳毛利額的 1%～3%；平均每日營業額為 30 萬日元以上的店鋪，降低 1%；每年毛利額達到 5800～7800 萬日元的，再降低 1%；每年毛利額在 7800 萬日元以上的，可降低 2%；最高可降低 3%。

2. 市場推廣基金(Advertisement Foundation)

這個費用指的是特許人按受許人(加盟商)營業額的一定比例或某定額向受許人(加盟商)收取的廣告基金，該基金由特許人統一管理，受許人(加盟商)使用該基金時向特許人提出申請，由特許人審批。

通常為 1%～5%，收取這個費用是因為特許連鎖加盟體系在廣告效應方面的雙重特性。

⑴因為特許連鎖加盟體系的複製性質，所有單店在理念以及外觀、實體等軟硬體方面都是完全一致的，所以，任何單店的廣告都會使其餘單店以及整個體系受益，因此，為了防止有些單店的為了省錢而「搭便車」的心理並使整個體系的廣告策略保持整體性和一致性，需要特許人對特許連鎖加盟體系的廣告進行集中管理。

⑵由於各個單店所在區域的實際情況不同，例如消費者對該特許連鎖加盟體系的認同度、特許連鎖加盟體系在當地的知名度、單店的規模、季節的變化、當地的發展階段等是不同的，可能還相差很大，所以在客觀上就存在需要單店各自在其所在區域進行單獨廣告的現實。

以上這兩個特許連鎖加盟廣告效應方面的雙重性就決定了，特許人需要集中地管理廣告基金才能更公平地平衡諸單店之間的利益，並使廣告的效果最優。

 特許連鎖加盟的其他收費

特許連鎖加盟費用除了上面兩類最基本的費用外，還會有一些其他形式的費用。

需要注意的是，這些費用並不是特許連鎖加盟這種模式所獨有的費用，即使在其他契約式的經營模式裏，例如經銷、代理等，這些費用也是不可避免的。所以，這些其他的費用並不是每個特許人都要收取的，而是因特許人的不同而不同。同時，這些費用的收取數量也並沒有嚴格的計算方法，而只是一些行業慣例或純粹就是特許人的主觀決定。

這些費用有履約保證金、品牌保證金、培訓費、特許連鎖加盟轉讓費、合約更新費、設備費、原料和產品費等。

1.(履約)保證金

指的是簽訂特許連鎖加盟合約並在特許連鎖加盟合約持續期間，特許人向受許人(加盟商)收取的一種保證金，用於在受許人(加盟商)不及時支付應向特許人支付的款項時的補償。在特許連鎖加盟合約到期，並且受許人並沒有拖欠應付特許人的合理款項時，連鎖總部應歸還受許人履約保證金。

2.品牌保證金

總部收取保證金主要有兩個作用，一是作為採購抵押款。在一些特許加盟系統中，特許經營總部在合約中要求受許人必須訂購指定的產品或原材料等物品；在執行過程中，受許人若不履約，特許經營總

部便可將此保證金扣除充當貨品金。二是特許人為了保證受許人不做有損特許連鎖加盟體系品牌的事，而於特許連鎖加盟合約簽訂後向受許人收取的一定數額的資金。如果受許人在經營期間違反了品牌保證金規定的事項亦即做出了有損特許人品牌的事，特許人將沒收此保證金。否則，在特許連鎖加盟合約解除後，特許人將把此保證金返還給受許人。

3. 培訓費

指的是特許人對受許人進行培訓時需要收取的費用。特許人對於受許人的培訓分為兩個階段或類型。一是在簽訂合約後、開設單店前進行的培訓，主要內容是全方位地使受許人進入運營單店的角色之中。這時的培訓通常是免費的，受許人所要承擔的無非就是自己的交通和食宿費。另一類培訓是在受許人單店開業之後的正常營業過程中，特許人對受許人進行的培訓，主要內容是特許人開發的新的技術和知識、體系的新規定等，受許人在承擔自己的交通和食宿費之外，特許人可能會向他們收取一定的培訓費。

4. 管理費用

管理費用是總部對加盟店進行經營指導而收取的費用，由加盟店按期交納。管理費用分為兩種情況：如果總部對加盟店進行管理，則管理費用較高，一般是每月利潤額的 10%～15%，或者營業額的 6%左右，具體情況每個餐飲門店不同；如果加盟店由加盟業主自行進行管理，總部只是負責配合管理，總部收取的經營管理費用則較低，一般是按月收取固定的管理費，例如，某餐飲品牌的是 3000～6000 元/月。

5. 工程收入

工程收入是收入的重要部份，構成公司收入的重要來源，餐飲公司為保證門店的統一裝修，所有工程由餐飲公司統一裝修，一般餐飲公司都配有工程公司或者工程部負責工程的設計、裝修及維修。

6. 特許連鎖加盟轉讓費

指的是在特許連鎖加盟合約未到期時，如果受許人欲放棄該特許連鎖加盟並將其轉讓出去，需要交納給特許人的費用。這是因為特許人需要花費額外的資源去培訓一個新的合格受許人，因此，原受許人就需要對特許人的這個額外花費作出補償。值得注意的是，在有些國家和地區的特許連鎖加盟法律法規中，特許連鎖加盟未到期是不允許受許人或特許人單方退出的，因此也就沒這個特許連鎖加盟轉讓費了。

7. 合約更新費

指的是受許人在特許連鎖加盟合約到期時，如果要續簽合約，那麼，需要受許人在額外的特許連鎖加盟正常費用之外另行交納更新費。儘管這個費用通常被認為是非法的，但現實中的許多特許人卻常常要求受許人必須交納，並以不再續簽相威脅。更新費可以是一個固定值，也可以是一個比例，通常為加盟費的某個百分比，例如肯德基在續簽時除了支付加盟費 50%的續約費外，不需要再支付其他費用。

8. 設備、原料和產品費

指的是受許人向特許人支付的由特許人代為購買的設備、原料和產品的費用。由於各種原因，例如設備、原料和產品是特許人自己專門定制的非標準物、特許人的集中採購會使設備的價格降低、為了保證整個體系的一致性等，特許人通常會指定各個單店使用統一的設備、原料和產品。那麼這時，如果特許人代為購買的話，受許人就要向特許人支付這筆費用。

這一點常常被一些特許人用作賺取額外利益的機會，例如有的特許人會從設備、原料和產品供應商的折扣中「提留」一部份給自己、向受許人變相地強行推銷自己生產的設備、原料和產品等，因此，受許人應保持足夠的警惕性。

如果根據費用的目的以及費用發生的時間來劃分的話，我們可以得到如上的特許連鎖加盟關係階段與特許連鎖加盟費用的對應關係圖(見圖 5-3-1)。

圖 5-3-1　特許連鎖加盟關係的週期階段與費用的關係

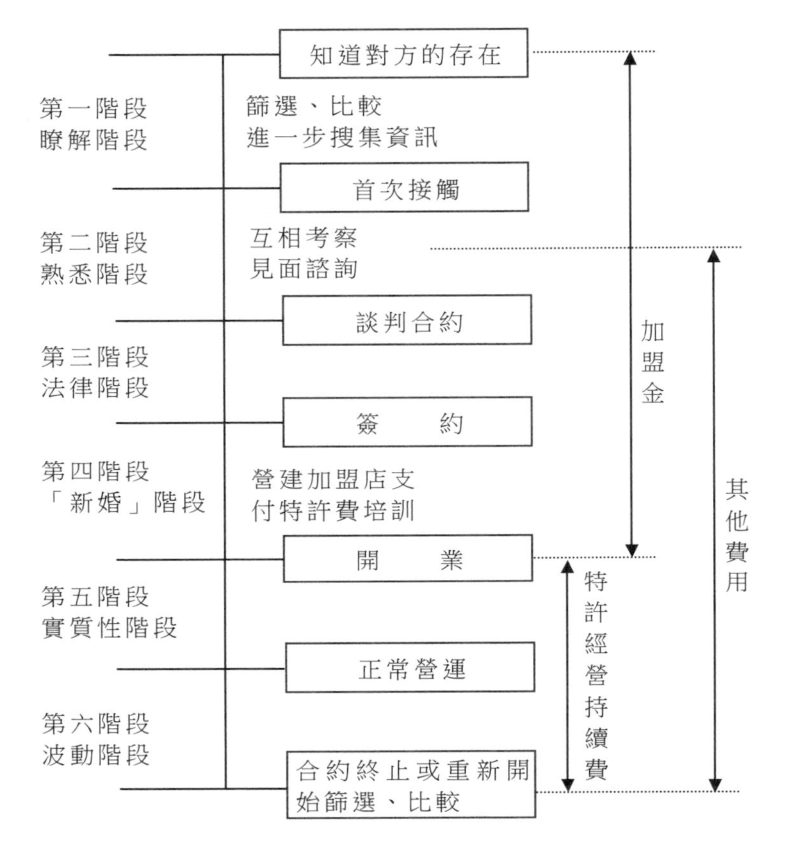

9. 市場推廣和廣告基金

因為特許加盟體系具有「複製」性質，所以各個加盟單店在經營理念、外觀形象、實體等軟硬體方面都是完全一致的，所以任何加盟單店的市場推廣行為和產品宣傳行為都會使其餘加盟店及整個特許加盟體系受益。因此，為了防止有些加盟單店為了省錢而「搭便車」的心理，同時確保特許加盟體系的廣告策略的整體性和一致性，需要特許人對特許加盟體系的廣告進行集中管理。

由於各個加盟單店所在區域的實際情況不同，例如消費者對該特許加盟體系認同度程度的大小、特許加盟體系在當地知名度的高低、單店規模的大小、商品銷售的季節性變化、當地經濟發展階段的不同等，所以客觀上就需要特許經營總部在部份單店所在區域進行單獨廣告戰略策劃，這部份自然也要算到特許經營總部的運營成本中去。

10. 投資收益

投資收益，是指直營連鎖門店的投資分紅部份，按照所佔的股份進行分紅，每週期分紅一次。

 案例：餐飲品牌的加盟費用

某公司餐飲品牌有四種加盟方案：特許加盟、特許託管加盟、特許保證加盟和直營加盟。

A.特許加盟：加盟商自籌全部開店費用，加盟商主導加盟管理，總部負責配合管理，加盟商須按總部商業模式及經營規則管理。總部提供裝修設計，人員培訓，人員支援之責任並協助加盟店開業籌備，加盟店必須接受總部的定期督導。

B.特許託管加盟：加盟商自籌全部開店費用，委託總部直接主導經營管理，總部提供裝修設計，人員培訓，人員支援之責任並協助加盟店開業籌備，加盟店必須接受總部的定期督導。

C.特許保證加盟：加盟商自籌全部開店費用，委託總部直接主導經營管理，總部提供裝修設計，人員培訓及配置，支援系統管理之責任，透過 4 年保證補差的模式，保障最低利潤，為加盟商分解轉化投資風險。

D.直營加盟：為股份制，總部持 20%～30%的股份，其餘開放加盟，總部直接主導經營管理，加盟商配合經營管理，加盟店財務獨立運行，加盟店必須接受總部的定期督導。

如何確定合適的加盟費用，對總部來說是一個非常關鍵的問題，它直接影響到特許事業的順利發展。因為投資者在費用方面通常相當敏感，費用定得太高，投資者不能獲得預計的利潤，自然不會對該項業務感興趣，即使加盟進去，不久也會退出；若費

用定得太低，總部收益受損，甚至無法彌補所提供服務的費用開支，將會得不償失。無論如何，總部都應該儘早拿出一套合理的收費方案，確定加盟費用水準及收費方式，以便制定出合理的預算，彌補其管理費用，並取得足夠的贏利。一般來說，連鎖餐飲門店的加盟費用由以下幾個部份構成：

1. 品牌加盟金

品牌加盟金也稱為首期特許費，是加盟者在加盟時向總部一次性繳納的費用，它包括加盟者因使用總部開發出來的商標、特殊技術等而支付的費用，體現了加盟者加入特許系統所得到的各種好處的價值。這筆費用，各個總部都不相同，如有的餐飲企業加盟金為 8 萬元。

2. 保證金

保證金作為今後繳納各項費用及債務的擔保，同時也帶有總部向加盟店所提供產品的預付金性質，數量各公司不等，如保證金為 4 萬元。合約中止時是否退還，情況也各不相同，依據雙方的合約而定。

3. 管理費用

管理費用是總部對加盟店進行經營指導而收取的費用，由加盟店按期交納。管理費用分為兩種情況：如果總部對加盟店進行管理，則管理費用較高，一般是每月利潤額的 10%～15%，或者營業額的 6%左右，具體情況每個餐飲門店不同；如果加盟店由加盟業主自行進行管理，總部只是負責配合管理，總部收取的經營管理費用則較低，一般是按月收取固定的管理費，例如，某餐飲品牌的是 3000～6000 元/月。

4.培訓費

總部為加盟店提供非常完善的培訓服務，收取一定金額的培訓費。總部可以每年固定收取一定數額的培訓費，也可以按照餐飲門店營業額提取固定比率的培訓費。

5.門店設計以及施工費

加盟餐飲門店的裝修設計一般由總部負責，餐飲門店的裝修設計施工費是餐飲公司總部一項重要的收入。這項費用一般按照餐飲門店的經營面積來計算，例如，某餐飲品牌的直營店以及加盟店的施工裝修費為 1200 元/平方米。

6.續約費

後續加盟費用是加盟者開業後每隔一定時期都必須支付的，有的按月支付，有的按年支付，續約費用一般為固定的金額。例如，某餐飲品牌的續約費為 4 萬元/4 年。

以上六個部份是餐飲門店最主要的加盟費用。除此之外，根據餐飲公司總部提供的服務不同，總部還可以適當收取廣告宣傳費、設備租賃費、財務業務費、意外保險費等。

7.利潤分配

利潤是指餐飲公司在一定時期內從事各種經營活動所獲取的經營成果。餐飲門店的利潤總額由營業利潤、投資淨收益和營業外收支淨額組成。

餐飲門店利潤分配就是根據餐飲門店所有權的歸屬及各權益者佔有的比例，對餐飲門店生產成果進行劃分，是一種利用財務手段確保生產成果的合理歸屬和正確分配的管理過程。簡單地講，餐飲門店利潤分配，就是對餐飲門店一定生產成果的分配。

餐飲門店利潤的分配應有利於提高餐飲門店的發展能力。從長遠來看，只有餐飲門店不斷發展，各方面利益才能最終得到滿足。為此，在進行分配時，必須正確處理積累與消費的關係，保證餐飲門店的健康成長。

表 5-4-1 加盟細則

項目 \ 投資方案	特許加盟 A	特許託管加盟 B	特許保證加盟 C	直營加盟 D
品牌加盟金(4年一個週期)	8萬元	8萬元	50萬元	8萬元
輔導培訓費	9萬元	9萬元	9萬元	
保證金	5萬元	5萬元	5萬元	
經營管理費	3000～6000元/月	每月營業額的6%	每月營業額的6%	每月營業額的6%
裝修施工費	每平方米1200元外場			
設備費	每平方米約800元(包含廚具吧台設備、冷氣機、桌椅及初期物料等)			
預估投資額	160萬～180萬元(以800平方米為標準，2000元/平方米計。不含房租)			
說明	投資者自行負擔全部開店費用，利潤獨享	投資者自行負擔全部開店費用，利潤獨享。每月支付總部經營管理費	4年回收投資保證補差，保證最低利潤	按比例投資並且按比例分配利潤

第六章

連鎖業的商店選址技巧

對大多數特許連鎖加盟單店來講，其成功與否，店址的選擇往往具有決定性的意義。當有人向特許連鎖加盟成功人士問及成功的秘訣時，經常會聽到這樣的回答「第一是選址，第二是選址，第三還是選址」。

單店就好比種植物一樣，除了要有好的種子（也就是經營模式）外，也要有好的土地，以及好園丁的辛勤培育。如果店址選擇得當，客流質量與數量自然比較理想；反之，如果選址不好，除了導致一個店營業額不佳外，整個特許連鎖加盟體系的聲譽都可能因此受到影響。

正是因為看到這一點，麥當勞把選址的工作劃歸由總部負責，最後，乾脆由總部將選好的地點買下來，再租給加盟商。

 特許連鎖加盟的選址

單店選址一般要經過如下四步驟，如圖 6-1-1 所示，選址的過程是一個從宏觀市場營銷環境的考察到微觀市場環境的考察過程。

圖 6-1-1　單店選址四步驟

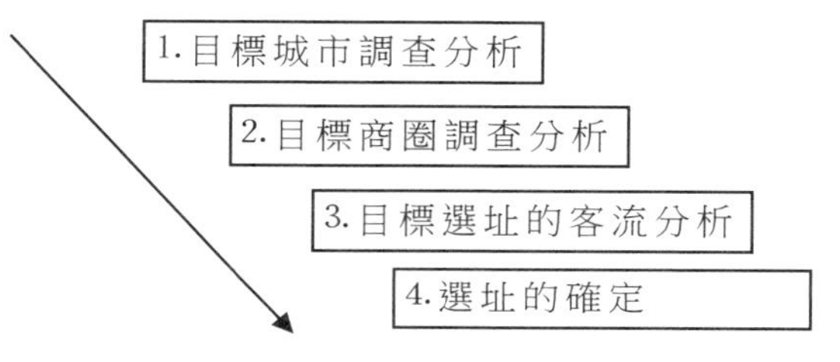

1. 目標城市市場調查分析

開設新店前，需要對目標市場進行比較充分的調查分析，瞭解目標城市的人口、經濟以及行業發展現狀。據此選定目標城市，才可能對所在區域的市場環境心中有數，並在未來的經營中有的放矢，爭取最大的成功。

⑴目標城市人口基本狀況調查，這部份調查主要包括：

· 城市人口總數。

· 人口的年齡結構。

· 城市居民人均收入。

· 城市職工的職業特徵。

通過對這些情況的瞭解，可以掌握目標城市人口的宏觀情況，從而從中細分出單店的潛在目標消費群。通過對居民人均收入的調查可

以瞭解單店目標消費群的潛在購買力，並推測出其可實現的購買力。而掌握目標消費群的職業特徵，有利於單店有針對性地開展宣傳、促銷活動。

從每個城市的城市統計年鑑上可以很方便地獲得上述資訊。在調查中可以使用表 6-1-1 來記錄數據。

表 6-1-1　城市人口狀況調查匯總表

調查時間：　　　　　　　　　　　　　　調查人：

調查項目	人口總數	家庭總數及家庭結構(個)			人口年齡結構(歲)			
	(人)	兩口之家	三口之家	四口以上	1～16	7～30	31～45	45 以上
(　)區								
(　)區								
(　)區								
(　)區								
合　計								

⑵目標城市本行業市場狀況調查，這部份調查主要包括：

- 該城市特定商品/服務的歷年總消費量及增長情況，從而對所在城市的市場容量有一定把握。
- 該城市特定商品/服務主要營業場所的總營業額，並從中分辨出直接的競爭對手，在今後單店的經營過程中取其長而避己之短。
- 該城市特定商品/服務領先者的經營及市場活動情況。

可以通過以下幾個途徑得到上述資訊：

- 查閱城市統計年鑑。

・ 走訪或諮詢該城市的行業協會。

・ 組織調查人員實地訪查。

・ 對消費者開展抽樣調查。

表 6-1-2，表 6-1-3，表 6-1-4 是對某城市服裝行業的調查時使用的一些表格。

表 6-1-2　城市行業產品銷售額調查表

調查時間：　　　　　　　　　　調查人：

項目／年份	年銷售額（單位：RMB）	增長幅度(%)	備　註
2016 年			
2017 年			
2018 年			
2019 年			
2020 年(預測)			
……			

表 6-1-3　城市行業銷售場所調查表

調查時間：　　　　　　　　　　調查人：

名　稱	位　置	營業面積	賣場類型	年營業額	主要特點或優勢
1					
2					
3					
4					

表 6-1-4　城市受歡迎品牌調查表

調查時間：　　　　　　　　　　　　調查人：

品牌名	產地及廠家	商品組合	主要銷售方式	主要特點或優勢
1				
2				
3				
4				
5				
6				

2.目標商圈調查分析

(1)商圈的概念

商圈是指店鋪能夠有效吸引目標客戶來店的地理區域，它由核心商圈、次級商圈和邊緣商圈構成。

根據商品零售的專家調查表明：處於核心商圈中的店鋪，能夠有效吸引 55%～70%的目標客戶；處於次級商圈中的店鋪，只能夠有效吸引 15%～25%的目標客戶；處於邊緣商圈中的店鋪，只能夠有效吸引少數零散的目標客戶(見圖 6-1-2)。

商圈的大小或範圍因店鋪的類型不同會有所不同。一般來講，商品零售型的店鋪都是以方圓 500 米為核心商圈，方圓 1000 米為次級商圈。如 7-11 的便利店就將店址選在距離社區的客戶不超過 500 米的地方。

許多速食店鋪的核心商圈的範圍更小。如馬蘭拉麵在先期將店址選在距離中小學不足 200 米的地方。

圖 6-1-2　商圈圖示

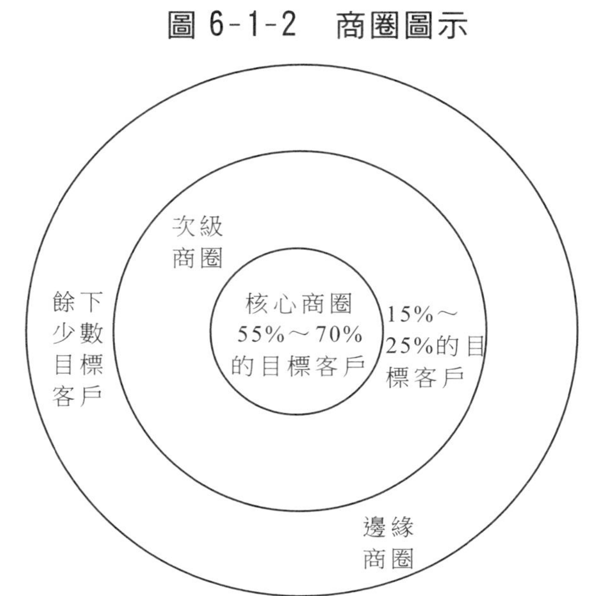

⑵商圈類型分析

根據消費人群的分佈位置，可以將一個城市劃分為以下幾種類型的商圈：住宅區、商業區、金融區、辦公區、文教區、工業區、娛樂區及綜合區等。

對每一類型的商圈又可以根據消費人群購買能力的大小分為高、中、低三個檔次。

在選擇商圈類型時應考慮到單店客戶定位及店鋪租金成本等因素。

⑶商圈的動態分析

除此之外，還必須對單店可能進入的商圈進行動態分析，包括：

・商圈內消費人口特徵(人口數量、職業特徵、人均收入、消費習慣等)。

· 流動人口的數量。

對許多快速消費品來說是一個重要的因素，但對多數商品/服務來說，重要的是客戶定位和客戶管理。

· 同業及異業狀況。

在同一個商圈裏同業之間既是競爭對手，也有可能優勢互補，形成集聚效應。在同一商圈內，異業之間則可能產生互動作用，帶動整個商圈的人氣，如服裝店與週圍的皮具店、鞋店、化妝品、錶店及珠寶店等。

· 商圈的發展性。

在調查中，不單要瞭解商圈現狀，更要對其發展進行調查。要瞭解這一地區的發展規劃、交通狀況的改善以及關聯週邊環境的變化等。

⑷商圈的調查方法

商圈的調查方法有多種，以下是幾種常用的方法。

· 上網查閱有關統計資料。
· 走訪城市或所選區的相關主管部門，包括統計部門、規劃部門、商業部門等。
· 實地觀察法。
· 抽樣調查法。
· 問卷調查法。

⑸客流量的測定

怎樣測定客流量？就是看店鋪前面和側面通道的人流量，還有與前面路口直接相連的人行橫道和過街天橋上的人流量。如果測出人流中的小孩非常多，麥當勞、肯德基可能就會設定一個兒童區。但是有的店沒有，因為經過調查，發現附近小孩出現的數量不多，如商務區。

在測定人流量的時候不僅要顯示流動量的多少，還要顯示流動的方向。如街道一邊的人流量非常大，這個門肯定往人流量大的一面開，開在側面的效果就不好了，因為很多人懶得拐一個彎進去。有時候這邊人太多了也不行，因為這會影響要進這個店的人流的方向，所以有時需要設一些欄杆或者樓梯。

3.選址決策

在對單店可能進入的商圈，進行靜態和動態分析，接下來就是要做單店的選址決策。選址的決策是一個過程，需要經過如下步驟：

(1)選擇商圈

首先要結合單店的本身客戶定位來確定單店擬進入的商圈。

例如時裝專賣店的客戶定位是年輕的辦公室職業女性，因此單店擬進入的商圈就是城市主要服裝商城、主要商業區、金融區或辦公區。

(2)確定選址要素和店址預選

在選定商圈之後，就要確定單店選址的要素。仍以時裝專賣店的選址要素為例，無論是店中店（大型百貨商場內的店鋪）還是獨立店（街面上的店鋪），其選址要素如下：

· 位於服裝商城、主要商業區、金融區或辦公區商圈的主要街道，靠近十字路口則更好。

· 交通便利性較好，尤其是多種交通工具均能抵達的地方應列為首選。

· 有停車場。

· 不易堵車。

· 交通輻射能力較強。

· 臨近公交車站點。

· 位於服裝店集聚區。
· 選擇離停車場近或擁有停車場的建築。
· 營業面積：不少於 40 平方米。
· 格局：店中店要求邊廳。
· 租金：每月不超過 5 萬元；租期：不少於 3 年。
· 供電/供水有保障。

然後根據上述這些要素，在目標商圈中確定出 2～3 個預選位置。在最終選定店址之前，需要對預選的 2～3 個店址進行客流的質量和數量開展調查分析。

⑶對單店的預選位置進行客流質量分析

對客流質量的調查內容：包括主要客流的職業、消費能力、消費習慣等特徵。

對客流質量的調查方法：包括通過設計問卷進行隨機抽樣調查，走訪現有商家訪談調查。

⑷對單店的預選位置進行客流數量分析

對預選店址的客流數量調查分析最常用的辦法就是實地觀察法。我們仍以太平鳥時裝專賣店的選址決策過程為例。

①對店中店客流數量的調查分析（見表 6-1-5）：

· 調查時間：平日、休息日、節假日各一天。
· 調查地點：目標商場主入口所在的街道，目標商場對外開放的各個入口處。
· 調查的方法：上述每一個調查地點設一個人，用計數器記錄下在不同的時段內過往的行人和進入商場的人數，以及進入對等店的人數。
· 填寫觀察記錄。

表 6-1-5　店中店客流量調查表

調查日期：___年__月__日　星期___　　　　　　　　調查人：

地點 / 人數 / 時間	主入口街道		主入口進入	××門進入	××門進入	進入目標樓層	進入對等店
	由左向右	由右向左					
9：00～11：00							
11：00～13：00							
13：00～16：00							
16：00～19：00							
19：00～21：00							

②對獨立店客流數量的調查分析(見表 6-1-6)：

・調查時間：平日、休息日、節假日各一天。

・調查地點：目標選址所在街道的兩個方向。

・調查的方法：上述每一個調查地點設一個人，用計數器記錄下在不同的時段內過往的行人人數，以及進入對等店的人數。

・填寫觀察記錄。

表 6-1-6　獨立店客流量調查表

調查日期：___年__月__日　星期___　　　　　　　　調查人：

地點 / 人數 / 時間	主入口街道		進入對等店
	由左向右	由右向左	
9：00～11：00			
11：00～13：00			
13：00～16：00			
16：00～19：00			
19：00～21：00			

4. 選址的確定

由於各個地區的商業環境不盡相同，因此應分析比較各個預選店址的優缺點，並應注意以下各點：

· 比較各個預選店址的優缺點。

· 尋求總部意見，確定最佳店址。

· 若沒有理想店址，則需重覆以上整個流程。

2 連鎖業的地址評估表（範例）

當你想為你潛在的特許連鎖加盟評估合適的地址時，請使用下表作為一個指南。

編制報告人姓名：________________

地　　址：________________

電　　話：________________

報告日期：________________

地址描述：________________

關於位址、顧客與街道交通的資訊

地址類型（商業街中心、商場、自由停車位置、無停車地段或其他）：

最近的十字路口：________________

最近的十字路口離該地址的距離：________________

____

最近的停車標誌與街道名稱：＿＿＿＿＿＿＿＿

英　　尺：＿＿＿＿＿＿＿＿

在前方和兩側的馬路上車道的數量：＿＿＿＿＿＿＿＿

＿＿＿＿＿＿＿＿在＿＿＿＿＿＿＿＿

＿＿＿＿＿＿＿＿在＿＿＿＿＿＿＿＿

停車位的描述與數量(可以使用的前方、兩側與後面)：

＿＿＿＿＿＿＿＿個，位置＿＿＿＿＿＿＿＿

＿＿＿＿＿＿＿＿個，位置＿＿＿＿＿＿＿＿

相臨街道的狀況：＿＿＿＿＿＿＿＿

＿＿＿＿＿＿＿＿

在高峰時間對街道交通的觀察情況，包括觀察時的時間：

＿＿＿＿＿＿＿＿

相臨商業的描述，包括建築物類型及提供的產品或服務：

左邊的建築物：　　　　　　右邊的建築物：

＿＿＿＿＿＿＿＿　　　　　　＿＿＿＿＿＿＿＿

正面尺寸：＿＿＿＿＿＿＿＿

地址深度：＿＿＿＿＿＿＿＿

總平方英尺：＿＿＿＿＿＿＿＿

臨近建築或商業的顧客流量：

	左邊的建築物	左邊的建築物
上午 6：00～8：00	＿＿＿＿	＿＿＿＿
上午 8：00～10：00	＿＿＿＿	＿＿＿＿
上午 10：00 至中午	＿＿＿＿	＿＿＿＿
下午 1：00～2：00	＿＿＿＿	＿＿＿＿
下午 2：00～4：00	＿＿＿＿	＿＿＿＿

下午 6：00～7：00　＿＿＿＿＿＿　＿＿＿＿＿＿

下午 7：00～8：00　＿＿＿＿＿＿　＿＿＿＿＿＿

8：00 至午夜　＿＿＿＿＿＿　＿＿＿＿＿＿

午夜～上午 6：00　＿＿＿＿＿＿　＿＿＿＿＿＿

距離在 1.6 英里以內的主要競爭者：

名稱　　　　　地址　　　　　商業類型

＿＿＿＿＿＿　＿＿＿＿＿＿　＿＿＿＿＿＿

對過對臨近商業的監視，以及與商界人士就一般生意狀況、顧客流量、停車場有效性、中心廣告、促銷、租金的合理性、可能的租金增長、可能的建設及其他方面所進行的討論，有以下評論：

利：　　　　　　　　弊：

＿＿＿＿＿＿＿＿　＿＿＿＿＿＿＿＿

從街道角度看地址的可視性：

北＿＿＿英尺　　　西＿＿＿英尺

南＿＿＿英尺　　　東＿＿＿英尺

出入口評論：

＿＿＿＿＿＿＿＿＿＿＿＿＿＿＿＿

通常的通路：優秀的＿＿＿　好的＿＿＿　差的＿＿＿

房地產的購買

購買價格：＿＿＿＿美元

購買條款：＿＿＿＿＿＿＿＿＿＿＿＿

＿＿＿＿＿＿＿＿＿＿＿＿＿＿＿＿

基本租金額

月付：＿＿＿＿美元

增加的日期和數量：＿＿＿＿＿＿＿＿

百分率租金額：是____否____。如果是，請簡單描述：

____

____

普通地段費用：是____否____。如果是，請簡單描述：

____

____

對於必須支付的公用費用與保計數量的描述：

____

____

其餘費用的描述：

____

____

租期：

更新期以及隨之而來的租金增長或其餘費用增長：

____

____

從擁有日起____年____月內或在____年____（日期），租約可被取消。

與 1 英里內的競爭者的價格比較

首要競爭者：

次級競爭者：

列出你的全部主要產品或服務並插入競爭者的價格：

________________________，____________元

________________________，____________元

人口統計(最少是 2 英里的半徑)

人口：______年份：_____在過去 12 個月中增長了__%

人均收入：________元　中等家庭收入______元

房屋類型：____________________

平均居所、套房或公寓價值(美元)：____________________

總評：____________________

____

城市規劃分區制與限制

目前的城市規劃分區類別：____________________

____

容許的用途：____________________

____

要求的梯級形縮進：前____________ 後__________

右邊__________ 左邊________

停車位的數量與大小：前__________ 後__________

右邊_________ 左邊________

消防區：____________ 最近的消防栓：__________

最近的消防站的地址與距離：_________英尺或英里

____

標誌限制

自立式：____________________

____

外部的：____________________

內部的：____________________

公用事業單位資訊

公司名稱　　　　　　　電話號碼

電力 ______________( )______________

天然氣 ______________( )______________

水 ______________( )______________

電話 ______________( )______________

健康部門 ______________( )______________

城市規劃 ______________( )______________

其餘 ______________( )______________

與公用事業單位聯繫時發現的問題：______________

最近的行業進展

名稱與地址　商業類型　估計的僱員數量　距離

______　______　______　______

______　______　______　______

可能的區域商業引力

列出所有傳統機構、大學、高中、初等學校、公園或區域內的教堂。

____

____

購物區域

位置　大小　離本地址的距離　可比性的租金

______　______　______　______

______　______　______　______

附件

(1)與 1 英里內競爭者有關的商業街道展示地址

(2)從各個方向觀察的位置錄影帶

⑶ 1 英里與 2 英里半徑內的人口統計概況

⑷交通流量表

⑸該地址的平面佈置圖

⑹來自經紀人、出租人等的其他商業與發展資訊

⑺房地產經紀人使用的名稱與位址

你對地址適用性的評估

---

3 連鎖業加盟店的選址流程

沃爾瑪百貨創始人山姆先生曾說過，他成功的重要因素之一是選址、選址，還是選址，可見選址對一個企業來說的重要性。特別是對零售業來說，尤為重要，選址正確就意味著成功了一半。就像沃爾瑪創始人山姆· 沃爾頓先生坐著直升機到處去選址，完成這一神聖使命。

1. 考慮原則

各連鎖門店選擇位置有如下考慮原則：

⑴方便消費者購買

門店位址一般應選擇在交通便利的地點，尤其是以食品和日用品為經營內容的普通超級市場應選擇在居民區內設點，應以附近穩定的居民或上下班的職工為目標顧客，滿足消費者就近購買的要求，且地理位置要方便消費者的進出。

⑵方便商品配送

特許商店經營要達到規模效應的關鍵是統一配送，在進行網點設置時要考慮是否有利於商品的合理運送，降低運輸成本，既要保證總部配送中心及時配送所需商品，又要能與相鄰特許商店之間相互調劑、平衡。

⑶有利於競爭

商店的網點選擇應有利於發揮商店的特色和優勢，形成綜合服務功能，獲取最大的經濟效益。大型百貨商店可以設在區域性的商業中心，提高市場覆蓋率；而小型便利店則越接近居民點越佳，避免與大中型超級市場正面競爭。

⑷有利於網點擴充

門店做大只有走特許經營的道路，這就可能不斷地在新的區域開拓新的網點，因此在網點佈置時要儘量避免商圈重迭，避免在同一區域重覆建設，否則相隔太近，勢必造成自己內部相互競爭，影響各自的營業額，最終影響整個企業的發展。

2. 選址應考慮的因素

選址時應考慮下列因素：

⑴交通便利

不管是坐車還是自己開車都能很方便到達，並有停車場。

⑵人流聚集地

車站、碼頭、鬧市區、主商業區、商務辦公區等。

⑶不要橫街

雖然在鬧市區，也許就因為橫街，高車流帶來的不安全因素而嚴重影響顧客光臨惠顧。

⑷人群流向

一般靠近人群流向的右邊比較好。

⑸能見度

位置很顯眼，沒有大樹或其他障礙物遮掩，在較遠的地方便能看見。

⑹十字路口

人流很大的十字路口是首選位置，能橫跨兩個面。

⑺行業集中地

大型的美食城或餐飲一條街。

⑻大型商場

可以採用與商場合作的方式，有固定的客流量。

⑼政府規劃

根據規劃考慮項目是否可行，如在何時有大型商場進入或成為人流集結的其他措施。另外必須瞭解是否拆遷、移民、分散人群等。

⑽社區

對於大型的社區，可以開設小型的社區便利店。

⑾樓層

一般在一樓比較好。

⑿租金等費用

通過可行性分析租金是否高、水電按什麼標準收、物業管理費等。

⒀油煙問題

是否存在油煙擾民、噪音擾民問題，因為很多城市已經禁止在居民區開設餐廳。

3.店址測評表

表 6-3-1　店址測評表

年　月　日

項　目	類　型				得　分
地理區域	市　區	舊城區	新市區	郊　區	
居民狀況	80000	60000	40000	20000	
店鋪位置	臨　街	側　門	樓上(地下)	背　巷	
商業狀況	百　貨	餐飲店	娛　樂	其　他	
交通狀況	幹　道	次幹道	主側路	旁　支	
停車場地	自理場	他人場	路　旁		
無客流狀況					
規　模	72000	12000	8000	4000	
目　的	飲食消費	購　物	遊　覽	路　過	
速　度	步　行	騎　車	公　車	私家車	
構　成	青年學生	職　員	中小學生	老年人群	
合　計					

測評人：＿＿＿＿＿

60 以上	優+	45～50	良+	30 以下	差
55～60	優	40～45	良	50～55	優-
35～40	良-	30～35	可發展地區		

4.選址流程

(1)分析市場

進行市場分析不僅有助於經營者更深刻地認識市場，尋找市場機會，確定自己的經營方向，而且也有助於經營者有針對性地開展行銷活動和市場定位。其主要從兩方面著手：人口因素和商圈因素。

人口因素按性別分：男、女

按收入分：高、中、低

按職業分：白領、藍領、家庭、學生

按消費環境分：寫字樓、住宅區、工廠企業、旅遊區、商業區

按消費用途分：工作餐、朋友聚會、兒童生日、美食

商圈因素主要考慮餐廳所在地的交通條件，人流量是否大，並對商圈內同業及異業狀況進行調查分析，競爭店的規模、業態、吸引顧客的手段等。

(2)店址的評估和選擇

連鎖企業在總結其成功經驗時，總是明確地指出，連鎖分店成功的重要原因，第一是地址，第二是地址，第三還是地址。可見店址選擇在連鎖加盟中的重要地位。

加盟商在選擇地址時切記不可委曲求全，或想當然地認為某個區域應該會不錯、發展會不錯、可以培養顧客的回頭率和忠誠度。當然，顧客的回頭率和忠誠度是可以培養的，但是如果店址所在的商圈和目標消費者距離較遠、交通不便或存在商圈不適合目標消費者的消費習慣等其他不利因素時，顧客消費我們產品的滿意度就會受到很大的影響，顧客的滿意度降低相應地回頭率和忠誠度也會大大減低，所以加盟商在選擇地址時應多收集相關數據並對資料加以分析，確保選址的各個要點都被充分考慮到，對多個商圈進行綜合比較，選擇出最適合

我們行業的商圈，然後再在該商圈內選擇最適合的店面。

店址的選擇和評估方法是多種多樣的，既可以通過經驗評判，也可通過數據分析，後者更為精確，已為多數零售業和服務業所採用，但在國內往往又很難保證所調查的數據準確無誤，所以加盟商在選擇店面位址時應將兩者結合起來考慮。在選擇店面地址的過程中，有一個很重要的概念——商圈。

⑶商圈

①商圈範圍

商圈的概念：商圈是指店鋪吸引顧客的地理區域，是店鋪的輻射範圍，由三個部份組成：核心商圈、次級商圈和邊緣商圈。

圖 6-3-1 商圈的範圍分析

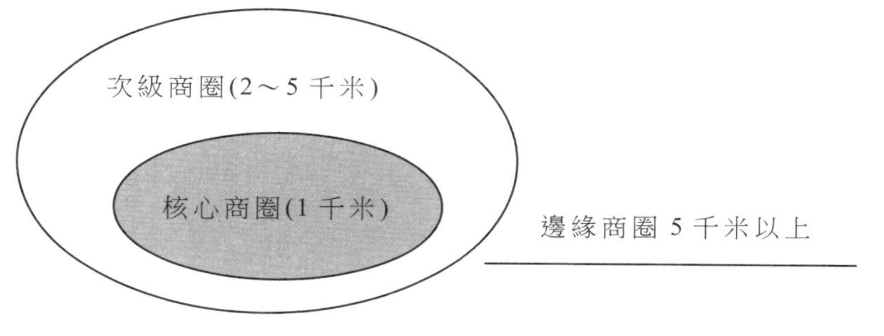

核心商圈：對整個店鋪來講是至關重要的，其消費者數量約佔顧客總數的 35%～45%，顧客的消費忠誠度比較高，距離商店最近；是潛在消費者密度最高的區域。一般來說，飲食行業的核心商圈半徑為 1 千米。

次級商圈：位於核心商圈的週邊，顧客較為分散，店鋪的輻射力較弱，但是由於社會經濟、資訊和交通業的發達，該商圈的消費者重覆消費的概率還是比較大的。次級商圈的半徑約為 2～5 千米，消費者數目約佔顧客總數的 25%～30%。

邊緣商圈：包括了所有餘下的顧客，較為分散，多為偶然性、機遇性消費的顧客或回頭客，邊緣商圈的半徑為 5 千米以上；交通便利與否，是影響邊緣商圈的顧客消費慾望的重要因素。

分析商圈的意義：

· 商圈分析是店鋪選擇成功的必要條件，一旦商圈確定就能獲得顧客的消費習慣、消費層次、消費水準等各種消費資訊。
· 確定促銷活動，根據商圈大小選擇媒體，確定宣傳、公關模式。
· 可根據商圈內的同行業經營狀況確定競爭方案，或者確定是否在有同行業的商圈內開設分店。
· 可以充分反映商店地理位置上的優缺點。如距離居民區的遠近、交通便利程度、人流量、潛在消費者進店的客觀便利性等。

②商圈分析的內容

人口的特徵分析。商圈內的人口規模、家庭數目、收入、教育水準和年齡等情況。上述資料，可從政府的人口普查、消費力調查、年度統計等資料獲得，也可從商業或消費統計中獲取。

競爭分析。在作商圈內競爭分析時必須考慮下列因素：現有的餐飲、小吃店的數量，現有商店的規模、地域分佈、新店開張率、所有商店的競爭優勢和競爭弱勢、市場飽和情況等。任何一個商圈都可能會處於商店過少或過多的情況，商店過少的商圈只有很少的商店提供滿足商圈內消費者需求的特定產品和服務，也表明該商圈還沒有完全成熟起來，但市場空間比較大，也相應沒有成熟商圈的競爭那麼激烈，選擇在該區域開業的店鋪應該是長線經營的，並需要進行初期的消費引導工作；商店過多的商圈，有太多的商店銷售特定的產品和服務，由於競爭激烈以致絕大多數商店都得不到相應的投資回報，同時也表明該商圈消費已經比較成熟，選擇在該區域開業在經營策略上應該獨樹一幟，要和其他競爭者明顯區別開來。對商圈內經濟狀況的分析：如果商圈內經濟狀況很好，居民收入穩定增長，則零售市場也會增長；如果商圈內產業多元化或居民從事不同行業，則零售市場一般不會因為對某種產品市場需求的波動而發生相應的連帶波動；如果商圈內居民多從事同一行業，則該行業波動會對居民消費力產生影響，商店的營業額也會相應地受到影響，因此要選擇行業多樣化的商圈開業。

⑷店址選擇要點

選擇店鋪的具體位置時，可從以下幾方面入手：

①選定區域

設立店鋪的一個前提是先找出目標市場和服務對象，然後根據目標市場和服務對象選擇網點設置區域，考慮設在消費者集中的區域，尤其以商業中心為最佳位置，但同時也應考慮成本因素。

②製圖找出最佳位置

在選定區域後，可以繪製出簡圖，並標出該地區現有的商業網點，包括競爭商店，還應標出現有的商業結構、客流集中地段和流向、交通路線、停車位等，將簡圖傳真於總部，通過考察，正確設置店鋪的位置。

③市場調查

在基本確定店鋪設置地點後，應於下一步進行市場抽樣調查，以考證決策是否正確，若有偏差則應加以調查。在市場調查中，應注意調查時間的正確抽樣，如節假日和非節假日應分樣調查，根據不同時間、地點選擇抽樣，並將被調查對象分類進行統計。

④具體實施

店鋪網點具體位置確定後，需要立即抓住時機，建立店鋪，設立店鋪的方式可以是多種多樣的，加盟商可以根據自身條件，選擇租、買或投資興建。租店投入資金少，見效快，但不能長遠經營。

⑸店址考察數據分析

①店址臨近主幹道的人流量和車流量：

店址臨近主幹道的人流量：一類城市日人流量應該在 5 萬人次以上，二類城市日人流量應該在 1 萬人次以上，三類城市日人流量在 5000 人次以上。

店址臨近主幹道的車流量：一類城市日車流量在 8000 輛左右，二類城市日車流量在 5000 輛左右，三類城市日車流量在 2000 輛左右。車流量中 50%的車輛為該城市相對高級次的車輛。以上臨近主幹道的含義指：主幹道和店址之間最方便、最近距離的步行時間不超過 15 分鐘。

加盟商測流量的方法，可以採取分時段分類統計法：

(低潮期 10 分鐘數量＋高峰期 10 分鐘數量＋消退期 10 分鐘數量)÷3×6×15 小時＝日流量總數。

註：由於各個城市和地區的生活習慣不同，敬請加盟商選擇準確的高峰期、低潮期、消退期。

②機關、企事業單位、學校集中區：

因為這些地方是光臨惠顧的主要消費群體，對優化市場、交通、環境有重大作用。

③核心商圈的收入水準：

一類城市年人均收入在______萬元以上，二類城市在______萬元以上，三類城市在______萬元以上。

④同類產品在核心商圈內比較成熟的集中區域：

如中餐、西餐、小吃等特色食品經營相對集中的地段，人們用餐都是選擇餐飲集中的地方，因為選擇餘地大。

⑤商圈內所銷售產品在同類產品中有特色：

如中餐、酒樓、星級酒店、高級商場、咖啡屋、休閒娛樂場所、速食等中有自己的特色。

⑥人口數量：

核心和次級商圈內的人口數量一類城市應該在 40 萬左右，二類城市在 30 萬左右，三類城市在 10 萬左右。

⑦交通狀況：

交通便利，店鋪臨近的主幹道沒有車行限制，利於停車，停車位置離店鋪步行時間最多不超過 5 分鐘。

⑧核心商圈的城市規劃狀況：

包括未來城市規劃、店鋪內水電供應、店面租金。

⑨核心商圈的同類店鋪飽和狀況。

⑩核心商圈的經營業態，是否符合經營我們的產品。

市場開發考察報告

⑴考察地點：_____省_____市_____區(鎮)

⑵總人口數：_____人

⑶主要商業街有_____條

⑷主要人流現象：

①摩托(含機動三輪車)

②步行(含三輪車)

③前兩者各半

④繁華街道人流統計情況：

第一次 10 分鐘(11:30)計_________人

第二次 10 分鐘(16:00)計_________人

第三次 10 分鐘(18:30)計_________人

第四次 10 分鐘(20:30)計_________人

第五次 10 分鐘(22:30)計_________人

⑤附近大型超市_____家(150 平方米以上)，人流(□較好□一般□較差)；小型超市_____家(150 平方米以下)。

⑥類似同行業_____家，估計營業額元/天，麵包店_____家，生意較好的餐飲店是_____，主要經營項目是_____。

⑦附近菜市場_____個，規模較(大/小)。

⑧當地口味是_____

⑨當地薪水大致_____元/月

⑩附近主要學校有：＿＿＿

大約總人數：＿＿＿＿＿＿＿＿＿＿＿＿

主要就餐地點：□家裏　　　　□外面

⑪熱鬧的娛樂、購物場所距離考察點

□較遠　　□附近 100 米以內　　□不詳

得分：根據以上情況考察評分，85 分以上為優，70 分以上為良，70 分以下為差。

考察人：＿＿＿＿＿

年　月　日

5 案例：連鎖經營店址評估報告

市場評估，將有助於連鎖店房產開發人員以合理而系統的方式，累積市場重要資訊，主要有以下步驟：

⑴搜集各項資料。

首先取得各種統計資料，如已出版的與該區域有關的資料，包括交通、人口數、零售業商家數、住戶人口、銀行數、車輛數、主要商業行為、平均消費額、氣候、報紙發行量、電視的擁有率等，另外，還有各行業協會及都市計劃單位的統計資料。

⑵積累該地區消費者資料。

瞭解顧客群所產生的業務容量有多大，進而得出客戶的消費水準及額度。瞭解該地區的人口密度及消費者的聚集區，區域越小，人口越密的地方，才是發展連鎖店面的絕佳區域，才能發揮連鎖的功能。

⑶實地勘察。

準備完整的街道全圖，攜帶如攝像機、相機、錄音筆、筆記本等工具，將街道型態、人流、店號名稱、營業項目、外觀、建築種類、天然障礙(如橋樑、立交橋或河流等)及附近住家情形，用上述工具記錄下來。

⑷區域對象訪談。

訪談對象包括既有店面的營業人員、學校、派出所、水電煤氣公司、百貨商店及超市、相關協會、交通警察等。其目的是幫助企業經營者充分瞭解各種資料的準確性及各方面的反應程度，同時也是為了增加對該地域的洞察能力，這種訪談方式要求必須在專業檔案裏詳實記錄其對象、時間及內容，以作為很好的樣本調查資料。

⑸對既有店面經營加以分析。

瞭解在該商業區或鄰近區域既有店面的獲利情況、市場佔有率合約到期期限及重新整修前後的營業差異度等，由此獲得建設性的意見，並作為是否立即再設新點的參考依據。

⑹可能據點的開發計劃。

無論是已經擁有了可設地點的交易資料，還是先行圈選出適宜開店的最佳位置，分出了一、二、三級的選用程度，都必須對這些可能的地點進行評估。從環境角度，必須考慮可能地點的能見度、外露面、通路及顧客容量；從建築物本身角度須考慮如結構、採光、顏色、造型、材質等。如道路交叉口最具設店價值，因為四方所彙聚而來的人多而機會較大，加上路口停車的機會多，司機容易看到店面而可能前往消費。

⑺營業額與投資成本預測。

開始預估營業額，除了利用房產資料及顧客情報來模仿營業額大小之外，還必須對建築物本身所能提供的實際產能作出評價。一般來說，如果附近有大型的辦公大樓、商場、大學等，則能猜測八成左右的預估營業值；瞭解消費的平均額度，並採用類似地點、類似店面型態的比較法，也將有助於營業額的預測。投資成本主要有以下幾塊：房產成本、煤水電氣成本、運輸成本、人員薪資等。這方面經驗的積累是準確預測投資成本的法門。最後，由企劃、財務、營業、工程等相關各部門與管理部門，共同判斷投資該地點的可行性。

⑻評估報告成文提交。

經過上述程序，就可以得出評估結果，並撰寫評估報告。

6 案例：家樂福超市的選址要求

家樂福 1995 年進入中國市場，在 2005 年，中國內地就已經成功開設 78 家門店，擁有 2 萬多名員工，銷售額達到 174.36 億元人民幣，在當年的中國連鎖企業排行榜名列第 9 位。家樂福在選址方面有以下要求：

1. 地理位置要求

⑴交通方便(私家車、公車、地鐵、輕軌)，人口密度相對集中。

⑵兩條馬路交叉口，其中一條要為主幹道。

(3)具備相當面積的停車場，如在北京的連鎖店至少要有 600 個停車車位以上的停車場。

2.建築物要求

(1)建築佔地面積 15000 平方米以上。

(2)最多不超過兩層。

(3)總建築面積 2～4 萬平方米以上。

(4)轉租租戶由家樂福負責管理。

(5)建築物長寬比例為 10：7 或 10：6。

3.停車場要求

至少 600 個機動車停車車位，非機動車停車場地 2000 平方米以上，免費提供給家樂福顧客及員工使用。

4.租金要求

較低的租金、長期的租賃合約(一般是 20～30 年)。

第七章

連鎖業的培訓

培訓就是連鎖企業為員工創造環境，力圖在此環境中，使員工的價值觀、工作態度和工作行為等得以改變，從而使他們能在現在或未來的工作崗位上的表現達到企業的要求，並為企業創造更多的利益。

1 對加盟店的介紹方式

在連鎖加盟中，加盟商都不具備特殊的技能或商業經驗，所以對加盟商的培訓，非常重要。

通過對加盟商的培訓，不但可以讓加盟商瞭解盟主的業務開展程式、運作力法等專業知識，更重要的是可以讓加盟商理解盟主的經營理念和發展目標，加強盟主與加盟商之間的溝通，便於雙方更好地合作。

例如麥當勞公司，在對員工的培訓方面精益求精。新員工的培訓時間是 15～30 天。麥當勞還通過漢堡大學為特許連鎖加盟者、管理者和管理助理提供培訓。近十年來，麥當勞於各區域設立國際漢堡大學，目前全球已有 7 所，分別位於德國、巴西、澳洲、日本、美國、英國和中國香港地區，每年有超過 5000 名來自世界各地的學生至漢堡大學參與訓練課程。在 7-11 各地總部，每週都要舉行定期會議，交流經驗，檢查總部的政策和方針是否得到貫徹與落實。7-11 每年會議與培訓的支出高達 3 億日元左右。這也許就是 7-11 日益蓬勃發展的根源所在。

1. 利用資料說明

向加盟商提供公司有關資料是較好的培訓方式，提供的資料一般包括以下內容。

⑴企業介紹。

⑵企業特許連鎖加盟公開資料。

⑶有關特許連鎖加盟知識介紹的資料和書籍。

⑷加盟招募的有關文件（加盟申請表、加盟指南、特許加盟意向書、特許連鎖加盟合約、合約附件、特許連鎖加盟授權書或其摘要部份）。

⑸本企業行業、業務狀況。

2. 諮詢

設立專門的招募熱線電話、傳真、E-mail、信箱等，並由經過培訓的工作人員回覆潛在加盟商、新聞媒體及其他感興趣的人士的諮詢。

3. 招募說明會

招募說明會是招募加盟商的重要環節，也是宣傳推廣特許連鎖加盟體系的重要形式。

(1)對象——經過資格審核的潛在加盟商申請者。

(2)時間——每月__次，每次__天，根據企業實際情況閱覽室。

(3)地點——特許連鎖加盟總部、分部、樣板店，或其餘指定地區均可。

(4)人數——10～20 人。

(5)費用——加盟商自理。

招募說明會的內容主要可以有以下幾方面。

(1)公司介紹。

(2)企業公開資料。

(3)特許連鎖加盟業務介紹(特許權、特許模型、加盟方式等)。

(4)理念溝通。

(5)特許連鎖加盟知識諮詢。

(6)參觀附近樣板店。

(7)特許連鎖加盟合約主要條款解釋。

(8)答疑。

(9)現場簽約。

4. 全封閉培訓班

對簽約加盟商可舉行全封閉培訓班，集中對他們進行有關特許連鎖加盟、本企業、本行業、本特許連鎖加盟體系加盟等知識培訓。

5. 現場指導

對在運營中的加盟商，派管理人員到其經營現場進行指導，也是對加盟商培訓的有效手段。

2 對加盟店的培訓內容

麥當勞通過漢堡包大學為特許連鎖經營者、管理者和管理助理提供培訓。近十年來，麥當勞於各區域設立國際漢堡包大學，目前全球已有七所，分別位於德國、巴西、澳洲、日本、美國、英國和香港，每年有超過五千名來自世界各地的學生至漢堡包大學參與訓練課程。

培訓內容可區分為加盟前、加盟中和加盟後。具體如下。

1. 簽約前培訓內容

(1)什麼是特許連鎖加盟和加盟？

(2)加盟商素質及自我評估。

(3)如何選擇盟主？

(4)企業的歷史、成就與經營目標。

(5)企業的理念與文化

(6)企業特許連鎖加盟業務分析。

(7)企業特許連鎖加盟財務分析。

(8)《特許連鎖加盟合約》(標準版)分析。

(9)如何簽約？

(10)如何籌備加盟事業？

(11)如何迴避特許連鎖加盟陷阱？

(12)案例分析與討論。

2. 簽約後培訓內容

⑴加盟商的理念與文化。

⑵《特許連鎖加盟合約》（加盟版）分析。

⑶特許連鎖加盟加盟商手冊分析。

⑷如何開始運作加盟事業？

⑸如何與盟主相處？

3. 運營中培訓內容

⑴如何運作加盟事業？

⑵如何評估加盟經營事業？

⑶如何發展加盟事業？

⑷特許連鎖加盟所帶來的創新與變革。

⑸加盟事業的延續、升級與退出。

⑹特許連鎖加盟法律。

⑺專業顧問的作用。

⑻特許人新技術、新運營方法、新制度等變革。

 速食連鎖業的加盟商培訓案例

特許經營是企業迅速發展壯大的捷徑，但要防止企業因加盟商的失敗而被拖垮，就必須對加盟商在生產和經營方面加強約束與管理。

麥當勞各分店都由當地人所有和經營管理。鑑於在速食飲食業中維持產品品質和服務水準是其經營成功的關鍵，因此，麥當勞公司在採取特許連鎖店經營這種戰略開闢分店和實現地域擴張的同時，就特別注意對各連鎖店的管理控制。

1. 嚴格的加盟商約束與管理

⑴加盟商是分店的所有者

麥當勞公司主要通過授予特許權的方式來開闢連鎖分店。使購買特許經營權的加盟商在成為經理人員的同時也成為該分店的所有者，從而在直接分享利潤的激勵機制中把分店經營得更出色。

麥當勞公司在出售其特許經營權時非常慎重，總是通過各方面調查瞭解後挑選那些具有卓越經營管理才能的人作為店主，而且事後如發現其能力不符合要求則撤回這一授權。

⑵通過程序、規則和條例使作業標準化、規範化

麥當勞公司通過詳細的程序、規則和條例規定，使分佈在世界各地的麥當勞分店的經營者和員工都遵循一種標準化、規範化的作業。

在麥當勞，連鎖總部從不給予任何加盟人自由經營商品的權力，更嚴格禁止任意更換經營的品種，或是在操作上自行其是的情況。為避免分散顧客對麥當勞的關注程度，在所有麥當勞的連鎖店的餐廳進

行淨化，窗戶上甚至不准張貼海報，報販也不准進店兜售。

麥當勞公司對製作漢堡、炸薯條、招待顧客和清理餐桌等工作都事先進行詳實的動作研究，確定各項工作開展的最好方式，然後再編成書面的規定，用以指導各分店管理人員和一般員工的行為。

公司在芝加哥開辦了專門的培訓中心——漢堡大學，要求所有的特許經營者在開業之前都接受為期一個月的強化培訓。回去之後，他們還得按要求對所有工作人員進行培訓，確保公司的規章條例得到準確的理解和貫徹執行。

⑶設立監督機制

麥當勞在其員工手冊中對有關食品、促銷、店址的選擇和裝潢、各種工作的方法和步驟等方面都詳細給出了定性或定量的規定。為了確保所有特許經營分店都能按統一的要求開展活動，麥當勞公司總部的管理人員還經常走訪、巡視世界各地的經營店，進行直接的監督和控制。

除了直接控制外，麥當勞公司還定期對各分店的經營業績進行考評。為此，各分店要及時提供有關營業額和經營成本、利潤等方面的信息，這樣總部管理人員就能把握各分店的經營動態和出現的問題，以便商討和採取改進的對策。

⑷獨特的組織文化

麥當勞公司的另一個控制手段，是在所有經營分店中塑造公司獨特的組織文化，這就是大家熟知的「品質超群，服務優良，清潔衛生，貨真價實」口號所體現的文化價值觀。

麥當勞公司的共用價值觀建設，不僅在世界各地的分店，在上上下下的員工中進行，而且還將公司的一個主要利益團體——顧客也包括進這支建設隊伍中。麥當勞的顧客雖然要求自我服務，但公司特別重視滿足顧客的要求，如為他們的孩子開設遊戲場所、提供快樂餐廳和組織生日聚會等，以形成家庭式的氣氛。

2. 標準的加盟商培訓與指導

為了使所制定的各項標準能夠在世界各地的連鎖店得到嚴格執行，麥當勞設立了漢堡大學，以此來培養店長和管理人員。

麥當勞還編寫了一本長達 400 頁的員工操作手冊，詳細規定了各項工作的作業方法和步驟，以此來指導世界各地員工的工作。

每位麥當勞的加盟店店主，都必須在申請加盟後先到一個麥當勞餐廳工作 500 個小時，然後再到漢堡大學學習關於麥當勞的經營方針和管理問題的輔導課程。

這些課程都有助於加盟商認真貫徹麥當勞的一致性品質要求，使加盟商從一開始就提供高品質的產品與服務，而麥當勞的名聲和信譽也不會因此而受損。

⑴ 產品的標準化

在麥當勞的整個發展過程中，麥當勞餐廳向顧客提供的食品始終只是漢堡、炸薯條和軟飲料等。儘管不同國家的消費者在飲食習慣、飲食文化等方面存在著很大的差別，但是麥當勞仍然淡化這種差別，即便有變化也只是在原有基礎上的細微變化，向各國消費者提供著極其相似的產品。

⑵ 經營標準化

經營標準化要求連鎖店的各個崗位、各個工序、各個環節自身運作時，盡可能做到簡單化與模式化完美結合，從而減少人為因素對日常經營的不利影響。為此，麥當勞費盡心思策劃、編寫了《麥當勞手冊》，並不斷完善、逐步推廣。

麥當勞規定，每一家連鎖店都要嚴格按照手冊操作，在保持簡潔的前提下，最大限度地追求完美，注意到經營過程中的每一項細節。甚至詳細規定了奶昔員應當怎樣拿杯子、開機、罐裝奶昔直到售出的所有程序。

儘管世界各國的市場都無一例外地在不斷變化，儘管不同的市場環境存在著極大的差別，但整個麥當勞無論是美國國內的連鎖店還是遍佈世界各地的連鎖店，幾乎都採取了一種高度相同的行銷管理模式，採取一種以不變應萬變的市場行銷策略。

⑶分銷的標準化

無論是麥當勞自己經營的連鎖店，還是授權經營的連鎖店，店址的選擇都有著嚴格的規定。最初的店址規定是：5 公里的半徑範圍內有 5 萬以上的居民居住。後來這一規定被更改了，並規定連鎖店必須建於繁華的商業地段，諸如大型商場、超市、學校或政府機關旁邊等。

這一規定沿襲至今，並且作為選擇被授權人的重要條件之一。不僅如此，所有連鎖店的店面裝飾與店內佈置必須按照相同標準完成。

⑷促銷的標準化

麥當勞在其整個經營過程中始終都堅持以兒童作為主要促銷對象，其促銷理念是吸引兒童消費就吸引了全家消費，為此，店內有供兒童娛樂的場所和玩具。其促銷的方式主要是電視廣告。

3.讓加盟商沒有後顧之憂

麥當勞的分工十分精細，連鎖店採購保證有貨、配送方便快捷。麥當勞有一套完整、有效的供應體制，各連鎖店所需原材料及半成品，都有專人專車負責代勞，加盟人不必操心，更不會產生配送不齊、補給不足之憂。

總部將選定好的麵包、番茄醬、芥末等原料的供應商介紹給連鎖店，由其雙方按麥當勞的進出貨標準直接從事交易。

交易過程十分簡單，它不僅免去了連鎖店尋找貨源、組織運力等麻煩，而且還能得到供應商穩定的合作，從而使連鎖店經營者能夠騰出更多的時間和精力，去專心致志地做好自己的本職銷售工作。在其他細節方面，麥當勞也做到了高度的統一。

麥當勞總部為特許經營者提供相同的技術設備支援。麥當勞採用機械化的操作和標準化設備，保證產品品質的統一性。麥當勞的用人制度也比較獨特，只有服務員，沒有廚師，所有廚師都被機械替代了，減少了人力資源的成本和勞力的勞動強度，保證食品品質穩定統一，而且極大地提高了食品生產速度。

麥當勞的廚房與櫃檯之間是一排機器，包括飲料機、雪糕機等廚具設備，由專門指定的公司為其提供。同時，麥當勞還在開發新的生產設備和系統，用以提高競爭的能力。

第八章

特許連鎖店的商店開幕

特許連鎖店的開幕工作項目案例

1. 特許連鎖加盟準備

⑴組建項目組

①分工職責簡單說明

項目領導小組組長。確保項目順利進展，其職責是：

· 戰略制定

· 經營指導

· 協調資源

· 項目管理

項目領導小組執行組長。具體執行項目領導任務，其職責是：

· 安排、領導、管理、監督、考核項目人員的具體工作

· 負責文件的完成、計劃的落實

項目人員。具體執行項目領導小組組長及執行組長安排的任務，其職責是：實務執行、文件撰寫。

圖 8-1-1

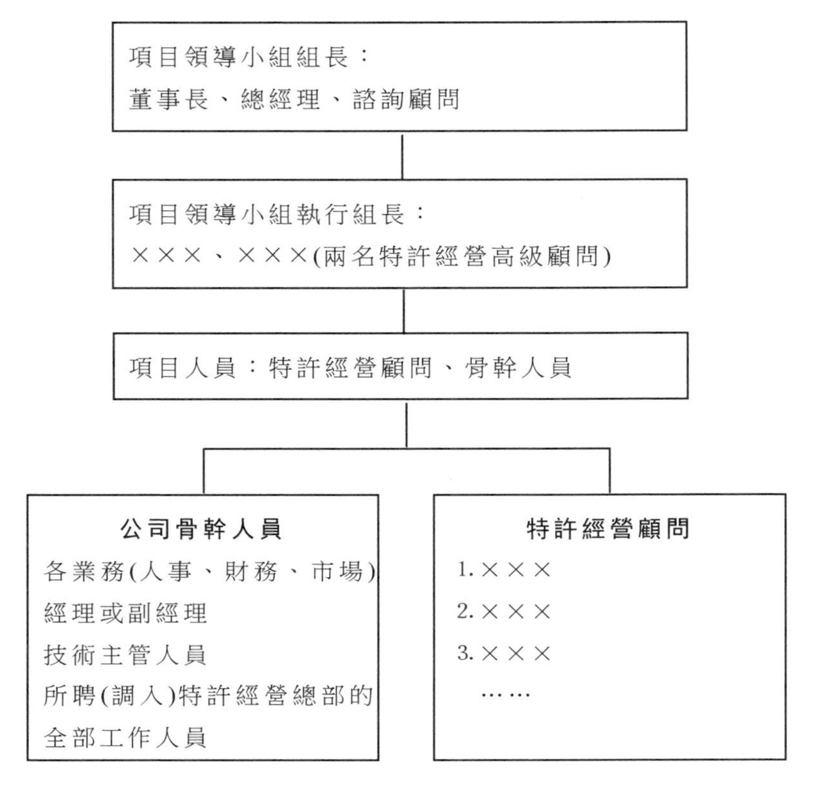

②工作計劃表

表 8-1-1　工作計劃表

活動名稱	負責人	參加人	時間	備註
編寫（特許連鎖加盟公司特許連鎖加盟項目工作規劃——成功特許連鎖加盟五步法）	諮詢顧問		5 天	· 項目實施的最終依據 · 已提前寫完
討論、確定組成人員	諮詢顧問	項目領導 小組組長 項目領導小組 執行組長	2 小時	· 確定特許連鎖加盟公司參加本項目的人員 · 必要時為未來特許總部招聘新人員 · 錄音和記錄 · 形成會議備忘錄
項目小組成立：宣佈成立動員	公司董事長與總經理、顧問	全體項目	0.5 小時	· 錄音和記錄
項目小組成立：講解分工和職責	顧問	成員參加	0.5 小時	· 形成會議備忘錄
項目小組成立：自我介紹、搭檔人員對接	×××		1 小時	
項目戰略講解即培訓	顧問	全體成員參加	1～2 小時	· 錄音和記錄 · 全體項目組成員參加
集體討論、確定項目工作規劃	顧問	全體項目成員參加	2 小時	· 錄音和記錄 · 形成會議備忘錄 · 形成《特許連鎖加盟公司特許經營工程總體戰略規劃書》
若需招聘，立即安排招聘事宜。由特許連鎖加盟公司總經理、一名高級特許連鎖加盟顧問負責實施				

⑵內部分析

表 8-1-2　內部分析表

活動名稱	負責人	參加人	時 間	備　註
撰寫內部分析提綱	×××	×××	2 天	· 全面、詳細、徹底 · 形成(特許連鎖加盟公司內部分析提綱) · 注意：單店的要素是一個重點
分析特許連鎖加盟公司已有硬性資料	×××	全體顧問	2 天	· 對有疑問的地方標明，留在分析中解決 · 注意：單店的要素是一個重點
高層訪談	×××	項目領導小組組長、項目領導小組執行組長、記錄人員	4～8 小時	· 內容應全面，絕無遺漏(企業歷史、現實及未來、戰略、十二種資源、其他等) · 注意：單店的要素是一個重點 · 以會議形式進行 · 錄音(×××) · 記錄(×××) · 形成〈特許連鎖加盟公司內部分析——高層訪談備忘錄〉
員工訪談	×××	×××	1～2 天	· 集體訪談與個別訪談相結合的方式 · 注意：單店的要素是一個重點 · 形成(特許連鎖加盟內部分析
實地考察、分析	×××	×××	3 天	· 注意：單店的要素是一個重點 · 注意拍照 · 感受顧客或進行隨時的顧客訪談
撰寫內部分析報告	×××	×××	2 天	· 形成(特許連鎖加盟公司內部分析報告) · 注意：單店的要素是一個重點

附：需要特許連鎖加盟公司提供的資料

- 公司各類對外宣傳冊(文件、實物、電子版等)。
- 公司各類關於自己的音像資料。
- 公司各類廣告(文件、實物、電子版等)。
- 外界對公司的文字、音像等的寫實、報導等。
- 公司及各部門規章制度。
- 各類產品代理合約。
- 已加盟店的各類合約、文件資料、備忘錄等。
- 公司的各類照片。
- 單店及總部的 CB 手冊(文件、實物、電子版等)。
- 公司及各店的財務報表。
- 人員檔案及相關記錄。
- 店內各類說明、POP。
- 各類產品說明(產地、價格、名稱、用途、用量等)。
- 公司內部的培訓教材、資料。
- 公司各類執照、證件的複印件。
- 各類人員的名片各 2 張。
- 裝潢圖紙的複印件。
- 公司各類廣告、營銷、促銷、合作、交易、商業計劃書等文件。

⑶外部分析

表 8-1-3　外部分析表

活動名稱	負責人	參加人	時間	備　註
撰寫外部分析提綱	×××	×××	2 天	· 全面、詳細、徹底(行業分析、五力分析、客戶、外部的機會和威脅、其他) · 注意：單店的要素是一個重點 · 形成(特許連鎖加盟公司外部分析提綱)
分析實施	×××	×××	5 天	· 全面、詳細、徹底(行業分析、五力分析、客戶、外部的機會和威脅、其他)) · 可以採取的方式有上網、實地考察、購買相關資料等 · 注意：單店的要素是一個重點
撰寫外部分析報告	×××	×××	2 天	· 形成(特許連鎖加盟公司外部分析報告) · 注意：單店的要素是一個重點

⑷《特許連鎖加盟工程可行性分析報告暨特許連鎖加盟戰略規劃》

表 8-1-4　特許連鎖加盟的戰略規劃

活動名稱	負責人	參加人	時 間	備　註
撰寫文件	×××	×××	2 天	· 形成《特許連鎖加盟公司特許連鎖加盟工程可行性分析報告暨特許連鎖加盟戰略規劃》草案文件
討論、確定(特許經營公司工程可行性分析報告暨經營戰略規劃)	諮詢顧問	項目領導小組組長、執行組長、記錄人員	1 天	· 形成《特許連鎖加盟公司特許連鎖加盟工程可行性分析報告暨特許連鎖加盟戰略規劃》

2. 特許連鎖加盟理念的體系基本設計

⑴培訓與學習

表 8-1-5 培訓與學習表

培訓內容	負責人	參加人	時 間	備 註
特許連鎖加盟基礎理論及實務	諮詢顧問 ××× ××× ××× ×××	全體員工	2 天	・特許連鎖加盟公司特許連鎖加盟工程總部的未來專職人員是重點 ・以連鎖加盟理論為教材，其餘書籍為輔助讀物 ・配合學員的自學

⑵體系設計或整理提煉

① MI——理念識別

經營哲學、宗旨、目標、精神、道德、作風等。

設計 1 天，討論 1 天。

② VI——視覺識別

・企業視覺識別基本要素

→企業名稱、企業品牌標誌、企業品牌標準字、企業標準色。

→企業專用印刷字體。

→企業象徵造型與圖案。

→企業宣傳標語和口號等。

・企業視覺識別的應用要素

→企業固有的應用媒體：企業產品、事務用品、辦公室器具和設備、招牌、標識、氣質、制服、衣著、交通工具等。

→配合企業經營的應用媒體：包裝用品、廣告、企業建築、環境、傳播展示與陳列規劃等。

時間 15 天，形成《特許連鎖加盟公司 VI 手冊》。

③ BI——行為識別

放到其餘步驟裏做。

④ AI——聲音識別

放到其餘步驟裏做。

⑤ BPI——流程識別

放到其餘步驟裏做。

⑥ SI——陳列識別

放到其餘步驟裏做。

⑦特許權要素及組合設計開發

· 品牌設計和開發。

· 單店獲利模型開發。

· 產品和服務組合設計。

· 專利和 Know-how 設計開發指導。

· 經營模式設計。

· 時間權益設計。

· 區域權益設計。

· 數量權益設計。

· 再特許權益設計。

時間 15 天，形成《特許連鎖加盟公司特許權要素及組合手冊》。

⑶單店營運規範系列手冊的提煉編寫

表 8-1-6　單店營運規範系列手冊

序號	手冊名稱	負責人	參加人	時間	備　註
1	《特許連鎖加盟公司單店開店手冊》	×××	特許連鎖加盟公司相關人員	30 天	所有手冊的編寫程序和原則是：負責人拿出原稿，交由相關員工討論、修改，然後再由負責人予以修正
2	《特許連鎖加盟公司單店營運手冊》	×××	特許連鎖加盟公司相關人員		
3	《單店培訓手冊》	×××	特許連鎖加盟公司相關人員		
4	《特許連鎖加盟公司單店工具手冊》	×××	特許連鎖加盟公司相關人員		
5	《特許連鎖加盟公司單店店長手冊》	×××	特許連鎖加盟公司相關人員		
6	《特許連鎖加盟公司單店員工手冊》	×××	特許連鎖加盟公司相關人員		

⑷總部規範系列手冊的提煉編寫

表 8-1-7　總部規範系列手冊

序號	手冊名稱	負責人	參加人	時 間	備　註
1	《特許連鎖加盟公司特許連鎖加盟總部運作手冊》	×××	特許連鎖加盟公司相關人員	30 天	所有手冊的編寫程序和原則是：負責人拿出原稿，交由相關員工討論、修改，然後再由負責人予以修正
2	《特許連鎖加盟公司特許連鎖加盟營業手冊》	×××	特許連鎖加盟公司相關人員		
3	《特許連鎖加盟公司特許連鎖加盟規範管理手冊》	×××	特許連鎖加盟公司相關人員	30 天	
4	《特許連鎖加盟公司特許連鎖加盟培訓手冊》	×××	特許連鎖加盟公司相關人員		
5	《特許連鎖加盟公司特許連鎖加盟表格工具手冊》	×××	特許連鎖加盟公司相關人員		

3. 特許連鎖加盟管理體系的建立

⑴樣板店建立、試運營以及完善單店手冊

①指導建立直營樣板店（示範店）並開始運營

· 選址及註冊。

· 裝修。

· 人員招聘及培訓。

· 開業儀式。

· 試運營。

②完善特許連鎖加盟公司單店運營管理規範手冊

③指導建立特許連鎖加盟公司特許連鎖加盟總部

・人員招聘指導及培訓人員。

・品牌營銷管理體系建立並試運行。

・產品及服務開發體系建立並試運行。

・營運體系建立並試運行。

・客戶管理體系(會員俱樂部體系)建立並試運行。

・物流配送系統建立並試運行。

・財務管理體系建立並試運行。

・資訊管理系統建立並試運行。

・培訓督導體系建立並試運行。

・顧客滿意體系設計。

・總部管理制度建立。

④完善總部系列手冊

⑵總部及網路體系的建立、試運營並完善總部手冊

4.加盟招募推廣體系的設計及相關文件的撰寫

表 8-1-8　加盟招募推廣體系的設計及相關文件

序號	手冊名稱	負責人	參加人	時間	備　註
1	《特許連鎖加盟加盟合約》	×××	特許連鎖加盟公司相關人員	8 天	所有手冊、文件的編寫程序和原則是：負責人拿出原稿，交由相關員工討論、修改，然後再由負責人予以修正
2	《加盟意向合約》	×××	特許連鎖加盟公司相關人員		
3	《市場推廣與廣告基金收取使用辦法》	×××	特許連鎖加盟公司相關人員		
4	《加盟指南》	×××	特許連鎖加盟公司相關人員		
5	《加盟申請表》	×××	特許連鎖加盟公司相關人員		
6	《特許連鎖加盟授權書》	×××	特許連鎖加盟公司相關人員		
7	《招募加盟手冊》	×××	特許連鎖加盟公司相關人員		
8	《加盟招募計劃》	×××	特許連鎖加盟公司相關人員		
9	《加盟招募(廣告、招商會)》	×××	特許連鎖加盟公司相關人員		

5. 督導體系的構建和全面品質管制

表 8-1-9 督導體系的構建和全面品質管制

序號	手冊名稱	負責人	參加人	時間	備　註
1	《督導手冊》	×××	特許連鎖加盟公司相關人員	5 天	所有手冊、文件的編寫程序和原則是：負責人拿出原稿，交由相關員工討論、修改，然後再由負責人予以修正
2	《顧客滿意體系管理手冊》	×××	特許連鎖加盟公司相關人員	5 天	
3	《特許連鎖加盟體系全面品質管制考核標準》	×××	特許連鎖加盟公司相關人員	5 天	
4	《特許連鎖加盟體系全面品質管制評估報告》	×××	特許連鎖加盟公司相關人員	5 天	
5	《特許連鎖加盟體系全面移交報告》	×××	特許連鎖加盟公司相關人員	5 天	
6	《特許連鎖加盟體系常年跟蹤、維護顧問服務協議》	×××	特許連鎖加盟公司相關人員	5 天	

2 開業籌備

1. 新店開業前期籌備工作事項

新店開業前期籌備工作事項繁多，為了明確責任，把工作狀態與內容一一列出，是最有效的方法。

(1)值班經理

每日 2 名，早晚各 1 名，由具有很高管理水準和豐富開業經驗的店經理擔任，全面負責開業的安排和現場管理、協調工作。

(2)櫃台(總 60 人)

· 10 台收銀機，每台收銀機 2 個員工(1 人收銀，1 人取產品)；1 個經理；分早晚班，每班 1 名總協調。

· 冷飲可樂、橙汁 4 人。

· 熱飲 2 人。

· 冰淇淋、奶昔 2 人。

· 傳送產品 2 人。

· 薯條 4 人。

· 補充貨物 2 人。

· 換零錢、撿大鈔 8 人。

· 飲料機動 2 人。

· 輪替 5 人。

圖 8-2-1 新店前期籌備工作事項狀態圖

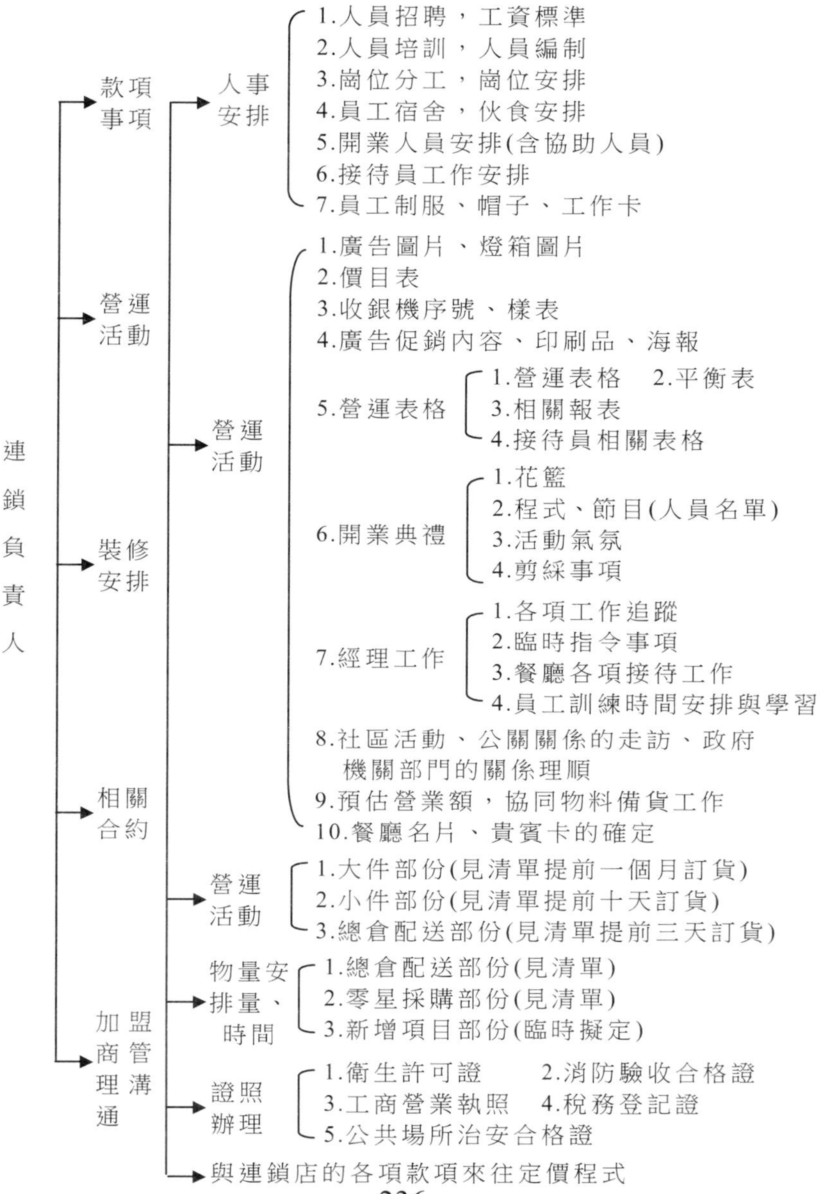

⑶廚房(35 人)

· 經理 2 人，早晚各 1 人。
· 產品輸送區：3 人(2 人包產品，1 人叫制)。
· 排包：2 人。
· 烘包 1：2 人，烘包 2：2 人，烘包 3：2 人。
· 調理：3 人。
· 煎區：4 人。
· 炸區：8 人(魚、派、雞塊、雞肉各 2 人)。
· 機動 1 人(清潔)。
· 輪替 5 人。

⑷支援區(總 10 人)

· 經理 2 人，早晚各 1 人。
· 奶漿 1 人。
· 乾貨 2 人。
· 庫房 3 人。
· 剝洋蔥、扔垃圾 1 人。
· 洗滌 1 人。
· 輪替 1 人。

⑸大堂(總 50 人)

A. 一樓

· 經理 6 人，早晚各 3 人。
· 兒童樂園：2 人。
· 收餐盤、扔垃圾：4 人。
· 掃地：3 人。
· 發調味料：4 人。

B.如有二樓

・經理 4 人，早晚各 2 人。

・收餐盤、扔垃圾：8 人。

・掃地：3 人。

・衛生間：2 人。

・發調味料：4 人。

C.樓梯

・經理 2 人，早晚各 1 人。

・樓梯上下口指引各 3 人。

D.輪替 3 人。

⑹週邊(總 50 人)

・經理 6 人，早晚各 3 人。

・掃地 2 人。

・維持裏面次序 7 人，維持外面次序 20 人。

・發宣傳資料 4 人。

・開發票 1 人。

・輪替 4 人。

⑺點膳人員

・經理 2 人，早晚各 1 人。

・週邊點膳人員 20 人。

⑻促銷人員

・兌換處：9 人(宣傳品上說明的獎品)。

・吉祥物護衛：4 人。

・播音 2 人。

・樓面接待員 25 人(分兩班)。

· 機動 4 人(發放調味品)。

· 打氣球 6 人。

⑼保障人員(全部是公司人員)

· 負責員工餐飲 2 人。

· 公關 1 人。

· 機器保障 1 人。

· 工程保障 2 人。

⑽打烊人員

· 經理 2 人。

· 大廳 6 人。

· 廚房 5 人。

· 濾油 1 人。

· 後區洗刷 1 人。

· 櫃台 1 人。

· 冰淇淋、奶昔機器清洗 2 人。

2. 新店前期日程安排

表 8-2-1　新店前期日程安排表

時間	內　容	分　工	
		加盟店	公司總部
第Ⅰ週	前期準備。包括：在當地政府部門登記註冊，建立速食店管理機構，籌集資金，啟動宣傳策劃	1. 確定經理人選； 2. 簽訂關於公司《操作手冊》知識產權保護協定； 3. 提供詳細的店鋪平面圖及內外景照片； 4. 準備購買設備及裝修資金； 5. 開始辦理開店所需營業執照、稅務登記及衛生許可證等文件； 6. 申請設立路牌廣告	1. 提交市場宣傳計劃； 2. 提供大宗原輔料清單及技術標準； 3. 寄出合約正本、授權書及公司《操作手冊》知識產權保護協議； 4. 設備清單及報價
第Ⅱ週	選擇大宗原輔料供應商，繼續完成第 2 週的工作	1. 根據公司總部提供的原輔料清單及標準選擇供應商； 2. 完成購置設備及包裝材料定金的籌集並匯出； 3. 確定公司總部代購或本地購進原輔料及設備清單	1. 寄出《操作手冊》； 2. 店鋪設計； 3. 開始組織專用設備
第Ⅲ週	啟動軟宣傳計劃，店鋪裝修準備工作，繼續完成第 1、2 週工作	1. 經理熟悉公司總部《操作手冊》及經營理念； 2. 選擇裝修承包商； 3. 確定裝修所需特殊材料供應	1. 策劃並提交軟宣傳計劃； 2. 組織製作必需的包裝及促銷材料及用品
第Ⅳ週	店鋪裝修、軟宣傳，繼續完成前幾週工作	開始店鋪裝修	1. 完成裝修設計並寄出； 2. 督促設備、包裝用品及促銷用品的組織生產； 3. 確認裝修承包商

續表

週次	內容		
第V週	店鋪裝修、軟宣傳，繼續完成前幾週工作	店鋪裝修	1. 完成招工廣告的策劃； 2. 確認供應商
第VI週	店鋪裝修，招工廣告，繼續完成前幾週工作	1. 店鋪裝修； 2. 測試應招人員	啟動培訓計劃
第VII週	完成裝修，繼續招工廣告宣傳並開始嚴格招工，繼續上幾週工作	1. 繼續招工； 2. 準備迎接設備； 3. 準備開始培訓並匯出經費； 4. 籌齊設備及包裝、促銷用品款項	1. 完成廣告宣傳策劃； 2. 確認設備無誤； 3. 公司總部專家準備啟程
第VIII週	安裝調試設備，開始培訓員工，準備進行廣告宣傳、準備	1. 安裝調試設備； 2. 員工培訓； 3. 準備啟動廣告宣傳計劃； 4. 迎接包裝用品及促銷材料並付款	1. 安裝調試設備； 2. 員工培訓； 3. 具體工作安排分工見後
第IX週	培訓、廣告宣傳、試營業	1. 廣告宣傳； 2. 試營業； 3. 籌備開業大典	完善速食店管理及營運中出現的問題
第X週	隆重開業	開業大典	祝賀開業

3. 新店開業典禮的活動安排

(1)主持人：區域經理擔任。

(2)策劃、安排：區域經理、行銷策劃經理擔任。

(3)時間：＿＿＿＿＿＿＿＿＿＿。

(4)準備工作：

· 音響、擴音設備、進行曲磁帶、爆竹磁帶、攝影、拍照。

· 彩球、託盤、襯綢布、剪刀。
· 紅包、禮品(參加剪綵的嘉賓、禮儀小姐等)。
· 所有來賓的名單，接待來賓的桌椅、食品等。
· 場面佈置(花籃、條幅、彩帶)、禮儀小姐。
· 各店接待員的增援安排。

(5)典禮進行流程：

· 07:50 清理典禮活動場所的衛生。
· 08:00 音響設備安裝完畢，播放音樂。
· 08:20 所有參加剪綵活動的工作人員全部到位。
· 08:25 設立來賓接待處接待來賓，並由禮儀小姐為來賓佩戴胸花。
· 08:35 播放進行曲，全體餐廳員工在大門兩側排列整齊。
· 08:45 禮儀小姐入場排列，彩球、洗手用品準備完成。
· 08:55 請所有來賓入場，並按順序排列好。
· 09:00 主持人宣佈開業典禮開始，同時播放禮花爆竹磁帶。
· 09:03 主持人發言：介紹公司的經營概況，報主要來賓職務或姓名、來歷。
· 09:10 總經理講話(致歡迎辭、介紹公司的經營理念和給當地帶來的利益等)。
· 09:13 請主管或來賓講話(看安排情況而定)。
· 09:16 請主管和來賓剪綵，同時播放禮花爆竹磁帶。
· 按順序請所有來賓進入餐廳參觀，並安排就座、飲品。
· 典禮結束(約 09：25)。
· 接待員場外帶動唱(約 09：30)。
· 請所有來賓到「指定地點」用餐(約 11:30)。

4. 相關補充規定

⑴連鎖店款項要求款到訂貨、發貨。

⑵連鎖店籌備期間，工作人員交通費、餐費由總部承擔，物品運費由連鎖店自負，特殊部份根據協商處理。

⑶開業前一週，員工餐經費由連鎖店支出，統一由餐廳經理安排，標準為 100 元/天· 人。

⑷新店開業所需採購品由總部連鎖負責人審批，餐廳驗收。

⑸連鎖店的領班必須有一個是有兩個月以上工作經驗的領班。

3 開業之前的廣告宣傳

好的開始是成功的一半，特別是進入一個全新的市場尤其重要。為了有效地提高新店的知名度，開業之前應該作必要的廣告宣傳。作為投資者，應有一筆宣傳費用的預算，但要選擇合適的宣傳方式，力求以最少的投入獲得最佳的廣告效應。

1. 媒體的選擇

做廣告之前要先選擇廣告投放的媒體，媒體選擇準確與否直接關係到廣告效應的好壞。因此，一定要慎重選擇。

⑴媒體的分析

①瞭解本地做廣告最常用的媒體（地方性報紙、電視台、路牌、車身廣告、宣傳單、電梯廣告等）。

②瞭解行業專業的媒體：如飲食網、餐飲報刊等。

⑵影響媒體選擇的幾點問題

①廣告費用：首先應該對廣告費用作一個計劃，不要去選擇超出計劃太多的媒體(但計劃必須要合理，不能因為節約開資而只投入過少的廣告費用)。

②確定期望的廣告效應：針對大眾，可以選擇地方性電視台(廣告費用較充足)、地方綜合性報紙或路牌等；針對商住樓的主要客戶群，可以在某些地方做電梯廣告，或在針對性強的電台和報紙等做廣告。

表 8-3-1　總部分析各媒體優缺點

媒體名稱	優　點	缺　點
電視台	受眾廣	時段性強，費用太高
電　台	選擇性強，受眾較廣	記憶性差
報　紙	受眾較廣，選擇性較強	時效短，費用較高
路　牌	時效長，受眾較廣	地方局限性大
車身廣告	時效長，受眾較廣	不夠醒目，地方局限性較大
宣傳單	自主選擇性強，費用相對較低	檔次偏低，時效短
電梯廣告	自主選擇性強，費用相對較低，時效長	地方局限

⑶媒體的落實

①廣告內容：應包括公司及產品的介紹，店面的開業時間，店面的地址，開業的優惠或促銷活動(關鍵要突出特色及優勢：例如開業前 20 名贈送、舞蹈表演和抽獎活動)。

②投放方式：在選定了媒體之後，可以自己做廣告創意，那麼要選擇廣告公司幫忙投放，也可以直接跟媒體的廣告部聯繫；如果需要專業人士設計廣告，那麼最好能找一家比較正規的廣告公司。

③價格：多找一些廣告公司詢價，現在廣告的價格一般都可以打

折。但注意不要只追求便宜，應該確認廣告公司的信譽。

④廣告時間：如果是新店開業的宣傳廣告，時間在開業前一週到後一週為宜。

⑷系列廣告方案

各地餐廳開業前，施工應嚴格按照 VI 標準開展，以便「企業」形象規範化、統一化。酒香不怕巷子深的年代已經過去，在開展好工作的同時，作好廣告宣傳必不可少。

借助行銷工具廣泛地傳播企業形象，使得形象更加具體化，讓市民更容易接受這個全新的品牌形象：

①公交候車月台廣告：公交站牌一般都在市內的主要交通要道上，並且不受天氣的影響，選址在市區繁華高級購物街道，那裏人口流動大，且停留時間長，能有效地起到宣傳作用。

②產品宣傳小冊的設計：詳細講解產品的價格和組合以及健康營養的食品，詳細地向市民講解公司的經營理念，以及公司能為市民提供的各種服務（如送餐、生日會和兒童樂園等），讓消費者更加信任公司。

③車內廣告：車內廣告包括固定設施和城市頻道聲像傳媒廣告。公共交通廣告能使乘客被迫接受資訊，費用小，效果好。

④路燈柱廣告：擴大市場的影響，延續市民的記憶。選擇當地主幹路燈柱，懸掛企業的形象廣告，將市民的零散記憶進行記憶的有效整合，以突出企業的主體。

⑤汽車車身廣告：使之成為一輛流動的餐廳宣傳車。公共汽車是市民出行的主要交通工具，屬於大眾性的廣告媒體，其傳播的範圍相當廣泛，能將企業的形象在最短時間和最大範圍內有效地傳播，車身廣告一定要比較搶眼，引人注目。

2.終端廣告宣傳方案

⑴生活雜誌廣告

①綜合評估當地一些生活、飲食類雜誌，特別是一部份免費贈送的刊物、雜誌，此類雜誌的受眾群體雖然有限，但能給讀者留下較深刻的印象。

②一個經濟較發達的城市這類免費雜誌種類較多，如何從中選擇出最為適應日常消費品的雜誌媒介是尤為重要的。

③媒體選擇後的工作內容。

A.宣傳內容：

· 開業告知類：開業時間、開業促銷方案、店鋪簡介、產品介紹以及相關圖片等。

· 行業推廣類：可將軟性、硬性文章相結合。硬性刊登以畫面結合店鋪簡介，突出企業產品價格種類特色、經營模式，以具有號召力的字眼引起讀者的視覺衝擊。軟性文章介紹企業歷史、產品及經營風格、市場優勢等。

B.版面大小的確定：

由於免費投遞雜誌一般費用較低，所以在選擇版面大小上可考慮整版或者跨頁。

C.版面位置的確定：

雜誌的封一、封二、封三、封四、扉頁都是最為吸引讀者的，因為讀者在閱讀一本雜誌時，是較為隨意的，一般雜誌的這幾部份是最先被顧客翻看並產生印象的。但這些部份頁面的價格相對於內頁來說價格較高，但影響力大。如若選擇價格較低的內頁可選擇內頁的頭三頁和尾三頁。

D.發佈時間的安排：

一般可在開業前一個月作一期宣傳，宣傳目的在於提醒消費者本公司即將進入市場，讓人產生期待感。開業本月再作一期宣傳，目的在於告知消費者，吸引消費者前來光顧。（註：選擇媒體的發佈時間十分重要，最好在開業前 2～3 天出刊）

⑵報紙廣告

①綜合評估當地一些知名度和送達率高、發行量大、覆蓋面廣的報紙，特別是一部份日報、晚報、生活報類報紙，這部份報紙在當地多具有代表性，是城市居民每日必看的媒體。

②一個經濟發達的城市這部份報紙種類較多，如何從中選擇出最為適合日常生活類產品的報社是尤為重要的。

· 選擇大部份企事業單位、家庭、消費場所都有訂閱的報紙。
· 通過報亭、書店瞭解普通讀者都會長期消費的報紙。

③媒體選擇後的工作內容。

· 宣傳內容：開業告知類（開業時間、開業促銷方案、店鋪簡介、產品介紹以及相關圖片等）。
· 版面大小的確定：由於報紙一般費用較高，所以在選擇版面大小上可根據自身實力選擇全版（視覺效果強，印象深刻，易吸引讀者強烈的觀閱慾望）、半版（視覺效果較強，易引起讀者注意）、1/4 版（視覺效果一般，只能引起部份讀者注意）。
· 版面位置的確定：現今報紙板塊分類較為明確，如：健康版、經濟版、衣食住行版、生活版等。
· 發佈時間的安排：在開業前一兩天和開業當天，如果開業日期正逢週末，可適當在星期六、星期日增加發佈次數。

⑶電台廣播

①各地地方性電台廣播節目琳琅滿目，選擇適合日常生活產品消

費群體所收聽的節目更加重要，我們的消費者多為上班族、學生和小孩等人群，所以生活頻道一般都是我們首選的頻道。

②對於一些娛樂性極強，受眾率極高的節目也是不可忽視的，這需要根據當地實際情況，作詳細的市場調查，尋找適合自身產品消費者廣泛收聽的節目。

③媒體選擇後的工作內容。

A. 宣傳內容：開業時間、開業促銷方案、店鋪位址、電話、服務內容等。

例如：《開業篇》（獨白）

好消息！好消息！本地最有特色的飲食店——全國著名餐飲連鎖企業「×××××」將在××月××日隆重開業。「歡樂美味盡在××××」。開業期×××××××優惠大酬賓。歡迎惠顧！地址：××路，電話：×××××××××。

B. 廣播稿時間長度的確定：作為廣告宣傳類廣播，時間較為短暫，一般多在 30～60 秒之間，故費用較低，所以在次數上可以安排每天 2 次，連續播放 3～5 天。

⑷電梯廣告

電梯廣告是戶外廣告的一種類型，因其針對性強、費用低，所以最適合於餐廳的產品和店鋪的宣傳推廣。它是鑲嵌在城市居民社區住宅樓、商務樓、商住樓等電梯內特製鏡框裏的印刷品廣告載體。電梯廣告目前在國內是一種全新的富有創意的非傳統媒介，能直接有效地針對目標受眾傳達廣告信息。據測算，凡居住或工作在高層住宅樓的用戶，每人每天平均乘坐電梯上下 3～7 次，電梯廣告至少近 4 次闖入他們的視線，高接觸頻率使其具有更好的傳播效果。

①由於現代城市高樓林立，電梯樓也越來越多，如何在最有效又

經濟的情況下從眾多的樓房中選擇出最有效的電梯作為推廣場所也就顯得尤為重要。

②選擇的樓房應是人住率在 80%以上的住宅樓或寫字樓。

③投放數量的確定：可根據當地電梯樓的數量、密度制訂計劃投放數量，一般情況一次性覆蓋 2～3 個區域，精選 7～8 部電梯實施投放。

④廣告投放實施：可向該預選樓房電梯廣告代理公司諮詢廣告投放的相關事宜。

⑤廣告內容：電梯廣告因其針對性強，印象深刻，在操作此戶外媒體時可考慮以美食為主，特別是美食外送服務，應附以禮品推廣。

表 8-3-2　開幕日計劃時刻表

時　間	活動項目
09：20～09：40	從業人員打卡進入賣場
09：40～10：00	賣場環境清潔工作及商品整理展示
10：00～10：20	舉行會議及服裝儀容檢查
10：20～10：30	各就崗位，準備開幕
10：30～10：55	主管巡視
10：55～11：00	開幕前安排迎賓位置
09：30～10：50	後勤各部門進行開幕前的最後準備工作
11：00～11：30	開幕典禮，鳴炮，奏樂
11：30～20：30	開業銷售
21：50～22：00	打烊報告
22：00	打　烊
22：00～22：30	賣場進行結賬作業及清理
22：30～23：00	安全檢查
23：00	清　場

第九章

連鎖業的管理手冊

特許連鎖管理手冊（operation　manual，以下簡稱手冊）是特許人提供給受許人使用的、統一的營運管理指導性文件，有如下重要性質：

⑴指導性。向受許人提供持續的營運管理指導是特許人的基本義務之一，特許人履行該項義務的一個重要媒介就是手冊，手冊對受許人來講就是特許人的指導的物化形式。麥當勞的手冊這一點特別突出，據說其單店手冊針對不同級別的員工分為不同的手冊，比如對普通員工有員工手冊，主管有主管手冊，店長則有店長手冊。

⑵規範性。受許人的業務活動是在特許人統一的業務模式下進行的，手冊則統一地向所有的受許人描述了特許人的商品和服務質量標準、價格標準、工作流程、方法和步驟、工作標準、貨品採購規格和標準等等。因此，手冊也被稱為加盟店營運管理規範手冊。

⑶知識性。手冊是特許人知識與經驗高度融合、提煉、昇華的產物，主要的知識點是告訴受許人「怎麼做」，含有特許人的大量經營

管理技術訣竅和商業秘密，是特許人隱性知識的顯性化，是特許權的重要物化形式。

⑷保密性。手冊的知識性要求知識產權的保護，因此對受許人具有很高的保密性要求。通常手冊是作為特許連鎖經營合約的附件（與合約具有同等法律效力）在簽定合約時提交給受許人，受許人有義務對手冊的使用、保管、保密以及合約解除後的返還負責。

1 加盟招商手冊

加盟招商手冊是特許方為了擴大企業的知名度，用於吸引潛在受許人增加對企業的興趣和瞭解，最後成為企業受許人的宣傳性文件。招商手冊一般在簽約前向公眾和潛在受許人發出，應該有公司簡介、企業文化、產品服務、特色優勢、加盟條件、加盟程序、聯絡通信及他公開資料等內容組成。

從內容上來說，不同類別特許經營企業的特許管理手冊是不同的，有的差別還很大，例如零售業與餐飲業的手冊體系就完全不同。手冊絕非由簡單的幾冊小書構成，而是包括特許總部運營規則、單店運營規則和分部(區域)受許人運營規則等三大體系。

手冊是特許總部經營專有技術的彙集，屬於特許總部商業秘密的範疇。如果手冊中沒有凝聚特許總部的專有技術、店鋪運營管理經驗，這部手冊的內容就是不全面的，會直接導致特許總部開店、運營管理及運營指導的效率低下。

圖 9-1-1　特許經營總部手冊體系

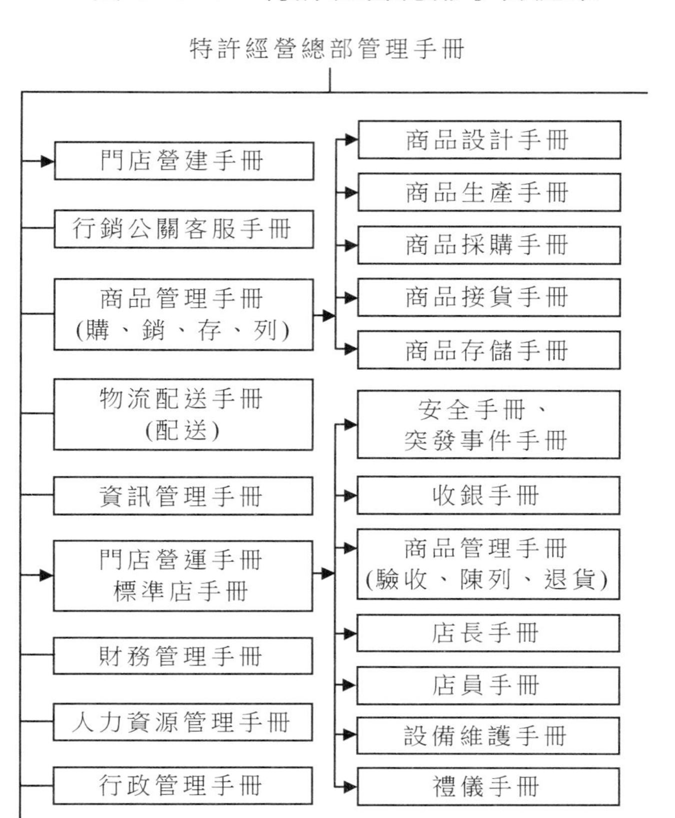

(1)主題突出

加盟招商手冊必須非常鮮明地把公司的主題直接展現給潛在受許人，必須讓潛在受許人第一眼就能瞭解到加盟招商手冊的主題。突出主題可以運用多種方式，例如放大文字，加深顏色，或者是採用奇特的手法進行描述等。

⑵語言簡潔

加盟招商手冊是吸引潛在受許人產生興趣的媒介，因此只要把企業的要點進行簡單的描述即可。通過簡單的語言把企業的重點描述出來，潛在受許人如果需要詳細地瞭解，就必須進行實地考察或詳細面談。這樣就增加了潛在受許人實地考察的概率和最後加盟公司的概率。

⑶圖片為主

通過單純的文字表達很難起到讓客戶深刻瞭解的目的，因此在加盟招商手冊中，圖片應該佔據較大的篇幅，因為這是一種較為直觀的表達形式，通過眾多的圖片，對於那些不十分瞭解項目狀況的受許人而言，可以產生直觀而深刻的印象：對於那些大體瞭解項目狀況的受許人而言，圖片能夠起到幫助他們閃憶以往的場景、迅速引起共鳴的目的。

⑷展示優勢

任何一個成功的特許經營企業肯定具有很多成功的優勢，在加盟招商手冊中，必須把這些優勢向客戶展示出來，以此證明加盟本企業的重要性，提高潛在受許人對加盟本企業的認可程度。

⑸邏輯清楚

在加盟招商手冊中，各類型企業應該根據自身的情況，並按照一定的邏輯順序來安排相應的內容，但是所有內容的安排必須圍繞一步一步讓潛在受許人產生興趣的目的來統籌，這是編寫加盟招商手冊的關鍵所在。

2 門店運營手冊

門店運營手冊主要是單店各項運營管理流程和崗位職責的規範，是單店開業後的工作步驟和依據。它涉及營運計劃、日常管理和業績評估等動態管理內容，還涉及商品財管、服務、客戶、促銷、信息、設備、技術、人員及安全等靜態管理內容。

特許連鎖業一個非常重要的特點就是統一形象。對於門店而言，必須要注意遵循和維護特許企業統一形象的規定，必須要從牌匾、燈光、牆壁、顏色、外觀飾品等各個環節加強對門店的管理，尤其是企業的形象在夜間通過明亮的燈光很明顯地顯示出來，因此對夜間燈光的管理更是一個關鍵的環節。對於店面管理的另一個關鍵的環節，就是對店外標誌的維護和更新。同時要保持店面的清潔，創造優美的店面環境。

門店人員管理主要從人力資源管理、人力資源培訓、人員日常管理等幾個方面進行。

門店人力資源管理，它包括人員招聘與任用、各個職位條件的確認、人員僱用的策略、人員考察與挑選方式、人員工作情況掌握、週期性工作計劃制定等。

門店人力資源培訓，它包括人員教育培訓種類與計劃、人員教育培訓內容與措施、人員教育培訓方式與考核等。

門店人員日常管理，它包括人員班次的安排、人員交接班管理、人員出勤情況管理以及人員晉升績效管理等幾個方面。由於很多特許經營企業都屬於服務性行業，基層員工的年齡相對比較年輕，那麼門店人員管理的一個重要內容就是給員工創造一個良好的發展空間，幫助員工成長，以此來激發員工的工作熱情，最終達到員工和門店共同成長的目的，這是門店提高銷售收入以及吸引員工加盟非常適用的方法。

商品管理包括商品計劃流程、訂購流程、銷售管理流程等內容，涉及商品分類、商品陳列、商品裝飾及庫存管理等問題。主要體現為3點。

⑴門店管理的重要環節是對門店貨物的管理，主要是要保持商品美觀及商品的衛生。

⑵門店物品的品質也是一個非常重要的內容，很多特許企業屬於餐飲類企業，特許人對於物品的運輸以及保存都有一套嚴格的管理制度，門店必須嚴格按照特許總部的規章制度來運作，以此來保證門店物品的品質，達到特許經營企業出品品質一致的效果，這對於特許加盟企業的生存和發展是非常關鍵的環節。

⑶門店管理的另一個重要環節是門店訂貨管理，如何做到門店貨物的庫存最優，盡可能少佔用資金，同時又不出現缺貨的現象，這需要對門店銷售情況進行總結，摸索規律進行科學訂貨，做好進貨、補貨、調貨及庫存管理工作。同時，門店還需要對特殊時間或節日期間商品管理做出合理的安排與調整，以滿足特殊時間或節日銷售的需求。

3 店長手冊

店長手冊主要是用來規範店長工作職責和職業行為的準則，主要包括店長必備的基本素質、崗位職責、工作流程等內容。

1. 店長職責

門店店長是一個門店的全面負責人，門店的所有事情，即人、財、物都由店長負責管理，門店的成本控制和銷售利潤是考核店長的直接指標，對於特許經營企業的門店來說，店長必須嚴格按照特許總部的各項規章制度來開展門店的工作，同時還必須保持與特許總部的良好溝通，以保證特許總部對於特許門店的直接管理和控制，保證整個特許經營體系的良好運作。

店長的崗位職責包括計劃管理、客戶關係管理、員工管理、賣場管理、銷售管理、財務管理、信息管理和行政事務管理等。

2. 員工日常管理

門店員工的日常管理是店長的日常工作的主要內容，很多特許經營企業的員工都是由特許總部統一招聘和培訓之後才派遣到各個門店，店長需要負責對人員班次、出勤、請假、績效等日常工作進行管理，對於員工的辭退，店長一般只具備建議權，但是很多特許經營企業原則上都會尊重店長的決定，做出同意辭退的決定。激發門店員工的工作積極性，是店長對員工管理的難點，這方面店長需要注意以身作則，處事公平，塑造店長的人格魅力，從而形成一個積極向上的團隊，這對於門店業績的提升將會起到巨大的推動作用。

員工日常管理主要是通過相關流程和表格體現的，包括客戶投訴處理流程、客戶檔案表格、員工工作考核記錄與考勤表、訂貨單、退貨單、銷售日報表、庫存記錄、促銷活動申請以及競爭店調查項目審核表等。

3.財務管理

門店的財務管理主要涉及的是門店的現金管理，費用管理，以及進、出、退貨票據管理。對於很多特許經營企業而言，絕大多數門店都是特許總部之下進行財務做賬，對於現金和費用賬目必須做到日清日結，票據也必須當天做賬，如果特許經營企業的門店較大，應該設立專門的財務人員進行做賬及各種工商稅務的申報。

4.物品管理

物品管理中主要包括訂貨管理、物品陳列管理、物品庫存管理和物品品質管理幾大方面的內容。對於物品管理，特許總部都有一套嚴格的規定，店長所要做的就是嚴格按照總部的規定執行即可。店長對於物品的各個環節可以有自己的創新，但是為了保持特許經營企業的統一性，店長沒有隨意改動特許總部規定的權利，只能向特許總部提出各種建議。

5.損耗管理

損耗管理也是店長工作的一個重點，很多企業特別是零售企業的倒閉往往是損耗管理工作沒有做好造成的，損耗管理的重心應該是防止內盜，內外勾結的情況在很多企業都發生過。

6.突發事件處理

作為店長，應該積極主動地處理好與外界的各種關係，門店週圍的鄰裏關係，所管轄範圍內的工商稅務關係，大型特許經營企業還必須處理好與當地政府和新聞媒體的關係，為門店的良好發展營造一個良好的外界環境。此外，店長還必須具備處理突發事件的能力，遇到突發事件必須保持頭腦清醒，沉著冷靜，妥善處理好隨時可能發生的各種突發事件，保持門店業務的正常開展。同時應與特許總部隨時進行溝通與交流，店長處於特許經營企業的最前線，是特許總部獲取各種信息的主要途徑，同時也是特許總部種種決策的執行者。所以，店長必須保持和特許總部的良好溝通，以保證特許總部和門店之間信息的暢通。

物流配送管理手冊

物流配送是特許經營體系的重要環節，關乎企業規模的大小和實力的強弱，它是特許經營體系競爭力的集中表現。物流配送管理手冊主要是描述特許人如何為各個加盟店進行商品配送的計劃、內容、程序等問題的，包括物流的配送原則和方式、物流配送活動的內容、訂貨與進貨作業管理、物流費用及分攤原則等內容。

1. 物流貨品陳列管理

對於物流配送中心而言，商品的陳列是一個非常重要的問題，陳列是否科學會決定物流運作的整體效率。對於商品的陳列，物流中心一般會進行一些功能設計，具體說就是商品和輔助用品都有一個固定的陳列位置和專門的區域。對於商品而言，一般會按照商品的性質分為幾個特定的儲存區域，並按照各級區域劃分相應的專門人員進行管理，並且這些人員對於商品的丟失負有直接責任。貨品一般會按照商品關聯性進行相連陳列，同時考慮到一些貴重的物品的防損問題，會單獨設立專門的陳列區域進行保管，這樣有利於減少倉庫的損耗。商品陳列的一個重要基礎工作是設定商品相應的標籤，對於物品必須要做到一品一簽，而且要維護好標籤，這樣才能做到物品要貨及時或減少物品種類丟失。

2.物流訂貨和存貨的管理

物流訂貨每天都要發生，是物流工作的一個重要組成部份。為了節省資金，又不影響門店銷售，核心問題就是要隨時瞭解倉庫的存貨情況和門店對貨物需求的一般規律和特殊需求，還必須及時與供應商溝通，瞭解物品的供給情況。對於特許經營企業來說，依靠先進的網路系統，借助現代化手段是一個非常有效的措施，這也是一個特許總部能夠完全對眾多加盟體系控制的最核心手段。通過網路系統，物流中心能夠及時瞭解倉庫的庫存情況，並且依照以往的銷售規律，網路系統能夠給出一個預估計訂貨量，訂貨人員會結合門店的具體情況，特別是時節的變化和節假日特殊的需求迅速做出訂貨決定，很多物流中心都已經實現了網路訂貨的功能，通過郵件或特定的系統向供應商訂貨。物流的訂貨和存貨管理科學性將決定一個企業現金流的大小，這是任何一個特許經營企業都必須認真對待的問題。

3.供應商送貨、返貨的管理

供應商的送貨和返貨管理是物流工作的主要內容。

對於供應商的送貨，物流中心的工作人員應該注意以下幾個核心內容。

⑴所送貨物是否和物流中心的要貨單完全一致，是否會有一些滯銷品混雜其中。

⑵所送貨品的日期是否為最新日期。

⑶貨品和送貨單的規格和數量是否完全一致。

⑷貨品的包裝是否有拆開過的痕跡。

⑸必須要全面觀察所有商品，看看是否在不易察覺的地方有不達標貨品。此外，對於供應商票據的嚴格審查更是一個重要的環節，必須要求三方以上的利益制約人員在票據上簽字，這樣能夠很好地減少腐敗的產生。

對於供應商的返貨，物流中心所要做的就是隨時掌握貨品的保質期，必須在規定的日期內把一些滯銷貨品返回供應商手中，不能讓這些滯銷貨物損耗在公司手裏。此外，必須嚴格檢查返貨的數量、規格和返貨票據上的數目是否一致，這是最容易產生損耗的環節。

4. 物流損耗的管理

對於物流的損耗管理，建議從以下幾個方面開展。

⑴設立 24 小時的監控錄影，多增加攝像頭，對所有貨品進行全方位的全天候監控。

⑵對於每張票據實行相互制約三方的簽名負責制，出現問題嚴格追究相關人員責任。

⑶設立審計人員，對所有票據隨時進行搜查審核，出現問題，馬上解決。

⑷隨時關注庫房管理人員各種細微的變化，防止內外勾結現象的產生。

⑸對於庫房管理人員進行定期不定期的換崗或更換。

⑹每天對一小部份物品進行抽盤，發現問題，追根問底。

⑺每月必須對所有物品進行詳細盤點。

5. 配送車輛路線安排

對於各個門店配送車輛路線的安排是物流節約成本和提高效率的一個關鍵環節。一般而言，特許經營企業的配送路線都是相對固定的，只要根據實際情況加以適當的調整即可。每當所配送門店確定之後，車隊的管理者必須事先把車輛的行使路線明確出來，從而提高物流配送的整體效率並且節約配送成本。

5 督導操作手冊

在一個完善的特許經營體系中，對受許人管理的核心就是要對整個特許經營體系進行有效控制與支持。在這個以加盟為中心的特許經營體系裏，對受許人的支持與控制是特許總部最重要的任務。整個管理機能需要特許總部的職能部門與其他各部門密切配合，針對受許人所開展的營運活動予以監測、檢查和調整，並通過綜合分析實現有效控制，最終通過督導員實施培訓、指導和監督，以達到整個體系都高效平穩運轉的管理目標。

對特許經營企業而言，培訓是最好的投資。對員工而言，培訓是最大的福利。培訓對於特許經營體系來說，不是單向的傳播理念和知識，而是一種互動的溝通。培訓者和被培訓者在培訓過程中互相學習和啟發，從而達到團隊共同提升的境界。發現問題，解決問題；受許人與特許總部之間的溝通；幫助、指導受許人和門店提升和改進營業；對受許人經營行為進行有效監督是培訓督導工作的主要內容。

案例：連鎖企業的信息管理系統設計

H 超市是一家經營面積上萬平方米，經營品種覆蓋糧油、日用百貨、小家電等十幾個大類近 3 萬種商品的超市，80%以上的商品有條碼，每天的銷售數據記錄平均達萬餘條，進退貨記錄也達上千種。公司建立了以單品管理小組為決策層、以電腦部門為中心、以數據庫為基礎的管理層、以各個業務操作流程環節為作業層的運作體系。電腦中心圍繞決策層的要求或意見進行軟體設計或對已有模塊進行整合，充分為票據流、資金流、信息流為一體的動態物流管理服務。前台收銀、後台管理、配貨中心、網路管理等具體作業層則執行和完成各項指令。

付款方面採用數字化手段：首先，界定時間，根據合約由電腦控制什麼時候出那個供應商的結算單。

其次，付款的額度也由電腦核算，即經銷商品的付款額為相應時段內進貨金額減退貨金額的總額，代銷、聯銷商品的付款額為相應時間段內銷售成本總額；再次，參照供應商在整個時間段內的進銷存表，檢查是否有運行異常，核查進貨額、銷售額、退貨額和庫存額，判斷是否進行商品庫存調整和付款調整，最終形成付款通知單，由財務部門準備付款。

這一流程的實施，既避免了貨款支付過程中的人情賬、關係賬，也有利於防止不良庫存的沉澱，更有利於財務資金的有效、有序控制，同時也提升了企業自身的信譽度。同時通過使用數據庫等技術搜集、存儲顧客的消費信息，進而統計、分析、挖掘顧客的消費心理、潛在需求，推出迎合顧客的商品和服務。例如，從數據庫中搜索週期內消費頻率高的會員，主動溝通、聯誼，借此提高超市的親和力，增加顧客的忠誠度；其次以會員為對象，以月為單位展開海報(direct mail，DM)商品宣傳，並把每一期的 DM 商品錄入電腦。在每次活動結束後，從電腦中跟蹤分析 DM。

考察商品的銷售毛利同比，銷售毛利佔有率比，會員購買比例、折讓比例與銷售上升的比例等指標，以此來分析顧客的潛在需求，顧客對價格的敏感度；檢查 DM 商品的組合策略、定價策略，進而為調整 DM 商品組合、促銷價格的制定提供決策數據。由此公司會員消費比例由開業時的 15%上升至現在的 50%，DM 商品的銷售佔有率由原來的 4%上升至現在的 9%左右。

在商品管理方面，先確定商品品類，由電腦管理中心提供該品類品牌的銷售額；第二，得出按品類劃分的銷量排名、毛利排名、銷售額比例排名；第三，以三個參數乘以各自的權重，最終得出綜合排名；最後，在綜合排名的基礎上，再根據商品的敏感度、商品組合策略等因素淘汰後幾種商品。

第十章

連鎖業的 CIS 系統

CIS 作為一個系統，是由 3 個子系統所構成，即 MIS(企業理念識別系統)、BIS(企業行為識別系統)和 VIS(企業視覺識別系統)。同時，它也具有許多自身的特徵，從而形成了非常豐富的內涵。

1 連鎖業的 CIS 系統內涵

一個完整的企業識別系統是由理念識別系統(MIS)、行為識別系統(BIS)和視覺識別系統(VIS)3 個要素所組成。並且，三者也各有其特定的內容，是 CIS 的 3 個子系統。VIS 是企業的視覺識別系統，包括標誌、包裝、標準色等元素及其在不同的介質上的運用，如公司內部文具、交通工具、制服和在不同媒體上發佈的各類廣告等；MIS 是指公司統一的理念和文化，通常滲透在企業管理制度、員工的思維方式、處事方式中；BIS 是員工的行為規範，企業的員工行為準則是 BIS 的一個集中體現。

1. 理念識別系統(MIS)

⑴含義

「理念」是指一種觀念、思想、意識。理念的英文含義強調與肉體相對的「心」「精神」「意識」的意思，同時也有「意向」「意見」「見解」和「理智」等含義。作為企業經營管理的一個術語，主要是指經營思想、經營意識。

作為管理學用語，針對連鎖零售企業而言，主要包括企業經營思想、經營宗旨、經營意識、經營觀念等。

理念識別系統(MIS)是由企業領導積極宣導，全體員工自覺實踐而形成的企業信念，進而提升企業活力，推進商店經營的團隊精神和行為規範。

連鎖企業理念識別系統包含兩個層面的內容：一是企業制度和組織結構層，包括各種商店的管理制度、經營過程中的交往方式、員工的生活方式和行為準則；二是商店精神文化層，包括員工的觀念、心理和意識形態等。

⑵商店理念識別系統(MIS)的內容及作用

理念識別系統的內容包括：連鎖企業經營哲學、連鎖企業信條、連鎖企業價值觀、連鎖企業經營方針、連鎖企業精神、連鎖企業口號、連鎖企業廣告詞、連鎖企業座右銘、連鎖企業歌曲等。

2. 行為識別系統(BIS)

⑴含義

行為識別系統(BIS)是企業理念識別系統的外化和表現。行為識別是一種動態的識別形式，它通過各種行為或活動將企業理念觀測、執行和實施。企業理念要得到有效的觀測實施，必須要科學構建和明確企業的行為主體，包括確定商店組織形式、建立健全商店組織機構、合理劃分部門、有效確定管理幅度並科學授權。只有企業行為主體架構得以完善，商店的運行機制才能順暢，商店的行為才能有基礎的組織保障，連鎖企業的理念才能得以真正貫徹實施。

⑵構成

商店的行為識別系統設計涵蓋了商店的經營管理和業務活動的所有領域。總體上，可以分為對內、對外兩大部分。商店內部行為包括商店內部環境的營造、員工教育、員工行為規範等；商店外部行為包括市場調研、商品規劃、服務活動、廣告活動、公關關係、促銷活動等。

商店環境的營造主要分為兩大部分：一是物理環境的營造，包括對視聽環境、溫濕度環境、嗅覺環境、行銷裝飾環境等的營造。二是人文環境營造，主要內容包括對員工精神風貌、領導形象、合作氛圍等環境的營造，營造一個整潔、團結向上、溫馨融洽、友愛互助的商店環境，不僅能保證員工的身心健康，而且對樹立良好的商店形象發揮著重要作用。

每個商店要做到在經營活動中步調一致、令行禁止，必須要設立和遵從一套行之有效的準則規範。行為規範就是商店員工共同遵守的行為準則。員工行為規範化體現在員工行為的方方面面，諸如職業道德、儀容儀錶、迎接禮儀、談話禮節等多個方面。

3.視覺識別系統(VIS)

⑴含義

VIS 即 visual identity system，通常被譯為視覺識別系統，指借助一切可見的視覺符號在企業內外傳遞與企業相關的資訊。對外傳達企業的經營理念與情報資訊。VIS 能夠將企業識別的基本精神及差異性，利用視覺符號充分地表達出來，從而使消費公眾識別並認識。對內通過標誌識別，利於規劃管理和增強員工的認同感、歸屬感。

在整體 CIS 中，VIS 是 CIS 的靜態識別，VIS 是最具傳播力和感染力的子系統。據統計，在人類所感知的外部資訊中，其中有 83%是通過視覺通道來獲取的。

商店形象的視覺識別，就是將 CIS 的非可視內容轉化為靜態的視覺識別符號，以豐富多樣的表現形式，在盡可能廣泛的層面上，進行最直接的傳播。設計科學並實施有效的視覺識別系統，是傳播連鎖企業經營理念、建立連鎖企業知名度、塑造連鎖企業形象的便捷之徑。

⑵構成

VIS 由兩大部分構成：基本設計系統和應用設計系統。以一棵樹做比喻，基本設計系統是樹根，是 VIS 設計的基本元素；應用設計系統是樹枝、樹葉，是整個企業形象的傳播媒體。

基本設計系統包括：商店名稱、標準標誌、標誌變形、標準字體、印刷字體、標準色彩、輔助色彩、組合模式、品牌樣式、象徵圖形、吉祥物等。

應用設計系統包括：辦公用品、商店外部建築環境、內部建築環境、交通工具、服裝服飾、廣告媒體、產品包裝、公務禮品、陳列展示、印刷品等。

2 連鎖店的 CIS 運用手冊

連鎖企業在完成商店視覺識別系統的基本要素、應用要素設計後，為了便於使用和執行，應使這些因素系統化、規範化、標準化，就需要製作 CIS 手冊。

CIS 手冊是連鎖企業為逐步加強商店整體形象和強化行銷而採取的標準化、科學化、系統化的視覺設計規範，是為了引起公眾對商店認知和識別而形成的書面材料。

CIS 手冊一般包括以下內容：

1. 總論部分

總論部分包括：董事長、總經理的致詞；連鎖企業經營的理念與發展規劃展望；

連鎖企業價值觀；連鎖企業哲學；導人 CIS 的目的；CIS 手冊使用概論。

2. 基本要素

⑴商店標誌設計

商店標誌設計包括：商店標誌彩色稿及標誌創意說明；標誌黑稿；標誌反白效果圖；標誌標準化製圖；標誌方格座標製圖；標誌預留空間與最小比例限定；公司總部與下屬商店標誌色彩區分；標誌特定色彩效果展示。

⑵商店標準字體設計

商店標準字體設計包括：商店全稱中文字體；商店簡稱中文字體；

商店全稱中文字體方格座標製圖；商店簡稱中文字體方格座標製圖；商店全稱英文字體；商店簡稱英文字體；商店全稱英文字體方格座標製圖；商店簡稱英文字體方格座標製圖。

⑶商店標準色(色彩計畫)設計

商店標準色設計包括：商店標準色；輔助色系列；下屬產業色彩識別；色彩搭配組合專用表。

⑷商店造型(吉祥物)設計

商店造型設計包括：吉祥物彩色稿及造型說明；吉祥物立體效果圖；吉祥物基本動態造型；吉祥物展開使用規範。

⑸商店象徵圖形設計

商店象徵圖形設計包括：象徵圖形彩色稿；象徵圖形延展效果稿；商店圖形使用規範；象徵圖形組合規範。

⑹商店專用印刷字體設定

商店專用印刷字體設定包括：宋體使用規範(中文)；黑體使用規範(中文)；綜藝體使用規範(中文)；書法體使用規範(中文)；羅馬體使用規範(英文)；書法體使用規範(英文)。

⑺基本要素組合規範設計

基本要素組合規範設計包括：標誌與標準字組合多種模式；標誌與象徵圖形組合多種模式；標誌與吉祥物組合多種模式；標誌與標準字、象徵圖形、吉祥物組合多種模式。

⑻標誌符號系統設計

標誌符號系統設計包括：導向符號、禁止吸煙符號、男女洗手間符號、停車場符號、樓梯符號、電梯符號、防火符號、安全門符號、垃圾箱符號、問詢台符號、辦公室符號、會議室符號、市場行銷部符號、財務部符號、採購部符號、微電腦室符號、售後服務部符號。

3. 基本要素組合系統

基本要素組合系統包括：基本要素組合系統的變體設計；基本要素的組合規定；基本要素組合系統的變化設計；基本要素組合誤用範例。

4. 應用要素

⑴辦公系統(信封、信箋、檔夾等)

辦公系統包括：高級主管名片、中級主管名片、一般員工名片(宣傳品)；國內信封、國際信封、航空信封、大信袋；國內信箋、國際信箋、便箋；傳真紙；薪資袋；工作證；出人證；工作記事簿；文件夾；公文袋；職位牌；考勤卡；合同書規範格式；批示簽呈；請假單；名片盒；名片座；辦公桌標識牌；圓珠筆；連鎖企業徽章；財產編號牌；培訓證書；借支單、估價單、人帳單、出帳單等票據類。

⑵環境系統(建築物外觀、營業環境等)

環境系統包括：商店平面圖、接待台及背景板、店經理室及背景板、門窗識別圖形、會客間看板、佈告欄、走廊處理、導向牌。

⑶標誌系統

標誌系統包括：路標指示、招牌。

⑷服飾系統(員工服裝及飾物等)

服飾系統包括：男主管人員服飾(白領男裝)、女主管人員服飾(白領女裝)、服務男士服飾、服務小姐服飾、保安人員。

⑸運輸系統(業務用車、手推車等)

運輸系統包括：小轎車外觀設計、麵包車外觀設計、通勤車外觀設計、運輸貨車外觀設計。

⑹包裝系統(產品外觀、大小包裝等)

包裝系統包括：商品銷售包裝、商品銷售系列包裝、高檔禮品包裝、商品大件組合包裝、重大民俗節日商品銷售包裝、便於攜帶外出商品小包裝、商店主導商品與配套商品組合包裝、商品中件運輸包裝、商品中大件運輸包裝、商品運輸封條。

⑺廣告系統(各種廣告媒體設計)

廣告系統包括：海報版式規範、大型路牌版式規範、燈箱廣告規範、公車體廣告規範、報紙廣告規範、雜誌廣告規範、T 恤衫廣告、橫豎條幅廣告、大型氫氣球廣告。

⑻公關贈品設計

公關贈品設計包括：賀卡、請柬、邀請函、禮金袋、禮品手提袋、鑰匙牌、掛曆、檯曆、日曆卡、連鎖企業宣傳卡、連鎖企業介紹宣傳冊、鮮花袋、小型禮品盒。

3 推廣 CIS 應採取的措施

企業在推進商店的 CIS 時，可採取以下措施：

a. 印刷 CIS「說明書」和「員工手冊」。CIS 說明書主要闡明商店導人 CIS 的背景、動機、計畫以及商店理念和商店識別的內涵，以增強員工的認同感和前瞻意識；員工手冊則是編印說明商店理念、行為規範和商店標誌的手冊，讓員工瞭解其在商店 CIS 導入過程中擔負的職責，隨時以此規範其行為。

b. 製作員工教育錄影帶和幻燈片。在條件允許的情況下，可利用電視、幻燈片等現代化設備和手段，將說明書和員工手冊等更有效地傳達給員工，以提高宣傳、教育的效果。

c. 充分利用商店內部各種宣傳手段製造輿論。可借助連鎖企業內刊、通信、簡報、海報等宣傳媒體，大張旗鼓地進行宣傳。一方面可使員工具有必要的心理準備，另一方面還可提高員工的士氣。

d. 加強內部溝通。通過內部會議等溝通系統加強商店內部溝通。

e. 提倡各種有意義的活動。商店導入 CIS 的目的之一，就是要通過規範員工的行為，提升商店的整體素質。為了更好地規範員工行為，商店可採取一些切實可行的辦法，諸如推行禮貌活動、推行最佳儀錶活動、開展積極向上的文娛活動等。

4 麥當勞速食連鎖店的 CIS 戰略

麥當勞是當今世界上最成功的速食連鎖店，截至 2010 年在 72 個國家開設了 14000 多家商店，每天接待 2800 萬人次的顧客，並且以平均每 7.3h 新開一家餐廳的速度發展著。而顧客走進任何地方、任何一家麥當勞餐廳，都會發現，這裏的建築外觀、內部陳設、食品規格和服務員的言談舉止、衣著服飾等諸多方面都驚人地相似，都能給顧客以同樣標準的享受。

1. 麥當勞的行為識別

麥當勞有一套準則來保證員工行為規範，即「小到洗手有程式，大到管理有手冊」。

(1) O&T manual

即營運訓練手冊，速食連鎖店只有標準統一，持之以恆才能取得成功。手冊中詳細說明麥當勞的政策，餐廳各項工作的程式、步驟和方法，並且不斷地自我豐富和完善。

⑵SOC(Station Observation Checklist)

SOC 即崗位工作檢查表。麥當勞把餐廳分為 20 多個段，每個工作段都有一套 SOC，詳細說明各工作段事先應準備和檢查的專案、操作步驟、崗位職責。員工進入麥當勞後將逐步學習各工作段，表現突出的員工會晉升為訓練員，訓練新員工；訓練員表現好，可進入管理組。所有的經理都是從員工做起的，必須高標準地掌握所有基本崗位操作並通過 SOC。

⑶MDP

麥當勞專門為餐廳經理設計了一套管理發展手冊(MDP)，共四冊，循序漸進。在學完第三冊後就會被送到美國麥當勞總部的「漢堡大學」學習，包括人際關係、會計、存貨控制、公共關係、培訓、人事溝通與團結合作。每月開員工座談會，充分聽取員工意見。每月評選最佳職工，邀請其家屬來餐廳參觀、就餐。每年舉行崗位明星大賽，並且到其他城市參賽。以一定的形式祝賀員工的生日，等等。

2.麥當勞的視覺識別

⑴金色拱門。

麥當勞(McDonald' s)的企業標誌是弧形的 M 字，以黃色為標準色，稍暗的紅色為輔助色，黃色讓人聯想到價格的便宜，而且無論在什麼樣的天氣裏，黃色的視覺性都很強。M 字的弧形造型非常柔和，和店鋪大門的形象搭配起來，令人產生想走進店裏的強烈願望。

⑵吉祥物象徵。

麥當勞餐廳的人物偶像——麥當勞叔叔，是友誼、風趣、祥和的象徵。他總是傳統馬戲小丑打扮，黃色連衫褲，紅白色的襯衣和短襪，大紅鞋，黃手套，一頭紅發。他的全名是羅奈爾得・麥當勞(在美國 4

～9 歲兒童心中，他是僅次於聖誕老人的第二個最熟識的人物）。他象徵著麥當勞永遠是大家的朋友，時刻準備著為兒童和社會發展貢獻力量。麥當勞叔叔兒童慈善基金會在 1984 年成立，至今已向世界各地 1600 多個組織捐出了超過 6000 萬美元的資助。北京的麥當勞王府井餐廳開業之際，就向兒童福利院等機構捐款 1 萬美元。此外，到公園參加美化，到地鐵站搞衛生，到大街擦欄杆，都是麥當勞經常性的公益活動，這不僅樹立了企業形象，也培養了員工的社會責任感和參與意識。

⑶ 麥當勞兄弟參與設計的雙拱門的餐廳造型與店名 McDonald′s(麥當勞)的第一個字母極其相似。

金黃色的微縮雙拱門作為麥當勞速食店的招牌和商標圖案，不但極具個性特色，而且有很強的穿透力和震撼力，成為麥當勞一絕。

色彩也是麥當勞的經營策略之一。從交通信號來說，紅色表示「停」，黃色則是「注意」的意思，麥當勞充分利用了這一點。招牌的底色做成紅色的，而上面代表麥當勞商標的 M 字母則是黃色的。這樣當你看到紅色時，你會不會自然駐足？看到金黃色 M 字母以及「麥當勞漢堡」字樣，你會不會產生食欲？紅色令人駐足，而黃色則提醒你注意，於是你可能會不由自主地舉步進店，購買漢堡。麥當勞在視覺識別中恰當地運用標準色，是一種成功的商業策略，這一策略不能不說是麥當勞成功的奧秘之一。

⑷餐廳設備標準化

在麥當勞的餐廳裏，有許多獨特的設備，充滿了科技的色彩，構成了麥當勞識別系統的一部分，也在更大程度上強調了其標準化的含義。

收銀機經過程式的設計幾乎變成「One-Touch」，店員可把多出的結賬時間用在準備餐點上，而前場（櫃檯）和後場（廚房）的結合又減少了集餐的時間，店員自然能更快速地為下一位元客戶服務，真正達到「速食」的目的。

為了控制軟冰激淩的吸取速度，將其調整到與嬰兒吸母乳一樣的吸取頻率，麥當勞進行了授奶模擬試驗，設計製作了專用吸管，其內徑為 0.279±0.002 英寸（0.683±0.00508 釐米），厚度為 0.0075±0.00075 英寸（0.019±0.00019 釐米），重量為 0.8±0.05 克。

⑸產品品質標準化

無論在世界上那個國家，無論在哪一家餐廳，你能吃到口味一樣的漢堡，因為麥當勞有全球統一的產品品質標準。麥當勞的產品品質標準化是以標準化的原材料、標準化的作業程式、標準化的品質要求和標準化的製作設備為基礎的。

· 標準化的原材料

麥當勞建立了一套嚴格的採購系統，按規定餐廳的原材料不能隨意在市場上採購而必須由麥當勞分銷中心提供，分銷中心的原材料由指定的廠商提供。以麥當勞用來炸薯條的原料——土豆為例，麥當勞要求供應商提供的土豆要有較長的果型、芽眼不能太深、澱粉和糖的含量必須控制在一定的範圍之內。為了保證土豆符合標準，麥當勞聘請專家培訓供應商，進行特殊的培養種植，在經過精心挑選後，還必須存儲一段時間，以便使其澱粉和糖的比例符合要求。

· 標準化的作業程式

麥當勞的食品製作都已實現了高度的標準化，即使不懂烹調工藝的人，只要按照規定的標準化程式，按部就班地操作機器，就能保證產品品質的高度一致。

為了保證產品品質的統一，對每一項工作的細節麥當勞都要事先考慮、安排好，以節省時間。例如，製作的時間也有特別的規定，炸薯條和咖啡的保存時間不得超過 10 分鐘和 30 分鐘；麥當勞的每個產品都由電腦嚴格控制製作溫度，69℃是國際權威的牛肉烹調安全溫度標準，麥當勞設定這一溫度，確保牛肉被徹底地加熱到這個溫度，以達到肉質安全，同時也鎖住肉汁和營養。

標準化的作業程式還需要配合標準化的廚房人員配置，麥當勞的人員配置是：三個煎區員，專門煎漢堡肉餅；兩個奶昔員，專門製作奶昔；兩位管油鍋，專做薯條；兩名調味員，專管三明治的調理和包裝；還有三名櫃檯服務員，分別在兩個視窗前幫顧客點膳。

在麥當勞世界各地的所有分店都遵循一種標準化的作業。如食品都嚴格執行規定的品質標準與操作程式，對製作漢堡、炸土豆條和清理餐桌等工作都進行詳實的動作研究，確定工作開展的最好方式。例如，對於薯條，麥當勞規定，當冷凍的薯條投入 168℃的油鍋中，待降低了溫度的油溫重新上升 3℃的時候，油溫暫態感知器會發出鳴叫提醒工作人員撈出薯條，此時的薯條味道最好。

3.服務流程標準化

為了適應顧客需要快速服務的要求，麥當勞採用了標準化的自助式服務方式，從而使服務速度大大提高，因此也吸引了大量顧客。

具體而言，麥當勞的標準化服務流程如下：

第一步：與顧客打招呼。麥當勞在工作手冊中明確規定了打招呼的問候用語：「歡迎光臨」、「請到這裏來」、「早上好」、「晚上好」等充滿溫情的語句。麥當勞要求每一位元服務人員都必須在正確的時機以正確的用語招呼問候顧客，而且必須精神抖擻，面帶微笑，聲音響亮地向顧客打招呼問好。

第二步：詢問或建議點餐。顧客準備點餐，服務人員須保持一套慣常的禮貌用語，諸如「您要點什麼？」、「請問您需要些什麼？」等。顧客點餐完畢，服務人員必須複誦一遍顧客所點購的食品與數量，若發現錯誤須立即更正。全部點購完畢，服務人員必須清晰地告訴顧客：「您所點的食物總共**元」，以便顧客在服務人員拿取食品時掏出錢來準備付賬。

第三步：準備顧客所點的食品。麥當勞規定服務人員應先對顧客說「請稍等」，然後默記顧客所點的食品內容與數量。

另外，服務人員對拿取食品的先後順序與放置在餐盤上的方式必須特別留意，因為這關係到食品的品質及食用的時間。為此，麥當勞制定了標準化的食品準備順序：奶昔—冷飲—熱飲—漢堡—派—薯條—聖代。而且服務人員在擺放商品時要注意標誌朝向顧客，薯條靠在包上。

如果顧客需要帶走用餐，則需要拿出麥當勞自製的包裝袋，先將飲料小心翼翼地放入，確保不會灑露，而後再將其他熱食放入另外的包裝中。

第四步：收款。當服務人員從顧客手中接收支付的金額以及找回零錢時，必須大聲將各項金額複誦清楚。例如：「謝謝您，總共 45 元，收您 50 元，找回您 5 元。」當找回的零錢較多時，服務人員應將零錢放在託盤內，以方便顧客拿取。

第五步：將顧客點的食物交顧客手中。服務人員將顧客點購的食品全部拿齊後，用雙手將託盤輕輕抬起送到顧客面前，並禮貌的向顧客說明，例如「讓您久等了，請看一下是否都齊了？」、「請小心拿好」等。

第六步：感謝顧客光臨。當顧客拿好食品離開櫃檯時，服務人員應真誠地說:「謝謝惠顧」、「歡迎再度光臨」、「謝謝光臨」、「祝您愉快」等祝頌之語，使顧客對麥當勞留下良好的印象。

第十一章

連鎖業的督導管理

一個優秀的特許連鎖經營體系，需要在建立之後，仍然繼續進行該體系的督導，隨時維護與不斷地更新，才能在瞬息萬變的激烈市場競爭中永保活力，不至於被競爭者和無情的市場所吞噬。要保證贏利長久，在營運過程中就必須保證整個政策始終如一，不得走樣，而擔任這一使命的就是營運督導。

1 連鎖業的門店督導管理

根據規模的大小來確定督導團隊的大小、人數的多少，跨區域的大型連鎖企業可以專門設立一個督導部門，對各門店的營運環節進行監督和指導；較小的連鎖企業可以把各部門的專家集中在一起，組建成一個臨時的督導小組，在執行督導任務時才在一起，平時不同部門的人依然在各自的崗位上。總之，督導團隊的建立是為了完成督導這一重要的工作環節，至於組織形式和人員的多少，則視連鎖企業的實際情況而定。

為了保證督導的執行力，督導小組直接對連鎖企業的總經理負責，在總經理的授權下對連鎖經營過程中的各個環節進行監督和指導。根據連鎖經營發展的過程及連鎖經營營運中的工作種類不同，督導團隊往往由行政部、市場部、營運部、財務部、採購部、行銷部等多個部門的負責人組成。這樣可以保證連鎖經營的各方面工作都有專門管理和輔導，從而保證了連鎖經營各個工作環節有序進行。同時也要求參與督導團隊的人員必須在該領域是專家，不但能發現問題，還能解決問題。

1. 特許經營督導的概念

督導不是連鎖加盟特有的管理方法，在連鎖加盟當中，督導更具有了一些特殊的作用和重要意義。

⑴普遍意義的督導的概念

普遍意義的督導是指以強化員工積極性行為（符合企業利益的行為）和抑制員工消極性行為（違背企業利益的行為）為目的，以引導和控制為基本手段的各種管理方式、方法的總稱。運用這些方式、方法的管理人員稱為督導人員。

⑵特許經營督導員的概念

特許經營督導員是落實總部的政策，滲透特許人文化，以雙贏為目的，通過有效溝通和科學的方法，幫助分店（直營店、加盟店）更好地進行運營管理的管理服務人員。

⑶特許經營督導員的重要性

特許經營督導員是連鎖加盟模式中十分特殊又十分重要的職位，

就像鏈條與紐帶，把分散在不同地點的店鋪有機地接連接起來，與總部保持密切的聯繫。

對於龐大的連鎖加盟體系來說，各連鎖店在經營上是相對獨立的，要使其關係密切，協調配合，「督導」的作用是不可或缺的。它們在操作上的一點點失誤，都會造成無法估量的損失，這種損失可能是顛覆性的，毀滅性的。

那麼維護整個連鎖體系的利益，使各店鋪保持在正確的軌道上運行是十分重要的。督導員正是這其中的關鍵人物。

督導員的重要性主要表現在：他既是公司管理的延伸，又是各店鋪的資源。沒有有效的督導，就沒有真正的連鎖，可以說督導是特許經營的守護神。

2.特許經營督導員的職責

⑴維護總部營運管理標準，做好總部執行及監控工作

①總部營運管理標準

總部營運管理標準主要體現在：產品、服務標準；營運管理標準（管理標準、操作標準等）；各種營運管理政策；各類《操作手冊》；特許加盟合約等。

②維護總部營運管理標準

維護和執行總部的營運管理標準，主要做好以下幾點：

· 深入瞭解並領會總部的營運管理標準和政策。

· 對連鎖店的執行情況進行指導、傳遞、培訓和監控。

· 保證各分店在正確的軌道上營運。

· 維護總部及連鎖系統的利益。

· 在工作中要注意把握好尺度。

③督導員的工作

特許連鎖加盟總部都有其自己的產品、服務標準和營運管理標準以及各種運營政策。

這些標準和政策是總部通過各種《操作手冊》、指導培訓等形式傳遞給受許人的。同時，由督導擔當維護和執行這些標準和政策的職責，以起到保護總部或整個特許連鎖體系的利益的作用。因此，督導員是總部利益的維護者，也是總部政策的執行者。

督導員要保證各分店在正確的軌道上營運，如營運管理、行銷策略、促銷策略、人員策略等。

由於各分店的相對獨立性，當一些行銷策略對他們沒有即時的效果或利益時，便會出現延遲執行、低調處理、甚至抵觸的做法。因此，督導員在巡查的過程中，應瞭解促銷活動進展的情況，及時做出判斷，一旦發現偏差，立即糾正。否則會在導致其他店鋪不滿的同時，也會導致顧客的不滿。更重要的是，會使策劃良好的市場促銷活動整體效果受到影響。

人員策略更是如此，公司在人員方面的各種規定和政策，是經過深思熟慮的，一旦出現偏差，後果是不可想像的。尤其是國家法律法規方面，更應嚴格檢查，以免疏漏，如制服政策、休假政策、用工政策、公平政策等方面。

⑵協助店鋪的營運管理，做各分店的引導者

①為分店提供各方面的支援

對總部來說，協助店鋪的營運管理，是出售加盟店後的「後續服務」。所謂後續服務，就是總部要為分店提供各種支援服務如市場行銷、人員培訓、人事管理、競爭對手分析等。

督導員要指導分店妥善去處理營運管理中的諸多問題，如人員問題、勞資問題、貨品問題、競爭對手問題、顧客投訴等。

代表總部提供上述營運管理等支援服務的關鍵性人員就是督導。一位優秀的督導人員同時也是連鎖店的有力支持者。對於分店出現的營運問題，會指導分店管理者找出原因，並協助制定解決方案。

②督導員是分店能直接面對的主管

當員工遇到無法解決的問題或障礙時，督導員就成為可以傾訴的最佳對象。所以，督導員應恰當地平衡店主與僱員的人員關係(包括勞資關係)，並不斷提高這方面的能力和技巧。

貨品問題是經營中經常遇到的問題，訂貨過多或過少，往往讓經營者一籌莫展，陷入困境，此時的督導員便成為最好的資源。

督導要帶領分店員工，分析週邊的競爭對手動態，上報總部，作出積極的反應，制定出針對性的應對方案。

顧客投訴也是督導員所要面臨的重要問題，督導要清醒地認識到這是顧客給我們的最後機會。根據調查顯示，在不滿意的顧客中，有64%的顧客是不會投訴的，只有 36%的顧客會講出自己的不滿。由此可以看出，投訴的只是少數顧客，因為他們對商家還抱有希望，才會提出批評，而沒有講出不滿的顧客，則意味著你已經真正地失去了他們，所以督導員要認真對待每一個顧客投訴。

⑶充分收集各方面信息，保持與各方有效的溝通

①進行信息溝通

督導員進行信息溝通可從三個方面進行：將總部的信息傳遞給受許人；將受許人的信息傳遞給總部；將收集的市場信息提供給總部或受許人。

- 雖然特許企業有向受許人傳遞信息的管道，但督導員應使這些信息被受許人接受和消化。

· 督導員應將加盟店的種種想法、需求、真實處境忠實地向總部彙報。
· 將受許人的相關信息，及時回饋給總部的相關部門。
· 通過加盟店或自己的調查，搜集負責地區的相關信息和情報，進行分類整理分析，向總部報告。
· 同時反映消費者的需求與加盟店的各種聲音，經營數字資料的搜集與處理，隨時收集、整理各項情報並向總部報告。

②督導員收集資訊的步驟

· 收集信息：上級、下級、平級、店內、店外及商圈和社區等。
· 分析信息：對收集的信息進行分類、整理和分析。
· 溝通信息：與總部及相關部門溝通、與受許人及其員工溝通。

⑷確保特許連鎖系統的執行力

執行的 7 個要素：

· 瞭解你的企業和你的員工。
· 堅持以事實為基礎(實事求是執行文化的核心)。
· 確立明確的目標和實現目標的先後順序。
· 跟進。政策、執行、監督要有連續性。
· 對執行者進行獎勵。
· 提高員工的能力和素質。
· 瞭解你自己。

特許經營督導的最終目的就是確保連鎖系統的執行力。督導員行使其職責，說到底是為了確保整個連鎖系統有效執行總部的營運管理和規範，所以，督導員的職責也可以用兩個字來闡述，那就是確保「執行」。

 特許連鎖業的督導員扮演角色

作為一名督導員，應儘快從原來的工作中走出來作好新舊工作的交接，儘快適應督導工作。

督導員的角色定位包含以下幾點。

⑴督導員是教練員(訓練員)

督導員肩負著教練員的責任，可以從四個方面理解。

· 輔導：幫助下屬獲得知識、技能和能力。
· 指導：幫助下屬設計職業生涯，加深對企業文化的理解。
· 挑戰：幫助下屬解決那些不能達到標準的績效問題。
· 建議：瞭解問題及其產生原因，提出改進建議。

具體工作步驟如下：

· 做出訓練需求分析。
· 制定訓練計劃。
· 開設培訓課程/崗位培訓。
· 檢查與追蹤。

⑵督導員是監察員

督導員應有重點的檢查以下內容：

· 與管理人員會面。
· 與員工會面。
· 人員的數量與培訓。
· 店鋪的清潔狀況。

・員工的服務狀況。
・顧客的滿意狀況。
・產品品質狀況。
・營業額的狀況。
・利潤狀況。
・現金與資產管理的狀況。
・設備管理狀況。
・上次佈置的工作。
・新的工作目標等。

每月定期對各店進行工作追蹤和檢查。例行的工作追蹤和檢查是非常多的，因此每次檢查都應該是計劃好的，有重點的。無論計劃到店鋪做什麼，巡視是必不可少的。

⑶督導員是協調員

督導員不是經營人員，沒有行政職權，其身份比較特殊。督導員要協調的工作非常多，需要協調上下、內外的各種關係。這與店長的工作有著明顯的不同。由於所處位置的特殊性，需要每一個督導員必須具備極強的協調能力。督導員需要進行的協調包括人際關係的協調、貨品的協調、店與店之間的協調等。

⑷督導員是考核員

通常設定的工作目標有以下幾個方面：人員(離職率/績效/內部顧客滿意度)，營業額(完成情況)，利潤(完成情況)，以及服務水準(顧客滿意度)。

考核設定的各種工作目標是否完成。這是一項非常具體的工作，目的性很強。

⑸督導員是報告員

報告包括內容如下：

- 營業額報告(完成率/分析原因/下一步計劃)。
- 利潤率報告(完成率/分析原因/下一步計劃)。
- 人事報告(人數/出勤率/薪水總額/生產力)。
- 顧客滿意度(內部檢查報告/神秘顧客報告)。
- 促銷報告(促銷的成功率/利潤率/銷售建議)。

將各店的業績匯總並分析，上報公司，使公司隨時瞭解掌握各分店的經營狀況。

⑹督導員是公關員

督導員應與各方建立良好關係，包括社區、房東、政府及媒體等。

通常一位督導員所管轄的各店鋪的位置與鄰近區域有時是同一個社區，建立良好的社區關係是非常必要的。因為社區就是商圈，企業的生意(消費群體)大部份來自其商圈，有了良好的社區關係，就等於有了生意的基本來源。

企業與媒體的關係需要謹慎處理，媒體既可以是朋友，也可以是致企業毀滅的利器。當然，成功與失敗的主體肯定是企業自己，媒體只不過是助推器，在企業成功或失敗的路上推了一把而已。因此，既不需要對媒體過於緊張或懼怕，也不要怠慢和無禮，企業要做的是配合和不卑不亢。

⑺督導員是資源

督導員應提供適當的資源與幫助。督導員在店鋪遇到問題或障礙的時候，是最能體現自身價值的時候。一旦他們需要幫助的時候，督導員的專業知識、技能，就是他們的最好資源。

⑻督導員是會議的召集人與組織者

督導員要定期召集會議，進行分享與鼓勵。督導員應在所管轄區域內定期召開會議，使持不同經驗，不同建議的管理人員，增加交流和學習的機會；分享不同的經驗；同時，營造一種積極向上的學習氣氛，表揚認知好的行為和成果。定期召開會議也是提高團隊精神的方法之一。會議對公司經營十分重要，督導員可通過會議彙集不同情報、智慧及觀點等資源並善加利用，達到「資源整合」的目的。同時也可借由群體的思考與辯證，激發出新靈感、新點子，幫助公司再成長。在會議上，督導員與店長之間也可通過溝通增進彼此的瞭解，以強化合作效能。

表 11-2-1　進行會議的 5W1H 要決

why	設定目標——開會理由及會議目標是什麼
what	設定議題——內容及議題有那些
where	選定場地——在何處開會，會場地點租用時間多少，會場如何佈置
who	選定名單——出席會議名單，並擬如何安排
when	選定時限——何時開會，會議主持、記錄人員是誰
how	掌握程序——如何進行，需要視聽工具嗎，需要做那些協調工作

表 11-2-2　主持人會議準備提示

項目	內容
一、確定日期、時間	會議日期：　月　日　星期 開始時間： 預計結束時間：
二、確定地點	
三、確定人員	
四、確定議題、議程	議題一：(時間) 議題二：(時間) 議題三：(時間) 議題四：(時間) 議題五：(時間)
五、準備相關文件與資料(參考數據報表、文件等)	議題一： 議題二： 議題三： 議題四： 議題五：
六、事前通知與聯絡	確認人員出席情況 確認與會者瞭解會議議題、議程，有必要時提供相關資料 收集與會者會議要求與相關文件

3 連鎖業的督導員職責

特許連鎖體系建立之後，並不等於就宣告萬事大吉了。相反，特許人的許多繁瑣、複雜的工作才真正剛剛開始。一個優秀的特許連鎖加盟體系，需要在建立之後仍然繼續進行該體系的督導體系的構建和全面品質管制，隨時維護與不斷地更新，這樣才能在瞬息萬變的激烈市場競爭中永保活力，不至於被競爭者和無情的市場所吞噬。

1. 督導工作的組織結構

特許連鎖加盟體系的督導工作一般都屬於客戶服務部的工作內容之一，當然，也可以單獨地劃分出來(見圖 11-3-1)。

圖 11-3-1　督導工作的組織結構圖

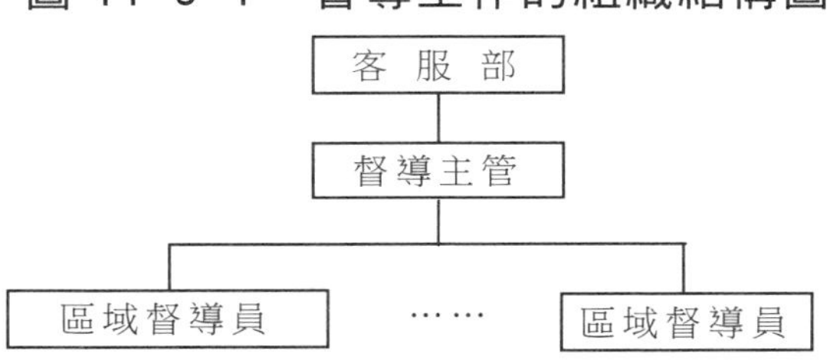

區域督導員既可以是特許連鎖加盟體系所聘的專職人員，也可以像有些特許連鎖加盟企業那樣，在企業的顧客中邀請顧客的積極參與，亦即每個顧客都可以成為本體系的義務督導員，或者，特許連鎖加盟企業還可以在社會上公開邀請義務人員擔當。那麼，對這些義務的「兼職」督導員而言，其作為督導員的要求就要低得多，亦即並不要求他們像專職督導員那樣高的綜合素質。

2. 督導員的素質要求

專職的督導員是一個要求綜合素質很高的職業。他必須對整個特許連鎖加盟體系、總部、受許人的人、財、物以及所有工作的方方面面都有所瞭解才行，否則，如果他(她)自己對什麼是正確的、什麼是應該的都弄不清楚，又怎麼能去督導別人呢？

⑴督導員需要掌握的基本知識

- 區域督導員的工作職責及行為模式。
- 公司的規章、制度、政策、中長期發展計劃。
- 相關的政策法令。
- 加盟合約，加盟規章。
- 特許連鎖加盟體系運營手冊規定內容。
- 特許連鎖加盟的基本理論。
- 企業診斷的基本技術。

⑵督導員需要具備的基本管理才能

- 領導才能。
- 團隊建立的能力。
- 諮詢輔導的能力。
- 良好的組織、溝通與人際關係能力。
- 問題的分析與決策能力。
- 時間管理。
- 壓力管理。
- 公關能力。
- 計劃能力。

⑶督導員需要瞭解的專業知識

- 商圈調查與商情分析。

· 店鋪銷售策略、促銷策略。
· 盤損分析與行動計劃。
· 談判技巧。
· POS 情報運用與商品管理。
· 門市店輔導實務技巧。
· 總部部門職能的知識，包括財務會計、物流配送、人力資源、廣告宣傳、市場推廣等的知識。

3.督導員的工作崗位職責

(1)負責樣板店與加盟店的規劃和商品配置的督導工作。

(2)負責樣板店與加盟店的每日開店作業流程、進度說明及控制重點的督導工作。

(3)負責樣板店與加盟店的整潔管理的督導工作。

(4)負責樣板店與加盟店的安全管理如消防、防盜、防騙、防搶、防止意外傷害等的督導工作。

(5)負責樣板店與加盟店的設備使用、維修及保養的督導工作。

(6)負責樣板店與加盟店的門店商品管理，如進貨驗收、損壞品處理、商品調撥、退貨處理、商品價格管理、盤點的注意事項、商品耗損防止的督導工件。

(7)負責樣板店與加盟店的收銀錢財管理的督導工作。

(8)負責樣板店與加盟店的服務管理的督導工作。

(9)負責樣板店與加盟店的人員出勤管理的督導工作。

(10)負責樣板店與加盟店的退貨作業、損耗管理的督導工作。

(11)接受上級主管的業務督導和業務培訓。

(12)與其他部門合作無間，完成上級主管佈置的工作任務。

(13)執行與督導上級主管佈置的其他交辦事項。

⑭監督市場價格。

⑮維護品牌形象。

⑯監督對顧客服務的滿意程度。

⑰監督特許加盟合約的執行。

⑱資訊情報的溝通管理。

 督導員的主要工作內容

須注意的是，督導工作不僅僅是簡單的檢查、考核工作和對單店的經營行為進行監督，督導員還應善於發現單店存在的問題以及幫助他們解決問題，幫助、指導受許人和加盟店提升業績和改進營業水準。同時，督導員本身還是受許人與總部間溝通的橋樑，因此，督導員要做好上通下達的工作，保證體系中資訊的上下順暢流動。

督導工作的內容，應有以下幾方面。

(1)對加盟店店長作業的督導。店長對加盟店的管理主要是依據特許經營總部制定的運營手冊來進行，一方面需與總部保持良好的配合，另一方面又需與加盟店員工進行作業協調。所以，實現店長作業化管理的品質好壞直接影響到整個店面的營運效率。

(2)對加盟店商品管理的督導。商品管理即有關加盟店內商品所有作業的管理，包括商品的包裝、驗收、訂貨、損耗、盤點的作業，也包括商品的管理、清潔、缺貨等的監督。

(3)對加盟店現金管理的督導。特許經營企業大多採用的是統一的收銀系統，使加盟店的全部工作最終在收銀機的交易中實現。它使用

的工具是現金或現金代用品，如支票、優惠券、購物卡等。所以，對現金管理督導的重點就是對收銀和進貨票據的管理和監督。

⑷對加盟店顧客服務和投訴的督導。加盟店的經營活動最關鍵的環節就是對顧客的服務和正確處理顧客的投訴。好的服務可以提升企業形象，擴大銷售，增加效益，但如果對投訴處理不及時或不當，則會損毀企業信譽，造成加盟店的經營危機。

對顧客服務與投訴的督導主要是建立顧客投訴意見處理系統，建立顧客關係管理制度，隨時進行有效的傾聽，分析顧客投訴的原因，找出投訴問題的重點，提出切實可行的解決方案並嚴格地執行。

⑸對加盟店運營狀況的督導。企業運營必須有目的地進行，加盟店的運營目標是其運營動機的表現形式，也是加盟店經營動力的來源之一。對加盟店運營狀況的督導，就是對其一定時期內預期可取得的成果的考核和評價。

⑹對店面形象與崗位人員的督導。對加盟店店面形象的督導主要包括對店前空間、店面外觀、櫥窗擺設、店內佈局、色彩、陳列設備及用具的維護和選用等方面的管理和指導。對加盟店崗位人員工作的督導主要指對單店各個崗位工作人員的實際工作情況的檢查，包括儀錶和言談舉止，即著裝、化妝、工作牌佩戴等是否符合崗位要求和企業規範。督導體系設計時，還必須注意的是，督導工作不僅僅是簡單的檢查、考核、監督，更要建立並保持順暢的溝通管道。特許人要時時瞭解和通報特許經營體系內所發生的各種活動及變化，只有這樣才能發現單店存在的問題，才能及時地對發生的問題給予解決，以指導受許人和加盟店改善營業水準和提升業績。

5 督導員的工作方法及工具

1. 將公司的目標具體化

⑴年度營業額的細化

表 11-5-1　××年度營業額的月度分解表

報送部門/人員：

月份	前兩年同期	前一年同期	變動率	本期計劃	本期實際	備註
1	600	650	-10%	585		
2						
3						
4						
5		1000	+10%	1100		
6		1200	+10%	1320		
7						
……						
12						
合計						

註：經營指標指每一個網點的經營額或產品的銷售額。

⑵制定具體的工作方案

主要內容包括行銷計劃、大型的聯合促銷計劃等。

⑶工作的分工與目標設定

工作的分工與目標設定，如表 11-5-2 所示。

表 11-5-2　××經營計劃區域分解表

時間：　　　年　月　日　　　　製表人：　　　　文件序號：

月份／網點	1	2	3	4	5	6	7	8	9	10	11	12	合計
合計													

報送部門/人員：

2. 制定督導員的年度工作計劃

根據總部的年度目標制定出區域內的年度目標，並根據區域內的年度目標確定本年度的工作重點。

表 11-5-3　年度經營目標計劃表

時間：　　年　月　日　　　製表人：　　　　文件序號：

序號	項目	A 店	B 店	C 店	D 店	總計	說明
1	營業額						
2	利潤						
3	成本						
4	費用						
5	產品庫存						
6	廣告投放						
7	客戶管理						
8	規範管理						
9	人員素質						
10	其他						

3. 協調各店完成各種工作計劃

⑴人員計劃

人員計劃包括離職率分析、生產力分析及合理的人力分配。對人員計劃，要制定人員計劃招募表。

表 11-5-4　人員招募表（每月 1 日完成）

網點＼月份	1	2	3	4	5	6	7	8	9	10	11	12	合計
當月預估營業額（去年同期）萬元			500	550	600								
當月人力需求人數（去年同期）			80	85	90								
預估離職人數／實際離職人數			5 / A	6 / D	4 /								
當月應有人數			85	91	94 C								
當月可排班人數			B / 80		⇩								
應招募人數	去年11月	去年12月	1月	2月	3月	4月	5月	6月	7月	8月	9月	10月	
					25								

其中，應招募人數的計算公式為

$$F=C\ (B-A-D)$$

式中，F 表示當月(3 月)應招募的人數，C 表示當月(5 月)應有人數，B 表示當月(3 月)可排班人數，A 表示當月(3 月)預估計離職人數，D 表示當月(4 月)預估計離職人數。

例如，3 月份應招募人數＝94－(80－5－6)＝25。表 10-6 是為了根據實際情況招聘員工，考慮培訓等其他因素，而預留提前量(2 個月)的招募計劃表。

⑵營業額計劃

營業額計劃包括趨勢分析，淡季、旺季分析以及同類店的分析。

⑶利潤計劃

利潤計劃包括商品成本控制，人工成本控制，其他成本控制，本年度與上年度的對比以及與其他店鋪的對比。

⑷顧客滿意計劃

顧客滿意計劃主要是對顧客滿意度的調查。

4.培訓與發展人員

培訓與發展人員包括新員工的培訓及在崗培訓。

表 11-5-5　年度培訓計劃

製表人：　　　　時間　　年　月　日　　　報送部門/人員：

月份	培訓項目	培訓對象	培訓時間	培訓地點	備　註
1					
2					
3					
……					
12					

表 11-5-6　××培訓項目計劃書

製表人：　　　　時間　　年　月　日　　　文件序號：

培訓項目名稱			培訓時間		
培訓目的			培訓對象		
課程設置及講師、時間安排	課程名稱		講師安排	授課時間	
費用預收			收益預計		
培訓項目專員簽名：		培訓學校校長簽名：		集團總經理簽名：	

報送部門/人員：

表 11-5-7　培訓前置作業督導檢核表

製表人：　　檢核人：　　時間　年　月　日　文件序號：

時間	工作內容	工作責任人
前 10 天	講師開課通知	
前 1 週	講義製作	
	確認場地及實習用具	
	條幅製作	
前 3 天	申請講師費	
	學員通知	
	定　　餐	
前 2 天	印製海報、胸牌(座位牌)、工作證	
	視聽器具準備	
	影印講義	
前 1 天	印製簽到單	
	電話確認講師	
	印製反映調查表	
	準備必須物品	
	筆、講義、補充資料	
	調查表、簽到單	
	條幅、海報、胸牌	
	紙杯、茶葉	
	講師費簽條	
	教棒、相機、錄音器具	
	投 影 儀	
	佈置會場	
	測試麥克風、投影機、錄音、白板筆、燈光等器具	

5.進行人員的績效考核

(1)目的

對人員的績效考核主要達到以下幾個目的：考核目標完成情況；調整預定目標；給予相應的等級評估；有效激勵人員，發揮潛力；作為升遷的依據。

(2)目標設定

主要包括以下幾點：顧客滿意率，佔 30%；營業達成率，佔 30%；利潤達成率，佔 20%；人員達成率，佔 10%；其他項目完成情況，佔 10%。

(3)考核程序

主要包括以下程序：觀察並收集充足的事實；提前一個月預定日期；尋找一個安靜不被打擾的地方；輕鬆開始會談；講事實，不談及個性；給予對方提出個人見解的機會；公正且恰當的給予評分；設定未來的目標；記錄並總結。

表 11-5-8　××加盟店績效評估表

時間：　　年　月　日　　　　文件序號：

評估對象：			及格分數：	總得分：
評估項目	比　例	目　標	實　績	得　分
什業目標達成率(25 分)				
費用預估控制(25 分)				
毛利目標達成率(25 分)				
營額增長率(25 分)				
其他事項				
備　　註				

評估小組成員：　　　　報送部門/人員：

表 11-5-9　××加盟店問題分析表

時間：　　年　月　日　　　　文件序號：

網點名稱：			
商圈問題		服務問題	
技術問題		產品問題	
設備問題		管理問題	員工管理 財務管理 信息管理 客戶管理
員工問題		經營問題	管理報表 經營項目 人員績效 市場推廣
加盟商問題	加盟商狀態管理		
	××連鎖體系吸引力分析	衛生問題	

評估小組成員：　　　　報送部門/人員：

6.安排日常工作內容

(1)店內外巡視(清潔狀況/建築物外觀/招牌)。

(2)顧客狀況及員工狀況。

(3)商品/產品的品質、位置、數量。

(4)與顧客交談，與員工交談。

(5)與值班經理進行溝通。

(6)回饋與總結。

(7)記錄與存檔。

巡店涉及的表格見表 11-5-10 和表 11-5-11。

表 11-5-10　督導員巡視表

檢查項目	細分項目	評定標準									
顧客狀況	滿意度	1	2	3	4	5	6	7	8	9	10
員工狀況	數　量	1	2	3	4	5	6	7	8	9	10
	培　訓	1	2	3	4	5	6	7	8	9	10
	服　務	1	2	3	4	5	6	7	8	9	10
營業額狀況		1	2	3	4	5	6	7	8	9	10
利潤狀況		1	2	3	4	5	6	7	8	9	10
設備管理狀況		1	2	3	4	5	6	7	8	9	10
現金與資產管理		1	2	3	4	5	6	7	8	9	10
上次佈置的工作		1	2	3	4	5	6	7	8	9	10

表 11-5-11　巡店記錄表

文件序號：

一、巡店者姓名： 二、加盟店名稱； 三、性質：(　)改善對象　　(　)一般對象 四、巡店日期：　　年　月　日——　　年　月　日
五、工作摘要說明：
六、附件： 填表人：

報送部門/人員：

7. 分析所在區域的商圈

分析內容包括商圈確定，商圈貿易圖，人口及收入，消費水準，競爭對手的分析(包括對手的優勢和對手的機會)，商機分析等。

8. 完成預計的開店計劃

⑴當商圈發生變化時，敏銳觀察，如有商機，立即反映給公司。

⑵開店準備，包括預估營業額、人員數量是否足夠、人員培訓是否充分、設備狀況、貨品是否到位，慶典(隆重開業)的準備工作。

 案例：小肥羊的督導經營

內蒙古小肥羊餐飲連鎖有限公司已連續 5 年躋身中國餐飲百強企業的第二名，僅次於歷史悠久的擁有肯德基、必勝客等品牌的百勝餐飲集團中國事業部。其成功的重要原因之一是加強對分店的整合、管理和督導，為了連鎖經營的長期效益，不惜花四年對加盟店進行整治。

連鎖企業在開拓業務的時候，只有穩健經營，強化督導，才能確保開店品質和效益，保證成功率，才能彰顯連鎖經營的魅力。

「新的加盟政策中，加盟費用的門檻不變，但提高了對其素質、實力和經驗的要求，同時小肥羊也提高了對加盟者的支持，包括對統一物流配送、店面督導、監察等方面的管理和服務。」內蒙古小肥羊餐飲連鎖公司負責加盟業務的表示，「閉關」四年的小肥羊加盟業務將重新開放，省市一級加盟店費用約為 280 萬元。

1. 重開高標準加盟

「今年公司將在國內外市場開 50 家直營店，其中國際市場 5 家，以北京為中心的華北地區開 14 家；另外再開放 20 家加盟店，同時還要收購一些合約即將到期的加盟店，一線城市暫時還只做直營。」這位負責人表示，目前在北京、上海等城市都不再開放加盟，北京只有一家加盟店，正在準備收編。二線城市將有選擇地開放加盟店，三線城市以加盟為主，國內將不再設任何形式的

總代理，所有加盟業務直接由總部負責。另外，在這一階段公司支持二次加盟，還可以對好的加盟商予以「收編」，透過參股、控股等方式加強與加盟店的合作。

2. 收編散亂加盟店

2003 年初，小肥羊董事會作出暫停加盟業務的決定，對加盟市場進行了大規模的治理整頓。4 年來，小肥羊因總代理到期取締了 218 家加盟店；因不能維護公司形象、信譽而被取締的加盟店有 36 家；因違規經營而被取締的店面有 19 家；因超期經營被取締的店面有 40 家；因重大投訴而被取締的店面有 21 家；經營不善自行關閉的店面有 53 家；因不可抗力而關閉的店面有 8 家。

截至 2006 年，小肥羊的店面為 720 家，明顯減慢了發展速度。目前整頓加盟商還在進行中，預計到 2008 年基本完成，今後開店也以直營為主。

第十二章

連鎖業對加盟商的支持

對加盟商的支援性服務

當你開始實施特許經營時，作為特許體系經營戰略的一部份，你還需要明確應向特許加盟商提供那些支援性服務。一般來說，特許經營的支援性服務可以再分為三個子類：現場評估、集中化服務以及體系內溝通。

1. 現場運營評估

現場運營評估是指，由特許者派出工作人員，通過對特許加盟商實施現場審計，對特許加盟商的業務經營進行監督指導。在確保特許加盟商遵守特許體系規則方面，現場運營評估是個非常關鍵的手段。在特許加盟商的行為偏離特許體系規則時，現場審計提供了早期預警系統，使特許者瞭解是否需要採取糾正措施。當特許者能從特許門店得到的即時數據非常有限時，現場審計對開展特許經營來說尤為重要。

因此，許多特許者都把現場運營評估作為他們特許體系運營的一部份。

然而，進行現場運營評估，對於新的特許體系來說成本較高，這一點很像現場培訓。這也意味著，在剛開始建立特許體系的時候，你可能並不想馬上向特許加盟商提供現場運營評估的服務。由於那時你的特許經營尚未實現規模經濟，提供現場運營評估的成本往往會超過所能帶來的利益。儘管與進行現場培訓相比，提供現場運營評估發生「虧本」的可能性要小，但是，在特許經營的早期階段，你還是應該仔細衡量對特許加盟商進行現場運營評估的成本和利益。通過衡量利弊，你可能會發現，在剛開始實施特許經營時，由於成本太高，你不可能時常對特許加盟商進行現場審計。

2. 集中化服務

特許者對特許加盟商提供的第二類支援性服務叫做集中化服務，具體包括：集中化數據處理、集中採購，以及庫存控制。同你為建設特許體系的品牌名稱所做的努力一樣，在特許加盟商加入特許體系接受了入門培訓之後，這些服務活動都是你繼續為特許加盟商提供附加價值的來源。對於特許加盟商來說，特許體系提供集中化服務是非常重要的，因為特許加盟商能從集中化服務帶來的規模經濟和學習曲線效應中獲得巨大收益。把這些服務活動集中起來，統一由特許者來提供，就能降低這些活動的成本。這樣，與特許加盟商作為相互獨立的商人開展這些活動的情形相比，集中化服務能使特許加盟商的經營成本有所節約，從而使加盟特許體系在財務上來看很有吸引力。

當然，由於提供集中化服務的效果受規模經濟的影響，隨著特許體系規模的擴大，集中化服務能帶來的利益也不斷增加。因為對規模較大的特許體系來說，提供集中化服務更能提高體系的經營業績，所以許多特許體系在規模較小時並不向特許加盟商提供這些服務，但是，當它們達到一定的規模，由特許者集中提供這些服務能夠真正為特許體系帶來成本節約時，特許體系就開始由特許者來提供這些集中化服務。

例如，Express Oil Change 公司是一家經營汽車服務業務的特許者，來自阿拉巴馬州伯明罕市。它現在有 143 家門店，這樣的特許體系規模使得它向特許加盟商提供集中化服務就具有成本效益。所以，現在 Express Oil Change 公司在特許體內提供集中化數據處理、集中採購和庫存控制等服務是可行的。

3.體系內溝通交流

有關向特許加盟商提供的支援還有第三個方面——特許體系內部的溝通交流機制。在這方面，你也需要制定正確有效的政策。特許者可以通過採用一些工具和手段，使特許加盟商與特許總部保持聯繫，也使特許加盟商之間實現資訊互通。這些工具包括：免費電話、特許體系的地區性和全國性會議，以及體系內的時事通訊。免費電話系統是個非常有用的支援性工具，因為當特許者的業務經營顧問不在特許加盟商的特許門店時，特許加盟商還可以通過時事通訊和免費電話系統從特許總部獲取信息。在傳遞特許體系資訊方面，時事通訊也是個有效的工具，它使特許加盟商及時瞭解特許體系內其他特許門店的經營狀況，以及特許者的最新發展情況。特許體系的地區性和全國性會議在促進體系內的溝通方面，也是很有效的，因為這些會議給特許加盟商提供了相互接觸和交流思想的機會，同時也能使特許體系的共同目標得到大家的進一步認同。

儘管這些支援性服務對特許體系的運營都很有價值，但提供這些服務也是有代價的；有時，付出的代價甚至可能超過帶來的利益。從特許經營的實踐來看，這些體系溝通方面的支援性服務較多地是在特許體系發展壯大後開始採用的；而在特許體系剛剛建立、規模還較小時，採用的就比較少。隨著特許體系的發展，特許者能逐漸在體系溝通機制方面實現規模經濟，也就是說，當特許者的業務經營達到一定規模後，特許者提供這些溝通機制的成本收益就會高得多。

4.應該提供多少服務，何時開始提供這些服務

在確定對特許加盟商提供支援性服務的方式時，還有一個方面的問題需要考慮：要確定在特許體系中準備提供多少種支援性服務，以及每種支援性服務提供的數量。這是個很棘手的決定，特別是在特許體系建立時間還不長、規模較小時，尤其難以處理。有研究證據表明，對於新開展特許經營的特許者來說，擁有一個運營高效的特許總部對特許經營的業績表現至關重要。

一項研究顯示，在新開展特許經營的特許者中，典型的成功特許者經營的特許門店數量與特許總部人員的比例是 7:1；然而，典型的失敗特許者平均只為每個特許總部人員建立了一個特許門店。

在特許經營初期，要使特許總部運營高效經常就意味著，只能向特許加盟商提供有限的支援性服務。所以，如果你向特許體系提供額外的服務，導致了特許總部增加僱用人員，而且影響了特許經營的控制幅度，你就很可能要考慮削減你提供的支援性服務。

2 對加盟商在房地產方面的協助

許多特許體系業務經營所處的行業都有這麼一個特徵：業務經營的實際地理位置特別重要。這就使得挑選正確的門店位址和成功的房地產租約談判，在保證特許加盟商的業務經營業績方面尤為重要。因此，為了成功地開展特許經營，你需要確保特許加盟商能有效地處理門店選址和租約談判的問題。

1. 特許門店的選址支持

在特許門店的選址方面提供支援，使特許加盟商選到合理的店址，也是特許者向特許加盟商提供幫助的一種方式。

例如，Physicians weight Loss Centers of America 公司就向特許加盟商提供門店選址方面的支援。這是一家從事減肥服務項目特許經營的特許者。門店的選址支持可以有很多形式，包括門店交通狀況研究方面的幫助，對有潛力位置的預選，以及許多其他形式的幫助。然而，不管特許者採取那種具體形式提供特許門店的選址支援，在提供這種支援的同時，特許者也把如何判斷選擇好的店址的知識傳授給了特許加盟商。

向特許加盟商提供門店選址支援，對特許人來說是個有價值的服務項目。從歷史經驗來看，那些最為成功的特許經營實踐中，特許者都擁有特許門店所在地產的房地產產權，然後把房產租給特許加盟商。這種門店房地產方面的措施給特許體系帶來的價值已經得到證明；這就意味著，特許者努力提高自己在挑選正確門店地址方面的能力，是非常有價值的，而且，一旦具備了這方面的能力，就能為特許加盟商提供真正有用的服務。如果特許者具有了門店選址的經驗，那麼，在特許門店地址的挑選方面，他就能做出比一般特許加盟商更為準確的決策。這樣，當特許者向特許加盟商提供特許門店的選址支援時，整個特許體系的經營業績也會得到相應的提高。

向特許加盟商提供門店選址支援，同時也是一種特許體系的管理機制；通過這種機制，你可以有效地管理從特許體系獲得的財務收入的流入。在開展特許經營時，如果由你來為特許加盟商挑選特許門店的店址，你就能使特許體系的門店佈局服從你的要求，在你認為最佳的位置設立門店，從而擴大特許體系規模，使你的財務收入最大化。然而，如果由你的特許加盟商挑選門店地址，你就無法保證新增加的特許門店所處的地理位置，對你而言是最好的。

在剛開始特許經營時，你向特許加盟商提供的特許門店選址支援，能給特許體系帶來上文所述的那些優勢可能並不是特別明顯，有時可能還比不上特許加盟商擁有的當地房地產知識給特許經營帶來的價值。由於你在開始建立第一批特許門店時，對於門店所處的當地房地產市場所知不多，你就不得不依賴特許加盟商，由他們向你提供相關資訊，所以，當你剛開始建立特許體系時，你可能不會想到要向特許加盟商提供這種選址支援。相反，在你的特許經營剛起步時，如果你把特許門店當地有關房地產的事務委託給特許加盟商，自己集中精力建設特許體系的資產和品牌名稱，那麼，你的特許經營更有可能成功。通過對那些有當地房地產知識的特許加盟商授權，由他們決定挑選合適的特許門店位址，你就可以使特許體系發展得更快。

然而，隨著特許體系規模的不斷擴大，由你向特許加盟商提供門店選址支援服務能帶來的價值也隨之增加。當你特許授權的次數增多，你的特許經營經驗就會日漸豐富，你的特許加盟商具備獨到的當地市場知識的可能性也就會隨之降低。這是因為絕大多數門店的地理位置和其他門店的位置總有或多或少的共同點，你開展特許經營的次數多了，有關門店選址的知識經驗就會增加。這樣，隨著特許體系的成長，你對特許加盟商房地產方面的當地市場知識的依賴程度不斷降低。而且，隨著特許體系中門店數量的不斷增多，你在確定準確的特許門店地理位置方面的能力也持續加強。由於這個原因，相對於規模小的特許體系，提供特許門店的選址支援對大規模的特許體系就要重要得多。因此，隨著特許體系的成長，你就會希望開發特許門店選址支援的服務項目，並向特許加盟商提供這種支援。

2. 租約談判支持

租約談判支援是你能向特許加盟商提供的有關房地產服務的另一種形式，這種支持主要是對特許加盟商訂立門店租約相關方面提供指導幫助［諸如對承租擴展（tenant improvements）和比例租金（percentage rents）的理解］。許多特許者都向特許加盟商提供這種租約談判支援。

當你剛開始建立特許體系的時候，你可能會採取特許門店的選址支援服務一樣的做法，把門店租約談判委託給特許加盟商去做。在特許經營的初期，採取這種方法，除了可以借助特許加盟商所擁有的當地市場知識，你還可以通過這種方式來確保第一批特許加盟商在特許體系的專有資產方面的投資（例如獨特的建築物佈局）。你會發現，如果你讓特許加盟商決定門店租約的條款，特許加盟商就更願意在體系的專有資產上投資。這是因為，特許加盟商存在擔憂，害怕你會有投機行為，利用對門店租約的控制，從特許加盟商那兒佔便宜、獲取更多好處；而當特許加盟商在其門店的租約簽訂方面的獨立自主權增大時，他們在這方面的擔憂的程度就會降低。

隨著特許體系的日益穩定，你將（希望如此）建立起公平交易的名聲，從而減輕特許加盟商和潛在的特許加盟商對你有投機行為的擔憂。因此，與剛開始實施特許經營相比，為了使特許加盟商安心，在確保你會公正地對待他們方面，讓特許加盟商自主制定門店租約條款的重要性就降低了很多。當特許加盟商對你有投機行為的擔憂不再那麼明顯時，由你來控制對特許加盟商門店的租約，對你更有利。因為，由你把房地產轉租給特許加盟商，仍是你從特許體系獲得額外收入的一種有效方法。例如，麥當勞總是先購買或者租賃門店的房地產，然後把按確定風格裝修好的門店轉租給特許加盟商。通過這種方法，麥當勞創造了一股強勁的現金流。這股現金流獨立於麥當勞出售特許經營權所獲得的收入，而且相比之下，這筆租金收入更多。

當好的門店位置是一種稀缺資源時，你可能也希望能控制門店租約的談判。因為在好的地理位置很少的情況下，與你所要求的地理位置非常充足的情況相比，你更需要確保自己能夠有效地控制這些稀缺資源。當理想的地理位置非常稀缺時，通過加強對這些地理位置的控制，你就獲得了另一種加強對特許加盟商的控制的方法。由於你為你的特許體系的特有的業務類型控制了最好的地理位置，你可以通過這種方法來確保特許加盟商遵守特許體系的規則，否則特許加盟商就有可能被終止特許經營權。即便你的特許體系對特許加盟商來說並沒有提供足夠多的價值，來確保他們為了留在特許體系中而遵守規則，但是，如果你控制了他們的門店租約，而且在他們不遵守特許體系規則時，能夠將其驅逐出特許門店，特許加盟商為了能夠繼續留在這個有價值的地理位置上經營業務，將不得不遵守你的特許體系規則。

3 對加盟商的培訓

瞭解應該向特許加盟商提供何種類型的支援，以及提供多少支援，這些都能幫助你提高特許體系的績效。如果你向加盟商提供了錯誤的支援，或者提供支援的類型對了但支援力度不夠，你的特許體系的運營狀況就會欠佳。因為在這些情況下，你所提供的條件將不能吸引那些潛在特許加盟商加入你的特許體系；而且，即使他們成為了你的特許加盟商，你也不會向他們提供其真正需要的幫助。

另一方面，如果你向特許加盟商提供了過多的支援，那麼，即使這些支援的類型是正確的，你的特許經營也會落得失敗的下場。因為你的特許體系吸引了不合格的特許加盟商，他們不具備企業家能力，而這種能力恰恰是開展成功的特許經營所需要的。而且，作為特許者，你將為過高的經營成本所累，影響你的經營利潤；而如果你向特許加盟商收取更高的費用來彌補這些成本，可能導致更糟的結果——你把潛在的特許加盟商推向了競爭者的懷抱。

一般而言，在特許體系的運營中，你需要向特許加盟商提供四類正確的支援。它們是：

1. 培訓。你需要向特許加盟商提供適當的培訓，使它們有能力經營你特許體系的門店。

2. 持續支援性服務。例如，你向特許加盟商提供的集中化數據處理和庫存控制服務，或特許體系溝通機制。

3. 房地產方面的服務。對於絕大多數特許體系來說，它們的業務經營是通過門店（即需要經營的實際地理位置）實現的，你需要幫助特許加盟商確定開展業務經營的正確地理位置。

4.融資支持。特許加盟商為了開展業務，有時需要適當融資。你需要在這方面提供相應的支援。

為了在特許經營上取得成功，你需要弄明白，在為特許體系提供的這四類服務方面所要採取的支持性措施的類型和數量，並確定由誰來為這些支援服務付費。

作為特許者，你向特許加盟商出售的是如何經營業務的一套運營體系。為了使這套運營體系得到充分利用，並且能夠成功地經營一個門店的業務，你的特許加盟商需要接受一些初始培訓。儘管你向特許加盟商提供的培訓不可能做到面面俱到，更不可能把你在公司直營店經營中學到的有關門店經營的所有知識都教給他們，但是，通過培訓，你起碼要使特許加盟商具備足夠知識，能夠獨立地經營業務而不需要你事事參與。

而要使你的特許加盟商對業務經營的理解達到這種程度，就意味著，在他們開始經營特許門店前，你必須就業務經營的所有關鍵領域向特許加盟商提供培訓。

例如，東海岸奶油凍公司是一家來自俄亥俄州梭倫市的特許者，它的創立者們一直試圖在特許加盟商開始特許門店的經營前，向特許加盟商提供「培訓方面的指導和幫助，使他們瞭解有關業務經營的每一方面的常識……（公司）在過去 12 年來不斷勤勉地開發和完善（這些經營知識）……（包括）產品生產和品質控制、設備維護、廣告和促銷方式，以及其他經營技巧」。而且，在特許加盟商開始業務經營前，你應該使它們對業務經營有所感覺；在經營過程中出現問題、困難時，不管是直接向你尋求幫助，還是從你提供的操作手冊中找到辦法，他們起碼應該知道該如何應對。

然而，向特許加盟商提供足夠的培訓，並不意味著你應該向特許加盟商提供無窮盡的培訓。向特許加盟商提供培訓能夠給特許體系帶來好處，但提供培訓同時也會產生成本。無論你是直接向特許加盟商收取培訓的費用，還是把這個費用隱含在特許加盟費中收取，你的特許加盟商總是會為所獲得的培訓承擔相應的成本。這些成本就會影響他們購買你的特許經營權所能獲得的收益。因為，隨著你向特許加盟商提供培訓的增多，培訓帶來的邊際收益是遞減的，所以，對特許者來說，向特許加盟商提供的培訓數量，一般還是存在一個最優水準的。這個最優的培訓時間是短短的幾天還是稍長一些的幾個月，主要取決於你所在行業的性質、你的產品的複雜性、你的業務經營的學習曲線，以及其他一些因素。為了確定到底應向特許加盟商提供多少培訓，你需要把培訓的成本和培訓的利益都加以量化，並瞭解兩者隨著提供培訓數量的增加是如何變化的。通過這種計算，你就能確定向特許加盟商提供培訓的最優數量。

除了要瞭解應向特許加盟商提供多少數量的培訓，你還應該知道，這些培訓應在什麼地方進行比較合適。

選擇在那裏提供特許加盟商培訓，還取決於所在行業的性質和業務經營的性質。在有些行業中，由於業務經營開展形式的緣故，要是不通過「幹中學」(learning by doing)，是很難教會特許加盟商如何經營業務的。例如，要是不通過現場學習如何製作和銷售冰淇淋，特許加盟商還真不容易學會怎麼經營一個冰淇淋店。開展這種類型的特許經營，特許者一般都會在特許加盟商的場所提供大量的現場培訓。而其他類型的業務經營，就可以相對容易地通過書面材料學會，但特許加盟商還是需要瞭解公司集中統一經營方面的資訊。電腦零售商店是這類業務經營的一個例子。這種類型的特許經營的大部份特許加盟商培訓，一般都在特許者公司總部進行。

特許者經常在特許門店開張初期，向他的特許加盟商提供幫助。這種幫助包括在特許加盟商業務經營的初始階段，向其特許門店派駐一名現場顧問。由於特許加盟商剛開始經營特許門店，經常會遇到問題和障礙，這名顧問將幫助特許加盟商解決問題，克服困難。由於門店的開張和業務經營的上軌都比較複雜，所以，許多特許加盟商發現特許者提供的這類幫助和培訓非常有價值。

然而，並不是所有對特許加盟商的培訓都是發生在加盟商加入特許體系之前。在特許加盟商的業務經營上軌後，有一些特許者繼續向特許加盟商提供後續附加培訓。特許者提供後續現場培訓的原因之一是：在特許加盟商開始了特許門店的業務經營之後，再對他們進行一些培訓，他們對培訓的內容可能就會記得更牢，也更會對培訓學到的知識加以運用；所以，與其在特許門店開張前就對特許加盟商進行所有的培訓，不如把特許加盟商培訓分階段進行。

在特許加盟商開始業務經營後，特許者繼續提供現場培訓還有一個原因：在特許者向特許體系引入新產品或新服務時，特許加盟商需要一定的培訓來瞭解和推廣這些新產品和服務。這種後續現場培訓不僅能教會特許加盟商如何向終端顧客提供這些新產品和服務，而且在勸說特許加盟商接受新產品或新流程方面也是很有用的。

在特許經營的過程中，有些特許者經常會在特許體系中引入新產品或新服務，這時就需要對特許加盟商提供幫助，使他們瞭解這些新產品和服務，現場培訓的益處，在這種情況下是最顯著的。例如，一個麵包房的特許體系擴張新業務，開始銷售咖啡。這時向特許加盟商提供現場培訓，特許體系就可能受益不少。因為在特許門店中增加銷售新產品，特許加盟商需要獲得相應的培訓；而現場培訓就能使特許加盟商在不離開特許門店的情況下，獲得他們需要的培訓。

現場培訓既可以由公司人員親自當場提供，也可以通過電話進行。例如，東海岸奶油凍公司定期向特許加盟商的場所派駐現場代表，但是，在其他時間，這些現場代表則使通過電話向特許加盟商提供培訓幫助。大多數特許加盟商發現，由公司人員親自當場提供的培訓更有價值。因為當特許經營顧問在特許加盟商的經營場所時，他們能提供更大的幫助。然而，公司人員親自到場的幫助同時也極大提高了現場培訓的成本，以至於在許多情況下，過高的成本使得這種培訓變得不值得進行了。

是否應該向特許加盟商提供現場培訓，很大程度上取決於你的特許體系的規模。隨著特許者不斷發展壯大，如果他們開始提供更多的現場培訓，特許經營的業績就更容易提高。隨著特許體系規模的擴大，特許加盟商發生「搭便車」問題的可能性也越大，而現場培訓提供了克服這類問題的一個重要機制。通過後續附加培訓，特許者就有機會對特許加盟商的經營狀況加以檢查。你還可以為你和特許加盟商兩者的業務經營建立起更牢固的關係，這就使得特許加盟商在欲違反特許體系規則時不得不三思而行。而且，隨著特許體系的發展，你在現場培訓方面就能獲得更多的規模經濟效應，與你剛開始實施特許經營相比，這個時候提供現場培訓就要經濟得多了。

 對加盟商的融資支持

在建立特許體系時，對特許加盟商提供的最後一個方面的支援就是融資支持。對特許加盟商的融資支援既包括直接融資支援，也包括間接融資支援。間接融資支持是指：在特許加盟商向第三方獲取資金的過程中提供相應的支援。例如，向特許加盟商介紹貸款人，或者在貸款申請方面向特許加盟商提供幫助。直接融資支援是指：直接向特許加盟商提供資金。許多特許者都向特許加盟商提供間接融接支援，只有大約 1/3 的特許加盟商提供直接融資。特許者提供直接融資的最常見形式就是允許特許加盟商用期票來繳納特許加盟費。許多的研究結論表明，特許者最好不要提供直接融資——至少在特許者成為大型公眾上市公司前不應該提供，因為這時特許者自己都很難獲得大量的資金來源。

特許者用來發現合格的特許加盟商的一個非常有效的工具就是：讓潛在特許加盟商進行自我篩選的機制。因為特許加盟商在購買特許經營權設立特許加盟店時需要投入自己的資金，所以只有那些真正有能力的並且對自己有信心的潛在特許加盟商才會來購買特許經營權，而且會努力地工作，通過自己的能力獲取回報。如果特許者向特許加盟商提供直接融資，就會削弱特許加盟商的自我篩選機制，從而使得特許者更難發現優秀的特許加盟商。與向特許加盟商提供的直接融資帶來的成本相比，特許者向特許加盟商提供的間接融資成本不是很高，而由此獲得的利益卻非常大。所以，對特許者來說，向特許加盟商提

供間接融資就更為可行了。特別是，當特許加盟商的資產淨值不是很多，卻具備開展此項業務經營所需的其他各項品質時，提供間接融資支援就會比較有效。

例如：一個從事速食特許經營的特許者，希望在市中心地區設立更多的門店，他可能會認為那些位於市中心的特許加盟商更適合，因為他們更瞭解這個地理市場情況。當特許者認為這些來自市中心的潛在特許加盟商只是因為達不到購買這些門店的資本淨值要求時，幫助他們從相關管道獲取融資來購買這些特許門店不失為一個好的策略。

5 對加盟商的服務

以區域為單元的加盟商服務體系，至少提供下列服務：

1.建立區域加盟商服務中心

企業可設置專門的區域加盟商服務機構，如區域加盟商服務中心或區域加盟商市場部等。當然，是否建立區域加盟商服務中心要視企業的規模而定，小規模的區域加盟，加盟商數量較少，區域加盟商則更少，對區域加盟商的工作由企業主管人員親自來抓就可以了。

如果企業的區域加盟商有 20 個以上，那麼建立區域加盟商服務中心就很有必要了。

2.注重服務的有效手段

例如，優先保證為大加盟商服務，充分調動相關因素，幫助加盟商設計促銷方案，採取適當獎勵措施等。

3. 維護良好的加盟商關係

售後服務是行銷的一部分，沒有售後服務的行銷，在加盟商的眼裏就是沒有信用的銷售；沒有售後服務的商品，是一種最沒有保障的商品。

4. 妥善處理加盟商投訴

加盟商投訴的主要內容一般有商品品質投訴、購銷合同投訴、貨物運輸投訴、服務投訴。

加盟商投訴的處理原則一般有預防原則、及時原則、責任原則和記錄原則。加盟商投訴涉及企業的各個環節，如對產品品質的投訴、對服務的投訴等。

為了保證企業各部門在處理投訴時能保持一致，通力配合，圓滿地解決加盟商投訴，企業應明確規定處理加盟商投訴的規範和管理制度。

5. 加強總部與加盟店的雙向溝通

特許總部與加盟者雙方既然是合夥做生意，就必須相互瞭解，相互溝通，相互交換意見。總部要保持整個特許系統正常運作，必須對每一個加盟店的情況瞭若指掌，包括運作情況、營業情況和競爭環境等，一旦發現問題，應立即設法解決。只有這樣，總部和加盟者才能保證良好的合作關係，共同進退。

總部與加盟店之間的溝通交流主要有三種方式：一是人員直接交流。總部需要派工作人員專門負責幾個指定的加盟店。這些工作人員的任務不僅在於監督加盟店是否按總部的要求來經營，將總部的新精神傳達下去，更重要的是瞭解加盟店有什麼要求，出現了哪些困難，加盟者也主要是通過總部工作人員向總部反映市場行情，這種人員之間的溝通與交流能及時解決經營中出現的問題，並能讓加盟者真正感受到總部在關心他的成功。二是書面報告。書面報告是雙方交流的一種有效形式，總部可以要求加盟者定期提交一份報告書，介紹近期經營業績和出現的困難及消費者的新動向。如果加盟者覺得有需要，也可以隨時提交一份專題報告書，就某一問題請示或彙報給總部，以引起注意。三是會議交流。總部應經常召開地區或全國加盟會議，使最高領導層直接聽取加盟者的意見，為他們提供改進的方法，介紹公司的經營宗旨和新觀念，並讓各地加盟者互相取經，傳授好的方法。

6 對加盟商的促銷戰術

屈臣氏連鎖藥妝店的促銷招式很多，如下介紹：

表 12-6-1　屈臣氏藥妝店的促銷招式

促銷招式	具體內容
超值換購	在每一期的促銷活動中，屈臣氏都會推出3個以上的超值商品，在顧客一次性購物滿50元，可以多加10元即可任意選其中一件商品，這些超值商品通常會選擇屈臣氏的自有品牌，所以能在實現低價位的同時又可以保證利潤
獨家優惠	這是屈臣氏經常使用的一種促銷手段，他們在尋找促銷商品時，經常避開其他商家，別出心裁，給顧客更多新鮮感，也可以提高顧客忠誠度
買就送	買一送一、買二送一、買四送二、買大送小；送商品、送贈品、送禮品、送購物券、送抽獎券，促銷方式非常靈活多變
加量	這一招主要是針對屈臣氏的自有品牌產品，經常會推出加量不加價

不加價	的包裝，用鮮明的標籤標示，以加量33%或加量50%為主，面膜、橄欖油、護手霜、洗髮水、潤髮素、化妝棉等是經常使用的消耗品，對消費者非常有吸引力
優惠券	屈臣氏經常會在促銷宣傳手冊或者報紙海報上出現剪角優惠券，在購買指定產品時，可以給予一定金額的購買優惠，省5元到幾十元都有
套裝優惠	屈臣氏經常會向生產廠家定制專供的套裝商品，以較優惠的價格向顧客銷售，如資生堂、曼秀雷敦、旁氏、玉蘭油等都會常做一些帶贈品的套裝，屈臣氏自有品牌也經常推出套裝優惠。例如，買屈臣氏骨膠原修護精華液一盒69.9元送49.9元的眼部保濕啫喱一隻，促銷力度很大
震撼低價	屈臣氏經常推出系列震撼低價商品，這些商品以非常優惠的價格銷售，並且規定每個店鋪必須陳列在店鋪最前面、最顯眼的位置，以吸引顧客
剪角優惠券	在指定促銷期內，一次性購物滿60元(或者100元)，剪下促銷宣傳海報的剪角，可以抵6元(或者10元)使用，相當於額外再獲得九折優惠
購某系列產品滿88元送贈品	例如購護膚產品滿88元，或購屈臣氏品牌產品滿88元，或購食品滿88元，送屈臣氏手拎袋或紙手帕等活動
購物2件，額外9折優惠	購指定的同一商品2件，額外享受9折優惠，例如買營養水一隻要60元，買2支的話，一共收108元
贈送禮品	屈臣氏經常也會舉行一些贈送禮品的促銷活動，一種是供應商本身提供的禮品促銷活動，另外一種是屈臣氏自己舉行的促銷活動，如贈送自有品牌試用裝，或者購買某系列產品送禮品裝，或者是當天

	前30名顧客贈送禮品一份
VIP會員卡	屈臣氏在2006年9月開始推出自己的會員卡，顧客只需去屈臣氏門店填寫申請表格，就可立即辦理屈臣氏貴賓卡，辦卡時僅收取工本費一元，屈臣氏會每兩週推出數十件貴賓獨享折扣商品，低至額外8折，每次消費有積分，積分又可換購產品，活動時會有雙倍多倍積分活動，還設立會員專區，促進消費
感謝日	最近，屈臣氏舉行為期3天的感謝日小型主題促銷活動，推出系列重磅特價商品，單價商品低價幅度在10元以上
銷售比賽	「銷售比賽」也是屈臣氏一項非常成功的促銷活動，每期指定一些比賽商品，分各級別店鋪(屈臣氏的店鋪根據面積、地點等因素分為A、B、C三個級別)之間進行推銷比賽，銷售排名在前三名的店鋪都將獲得獎勵，每次參加銷售比賽的指定商品的銷售業績都會以奇蹟般的速度增長，不光員工積極，供貨廠家也非常樂意參與這樣有助於銷售的活動
加1元多一件，買兩件第二件半價	加1元，就可以獲得一件商品。方式有兩種，一是加一元送同樣的商品，譬如一件商品是20元，21元即可以買兩件；另一種是加1元送不同的商品。這個促銷活動非常讓顧客心動，但是非常容易讓顧客產生誤會，所以這期促銷活動工作量非常大，除了準備大量的POP、標價牌外，還要列印大量的文字指示，員工要對送同樣商品的產品貼「魚蛋」(小圓標貼)標記。由於近乎買一送一，而且一買是兩件，所以商品的訂貨量非常大。賣場掛著很多黃色圓圈標識，寫有「￥1，多一件」字樣，非常別致，非常引人注目
利用宣傳字標	大量10元、20元、30元新品，獨家、省、折後價、大量精選商品震撼出擊，冠於「購價」、「驚喜價」等宣傳字樣，這一招完全捕捉了消費者心理，覺得10元、20元、30元無所謂，好像非常實惠，一

	件、兩件、三件，不知不覺「滿載而歸」
限時搶購新品	促銷活動期間，每個店鋪每週抽出一位幸運購物者(以購物小票及抽獎券為憑)，得獎者本人可以在屈臣氏店鋪指定時間進行「掃蕩」(部份指定商品不參與，如藥品)，同樣商品只能拿一件，60秒內拿到的商品只需要用1元錢購買，商品總金額最高不超過5000元

7 連鎖總部對各店的信息管理

成功的連鎖經營信息技術，維繫著連鎖經營各個工作環節，是總部和各門店、總部各部門之間信息連接的紐帶。

連鎖經營管理由公司總部、配送中心和各門店三部份組成，為完成總部的集中控制、配送中心的物流管理、各門店的商品銷售管理，須保持各環節物流、商流、資金流和信息流的暢通，見圖 12-7-1。

圖 12-7-1　連鎖企業管理信息流程

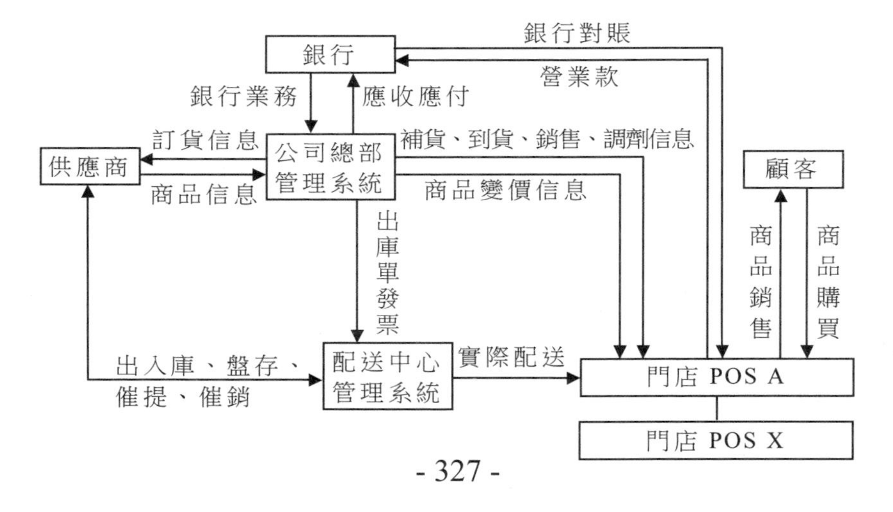

圖 12-7-2　商業自動化管理系統模式

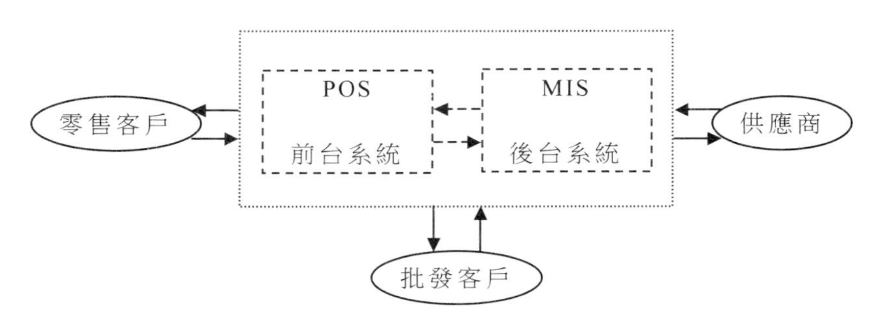

⑴讀取信息。門店 POS 機透過自動讀取設備(主要是掃描器)，在銷售商品時直接讀取商品銷售信息，實現前台銷售業務的自動化，對商品交易進行即時服務和管理，並透過通信網路和電腦系統傳送至後台，透過後台電腦(MIS)的計算、分析與匯總等掌握商品銷售的各項信息，為企業經營管理者分析經營成果、制訂經營方針提供依據，以提高系統的經營效率。各個店鋪的銷售時點信息以在線聯結方式即時傳給總部或物流中心。

⑵分析信息。公司總部的管理系統負責整個商場進、銷、調、存系統的管理以及財務管理、庫存管理、考勤管理等。它可根據商品進貨信息對廠商進行管理，又可根據前台 POS 提供的銷售數據，控制進貨數量，合理週轉資金，還可分析統計各種銷售報表，快速準確地計算成本與毛利，也可對售貨員、收款員業績進行考核，是員工分配薪資、獎金的客觀依據。物流中心和店鋪利用銷售時點信息來進行庫存調整、配送管理、商品訂貨等作業。透過對銷售時點信息進行加工分析來掌握消費者的購買動向，找出暢銷商品和滯銷商品，並以此為基礎，進行商品品種配置、商品陳列、價格設置等方面的作業。

⑶傳遞信息。在零售商與供應鏈的上游企業(批發商、生產廠家、

物流業者等)結成戰略夥伴關係的條件下，零售商利用在線聯結的方式把銷售時點信息即時傳送給上游企業。這樣，上游企業可以利用銷售現場最及時、準確的銷售信息制訂經營計劃，進行決策。

連鎖經營的信息技術直接影響到連鎖經營的規模化發展進程，沃爾瑪充分認識到了這一點，在構建自己的信息網路時，不惜出鉅資創建專門的衛星系統，沃爾瑪在信息技術上的投資大大提高了總部與各門店的工作效率，從而大幅度地降低了物流配送和管理成本。

先進的電子通信系統對沃爾瑪的成長和成本控制具有重要意義。沃爾瑪的電子信息系統是全美國最大的電子信息系統，其規模甚至超過了電信業巨頭美國電報電話公司。沃爾瑪是第一個發射和使用自有通信衛星的零售公司。它投入鉅資，建起了世界上最有效和自動化程度極高的配銷系統，這使其能夠實現對採購、分銷、後勤等方面進行精確、及時的管理，進一步幫助他們有效降低了成本。透過電腦網路管理，沃爾瑪總部對所屬門店的每一樣商品銷售了多少，還有多少存貨，會員和普通顧客的購買傾向，以及還有多少供貨正在來店的路上等瞭若指掌，也把這個世界上擁有員工數(9 萬人)最多的龐大零售業跨國公司管理得井井有條。

利用電腦網路對信息管理的優勢，總部可以及時制訂價格、採購、運輸等方面的決策，協調供應商、零售門店與顧客等的關係。為了真正使電腦網路發揮應有的作用，沃爾瑪專門聘用了 1000 多名全職軟體工程師，自行開發適合本公司的軟體，從而運用電腦網路成功地創出奇蹟，對顧客的服務已經按分秒計而非以時日計。

8 便利店的商品配送中心

日本7-11公司是有著日本最先進物流系統的連鎖便利店集團，其採取的配送模式比較獨特，儘管他們的規模和實力足夠支撐一家自己的配送中心。但是，他們並沒有完全屬於自己的配送中心，而是利用專業化配送中心，憑藉著本公司的知名度和實力，與專業化的配送中心精誠合作，構成了互相依存、互利互惠的新型關係，高效地將商品送達各個連鎖店鋪。

7-11公司借用的配送中心是生產廠家和批發商共同投資興建的，7-11公司參與經營，因此稱為共同配送中心。由於7-11公司不進行投資，只是參與經營，我們也可以將其歸併為委託配送模式。其具體做法是：生產廠家和批發商將配送業務和管理權委託給共同配送中心，7-11公司與其密切合作，為其提供指導與幫助。

配送流程是每家店鋪在每天上午10點之前，向總部報送訂貨數據；總部在每天上午10：00～10：45分析數據；綜合後向生產廠商和批發商發送；每天上午10：45～12：00生產廠家和批發商接受訂貨通知單，籌備訂貨產品；共同配送中心在12：00～13：00收到連鎖總部、生產廠家、批發商的商品明細表(包括商品來源和去向)，按其進行組配和供貨。

集約化大大提高了7-11公司物流效率，降低了車輛等各種物流設施和相應的投資。7-11公司之所以能夠建立起良好的共配製度，關鍵在於他們確立了完善的物流體系。所以，核心企業的主導作用和物流管理能力的形成是決定共同配送成功與否的關鍵要素之一。

第十三章

連鎖業的危機處理

所謂有備無患，任何企業都不可能一帆風順。成功的企業不但有危機管理的召急方案，有的甚至還不止一種方案。否則的話，一旦面臨危機，便手足無措，輕者造成巨大損失，重者還可能會面臨倒閉。所以為了穩固企業基業，任何公司都須具備有危機管理的所有方案。

1 連鎖業的危機處理方式

所謂危機，是指一切對公司的人員安全、聲譽形象、公司資源及財政收益等方面構成無可預計的負面影響並需要立即處理的事件稱為危機，它包括一些人為的事件和自然發生的事件。而危機管理的任務就是不僅要把每一次危機造成的損失降低到最低點，而且能夠把每次危機轉化成為公司發展的天賜良機。

1. 溝通流程

連鎖業的溝通流程如圖 13-1-1 所示。

圖 13-1-1　溝通流程示意圖

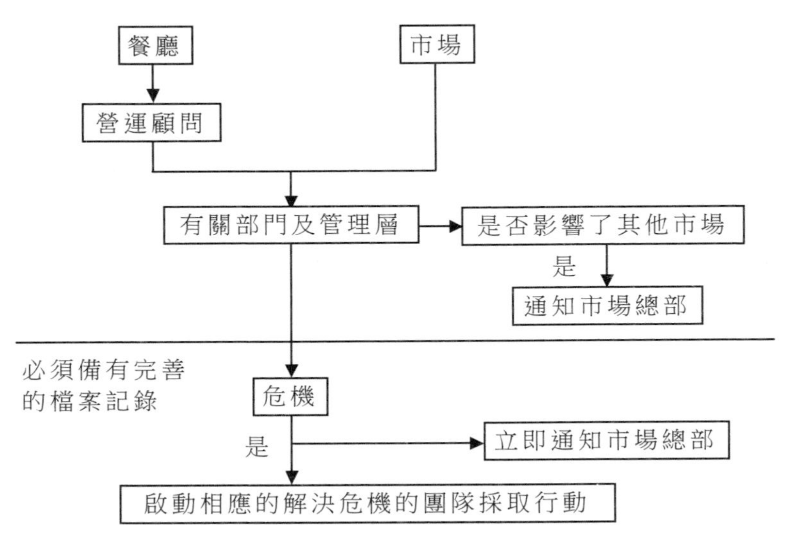

2. 危機注意事項

(1)任何危機都應該做到

①保持冷靜：保持冷靜會幫助經理更好地處理每一件事。

②收集事實：根據事實而不是猜測來作出合理的決定。並思考以下三個問題：

——首先，發生了什麼事？何時發生的？

——其次，涉及到那些人？

——最後，查明地點、電話號碼、姓名、地址、涉及的員工、餐廳經理等。

③開始溝通/報告：向有關部門的主管和上級彙報有關事件，並

通知總經理。

④提醒有關人員注意：如果影響到其他市場，那麼應提醒市場總部及其他市場注意。

⑤需要時啟動解決危機的團隊採取行動。

⑥有清楚的檔案記錄：詳細記錄事件的經過、細節和人物，整理並保存證據(檔、照片及物件等)，完善檔案記錄有利於進行事件追蹤，預防再次發生及索取賠償，填寫值班報告，保持良好的溝通。

⑦在採取任何行動時，都應確保自身的安全：人身安全永遠是最重要的。在做每一個動作或行動以前，都要注意自己的安全。

⑵危機發生時的禁忌

①不要等候危機自動消失：危機不會自動消失，應主動予以解決。

②不要嘗試獨自處理危機：與其他部門共同處理危機，打開溝通管道。

③除非迫不得已，不要把公司牽扯進任何可能觸發危機的事件或謠言中；避免捲入他人的事件，有些時候當我們表態時，情況會變得更糟，更不利於公司。

——沒必要引起媒體注意。

——沒必要與不良或負面的事件拉上關係。

④不要讓員工與其他公司人員或顧客議論該事件。

⑤在獲悉真相之前，不要假定公司就是導致事故的原因：先不要承認責任。

⑶對待媒體的態度

在遇到危機時，面對媒體時應該做到：

①爭取緩衝時間。

②態度友善。

③對媒體的提問作充分準備：設身處地，預測記者的問題，他想瞭解的是什麼？他想在我身上拿到什麼資料？

④指定代表公司的適當發言人：由總經理判斷及指定。

⑤安排適當場地接受訪問：避免一切公司標誌出現在訪問中。避免公司形象在公眾中產生負面影響或與負面事件相牽連。避免在人多或代表公司的地方進行訪問，例如：餐廳。

⑷面對媒體時的禁忌

①不要讓媒體攝像、照相或在餐廳內採訪顧客和員工。建議的回答方式：

——對不起，您不能在我們的餐廳裏照相或攝像，因為這會影響到在餐廳內就餐的顧客。

——如果您有什麼問題，請寫下來交給我。我會交到公司辦公室，公司的有關人員會儘快與您聯繫。

②不要向媒體作出任何承諾。

③在沒有得到幫助之前，不要推測或回答媒體的問題。

④在沒有查明事實之前，不要假定媒體獲得的資訊是正確的。

⑤在獲悉真相之前，不要假定公司就是導致事故的發源地。

⑥不要讓員工與其他公司的人員或顧客議論該事件。

⑸聲明及問題

①回答新聞媒介時為什麼需要小心謹慎？

新聞界對公司抱有友善的態度，但他們並不瞭解實情，無論是正面還是負面的問題，在幾個小時內，就可以成為全國性的話題，會對全國各地的公司餐廳造成影響。

②傳播媒介如果與你接觸，你應該這樣做：

——提問是記者的職權，但我們沒有必要回答所有的問題。

——我們是公司專業人員，他們會尊重我們的答復。

——如果傳媒是對餐廳下面宣傳的，可直接回答他們提出的問題。

——如果不是，請執行下面步驟。

——首先瞭解對方提出的具體問題、來源、內容，記錄對方的聯繫方式。

——告知對方「我不是回答該問題的最佳人選，我會聯繫有關人員或有關部門在第一時間內與你聯繫」。

——立即與餐廳經理、區域經理溝通。

③在處理新聞媒介的有關事項時，應該做的事是立即和直屬督導取得聯繫，爭取時間。

④與新聞媒介接觸時，一般的注意事項：

——請勿對記者的問題作出過度的反應。

——請勿阻止報導。

——切勿告訴記者，他們需要瞭解事項之外的消息。

——切勿討論營業額、利潤、產品銷售和今後計劃等方面的資料。

——切勿與商業刊物討論公司的營運。

——不要做所謂的「不可公開」的發言。

——不要以為記者會因為你在他們的報刊上登廣告，就替你作宣傳。

⑹面對顧客應該做到

①立即作出反應，認真進行處理。

②友善禮貌地對待顧客，避免情況進一步惡化。

③對顧客表現出真正的關心、照顧和同情。

④聆聽顧客的談話，及時作出回饋：「您能否告訴我發生了什麼事嗎？」

⑤感謝顧客提出的問題，好讓我們加以關注。

⑥在適當的時候，向顧客贈送貴賓卡，鼓勵他們再次光臨。

⑺面對顧客時的禁忌

①不要表現出防衛態度。

②先不要承認現狀，不要假定公司必定是負責者。

③不要引起其他顧客的注意：為了您的舒適起見，我們能否坐下來談談？

顧客索賠：如果遇到或料到顧客索賠，都必須立即報告給指定處理索賠的部門和總經理。

⑻面對政府有關部門應該做到

①彬彬有禮地表達出關切與合作的態度。

②安排政府官員到僻靜的角落談話。

③瞭解他們的真正意圖：來自那個部門？想獲悉那些內容？

④觀察他的態度：積極的？中立的？對立的？

⑤向上級彙報整個事件並請求幫助。

⑥主動回應，告訴他們有關人員會立即到達與他們談話。

⑦儘量使他們舒適：供給飲品和食物，安排安靜的地方讓他們等候。

⑼面對政府時的禁忌

①不能無理拒絕政府部門及其工作人員執行公務。

②不能與政府部門官員及其工作人員發生語言頂撞。

③不要自行處理。

④在沒有得到幫助之前，不要回答他們的問題。

⑤在沒有和公司管理層達成一致之前，不要表明你的立場。

⑥不能隨便回答非餐廳經理職責範圍的問題。

3.聯繫名單及電話

聯繫名單及電話見表 13-1-1。

表 13-1-1　聯繫名單及電話一覽表

餐廳內	姓　　名	手　　機	宅　　電
督　　導			
餐廳經理			
副 經 理			
市場範圍	聯 繫 人	辦公室電話	宅電/手機
索賠問題			
政府問題			
總 經 理			
營 運 部			
訓 練 部			
政府關係部			
市 場 部			
採 購 部			
品質保證部			
人力資源部			
工 程 部			
設 備 部			
房地產部			
財 務 部			
分銷中心			
市場總部範圍：			
市場總部辦公室電話：		傳真：	

4. 預見問題

⑴發生了什麼事？(圍觀或經過的顧客提問)

⑵這種危機經常發生嗎？

⑶我怎樣可以從公司得到賠償？或你(公司)如何對我進行賠償？

⑷我要和你們的總部聯繫。

⑸我想和負責人談談。

5. 對外聲明

我們正在進一步瞭解事件的詳情。當然，我們最關心的是顧客、員工和可能受到影響的其他人員。一有消息，我們就會及時通知您。

6.解決危機的團隊組合

解決危機的團隊組合見表 13-1-2。

表 13-1-2　解決危機的團隊組合一覽表

L=團隊主管 M=團隊成員	OPS.	MKT.	P/QA	H.R.	C.R.	C&E	Adm.	Acct.	G.M.
A ①地震	L	M		M		M			
②颱風	L	M							
B ①異物	M	M	L		M				
②顧客生病	L	M	M		M				
C ①顧客受傷	L	M		M					
②員工受傷	L	M	M						
③不安全的小禮物	M	L	M						
D ①建築物倒塌	M	M			L	M	M		
②火災	L	M			M				
③煤氣洩漏	M	M			L				
E ①水災	L	M	M			M			
②電力中斷	L	M	M			M			
③財務詐騙	M	L							
④競爭者產生	L	M							

OPS.＝營運部　C&E＝建築/設備部　MKT.＝市場部　Adm.＝行政部

P/QA＝採購/品質保證部　Acct.＝財務部　H.R＝人力資源部

G.M.＝總經理　GR＝政府關係部

7. 檔案記錄

檔案記錄一般用表格形式進行記錄，見表 13-1-3、13-1-4。

表 13-1-3　檔案記錄表（第 1 頁）

檔案編號		報告日期	
檔案保管人	（確保檔案資料完整）		
事件背景資料			
1. 餐　　廳	名稱：值班經理（事發時）：		
2. 地　　點	（事發地點）		
3. 事件性質	（例如炸彈恐嚇、顧客生病等）		
4. 有關人員	（記錄他們的個人資料，包括姓名、聯繫電話、位址等。註明他們與公司的關係，例如員工、顧客、政府官員等。）		
5. 目擊證人	看到事件發生過程的人員。記錄他們的個人資料，包括姓名、聯繫電話、位址等。註明他們與公司的關係。		
事件發展過程（盡可能詳細記錄。起因是什麼？事發的時間、地點、經過以及怎樣演變成危機？）			
（如果空白面不夠，請添加附面。）			

表 13-1-4　檔案記錄表(第 2 頁)

檔案編號		報告日期	
證據及有關資料清單列出相關資料(如照片、證詞、產品等。)			
最終結果			
解決危機的團隊			
有否啟動？　□是　□否(跳到下一個問題) 解決危機團隊成員　團隊主管： 團隊成員：			
事後評估　(＋/△)			
+可取點			
△機會點			
抄送書　□總經理　□政府關係部　□採購/品質保證部 □營運部　□市場部　□財務部　□人力資料部 □建築/設備部　□其他：＿＿＿＿＿＿			
管理層回饋：總經理及管理層的回饋及意見			

2 各種危機處理範本

連鎖業發生各種危機，例如地震、水災、火災、食物中毒的處理，要謹慎，說明如下：

1. 發生地震

⑴定義

任何一家餐廳受到地震危機或損害。

⑵流程

①保持鎮靜，使所有人安全有序地離開餐廳。

②當把人員疏散到安全場所後，清點餐廳的員工人數。

③如果需要，應建立急救站和手術中心。

④如果有人受傷，應呼叫救護車，幫助並安慰受傷人員。

⑤如果可能，就拔掉電器和煤氣插頭，鎖好保險櫃和收銀機（但要先確保自身安全）。

⑥通知警方和督導，如果需要幫助，請和其他餐廳聯繫。

⑦協助警方圈定並保護現場。

⑧根據需要，協助「搜尋及營救隊伍」開展工作。

⑶禁忌

①不要接受新聞媒體的採訪。

②不要使用易燃物。

③不要以任何理由再次進入餐廳。

④不要尾隨援救隊伍進入餐廳。

⑤不要讓任何未經授權的人員進入餐廳。

⑷聲明和問題

預見問題（供餐廳人員參與）	建議回覆
⑴是否有人在地震中喪生？	警方會為您提供最新資訊。
⑵我的親屬是否還在餐廳中？	真遺憾您和您的親屬失去了聯繫。我可以幫助您查找一下您的親屬是否列在我們的名單中。
⑶公司損失多少？	我們仍在點算中。

⑸解決危機的團隊

①團隊主管：營運部，向總經理報告。

②團隊成員及其職責。

營運部：

· 如果可能，應通知附近的餐廳並提供幫助；
· 檢查附近的餐廳，瞭解他們是否也受到了波及；
· 與總經理和政府有關部門保持溝通；
· 如果需要，應處理顧客投訴。

市場部：

· 做好準備，接受新聞媒體的採訪；
· 設立諮詢中心，供新聞媒體或顧客諮詢。

建築/設備部：

· 幫助援救團隊成員瞭解餐廳的建築構造；
· 安排一名建築工程師協助援救團隊開展工作；
· 與財務部合作估算損失。

人力資源部：

· 將受傷或失蹤員工的情況通知其家屬。

2.食品異物中毒

⑴定義

異物是指任何該食品成分以外的物質。任何有關食品中含異物的報告，無論是事實或臆斷，都應認真處理。

⑵流程

在餐廳中：

①立刻作出反應，認真處理，用正確的方式對待顧客，態度禮貌、親切、熱誠。

②對顧客的遭遇表示同懷和誠摯的關心，但先不要承認有關事件的責任。

③分析當時情況，如果顧客需要進行醫務治療，應提議及徵求顧客的同意，然後再陪同他/她到醫院。從餐廳管理組中挑選一名人員陪伴顧客，提供必要的幫助。如需要，請通知顧客的親屬或朋友。

④帶顧客到餐廳裏一個安靜的角落交談，以不要影響其他顧客為原則。

⑤主動要求為顧客更換食品，如果顧客拒絕，那麼可以退款(例如：我是否要為您更換另一種漢堡？我會立刻對此事進行調查)。

⑥盡最大努力從顧客手中索取該產品(或產品的部份)，以便進行分析及調查，留樣對調查工作非常重要；如果顧客強烈反對交出該產品(或其部份)，那麼可以拍攝下來，以便清晰地看到其中的異物(確保隨時備有空白的膠捲)。

⑦把該食品放在一個清潔的塑膠袋中，密封好，用標籤清楚地標明「不要使用，不要觸摸或移動」。把塑膠袋存放在冷凍庫中一個穩妥的位置，避免和其他產品混在一起或容易被員工拿走。

⑧盡可能多收集一切有關事件和產品的資料及事實(原因、時間、經過、地點、怎樣發生的、顧客的姓名或住址等)。

⑨如果總是重覆發生在同一產品上，或對該產品有嫌疑，那麼應停止使用，對餐廳內現有這種產品進行檢查，如有懷疑不要使用。一定要使用安全的食品。

⑩將發生的事件和收集到的事實呈報上級及品質保證部，把它記錄在值班報告中並填寫在品質回饋單中。

⑶禁忌

①不要產生防衛心理，不要無禮對待顧客。

②不要許諾公司將承擔責任。

③在沒有澄清事實之前，不要承認錯誤。

④為顧客更換食品時，不要更換同一產品，以免同樣問題再次發生。

⑤不要引起其他顧客的注意。

⑷聲明和問題(供餐廳人員參考)

①對您的遭遇，我深表歉意。您現在感覺如何？

②您需要看醫生或到醫院嗎？

③我們對產品品質十分關注，我將立刻對此事件進行調查。

④在調查期間，我是否可以為您更換另一種漢堡？

⑤為您的舒適起見，我們能否坐下來談一談？

⑥請您講講事情的經過。

⑦非常感謝您將此問題告訴我們，好讓我們加以關注。

⑧送給您一張貴賓卡，歡迎您下次光臨。

⑸解決危機的團隊

①團隊主管：品質保證部，向總經理報告。

②團隊成員及其職責。

品質保證部及採購部：

· 如需要，啟動解決危機的團隊採取行動；
· 開展調查工作；
· 確定污染物來源；
· 確定受影響食品的數量；
· 如有必要，應進行產品回收；
· 如需要，應通知其他市場或市場總部。

營運部：

· 根據需要為餐廳提供幫助；
· 確保餐廳在處理問題時，遵循正確的流程；
· 在餐廳中進行調查：
· 如果需要，應對受到傷害的顧客進行追蹤及探訪；
· 與採購/品質保證部攜手合作；
· 如有顧客投訴，應負責處理。

市場部：

· 根據需要為餐廳提供幫助；
· 準備對外聲明和為新聞媒體採訪作好準備。

政府公關部：

· 根據需要準備及處理政府/衛生部門的來訪。

3. 顧客受傷

(1)生病

①定義

由顧客提出的歸咎於公司的疾病投訴。無論是真實的還是有嫌疑的，都要認真對待顧客提出的疾病報告。

②流程

· 須立刻處理。正確對待顧客，彬彬有禮，關心顧客的需求，作出正面的、積極的應對。
· 將該顧客帶到一個安靜的地方交談，不要影響其他顧客。
· 要向顧客表示真誠的同情，但不應該認定及承認錯誤。
· 要求顧客去看醫生。如果需要，可挑選一個餐廳管理組陪伴並協助顧客。
· 雖然通常不會留下剩餘產品，但也要盡可能嘗試索回產品(或部份產品)進行分析。
· 盡可能多收集有關該事件和產品的資料及事實(為什麼、時間、地點、事件、顧客在餐廳就餐之前或之後還吃了些什麼等)。
· 詢問顧客的姓名、電話號碼和地址。
· 如果懷疑該事件不是獨立的，那麼應停止使用認為有可能導致顧客疾病的原料。
· 立即將該事件和收集到的有關事實報告給營運顧問和品質保證部，並記錄在值班報告和品質回饋表中。
· 準備接受政府部門對餐廳的調查。

③禁忌

· 不要產生防衛心理。
· 不要假定公司應承擔責任。
· 不要在事實澄清之前，承認錯誤。
· 不要引起其他顧客的注意。
· 不要假設它是輕微事故，要認真處理並進行追蹤(跟進)。

④聲明和問題(供餐廳人員參考)

· 對您的遭遇，我感到很遺憾。您現在感覺如何？

- 您是否需要去看醫生？
- 我們一向非常關注產品的品質，我會立刻調查該事件。
- 為了使您感覺更舒適一些，我們是否可以坐下來談話呢？
- 請讓我瞭解到底發生了什麼事。
- 非常感謝您把此事告訴我並讓我們能夠儘早作出反應。

⑤解決危機的團隊

- 團隊主管：營運部，向總經理報告。
- 團隊成員及其職責。

營運部：

- 如果需要，啟動解決危機的團隊採取行動；
- 確保餐廳遵循正確流程處理此類事件；
- 緩解餐廳的緊張局面；
- 如果需要，對受到影響的顧客進行追蹤(跟進)；
- 與採購部/品質保證部合作；
- 如果需要，處理顧客要求/索賠；
- 幫助餐廳作好準備，接受政府部門和媒體的調查。

市場部：

- 根據需要，協助餐廳；
- 準備對外聲明及接受新聞媒體的採訪；
- 如果需要，通知市場的媒體代理。

採購部/品質保證部：

- 對有關產品進行調查；
- 確定污染源；
- 確定受到影響的產品的數量；
- 如果需要，準備進行貨品回收及補充；

・需要時，請通知其他市場和市場總部。

政府關係部：

・根據需要，協助接待政府和衛生部門的官員；

・如果需要，協助法律部門。

⑵受傷

①定義

任何在餐廳中受到身體傷害的顧客。

②流程

・立刻關注受到身體傷害的顧客，使人群遠離傷者。

・除非有潛在的危險，否則不要移動受傷的顧客，因為移動身體會加重傷情。

・保持冷靜，給予餐廳人員正確的行動指導。

・徵詢及建議顧客就醫。從餐廳管理組中挑選一名人員陪伴顧客，以便提供必要的幫助。請和該顧客的親屬或朋友聯繫。

・如果顧客拒絕接受治療，那麼應與其家屬或朋友聯繫，讓他們送他回家。

盡可能多地收集有關事實，包括：

・受傷者的姓名、年齡、地址及電話號碼。

・描述事件（發生了什麼事？如何發生的？）。

・受傷性質及部位。

・醫生或醫院姓名及地址。

・顧客受損財物（如適用）。

・預估修理或賠償顧客損失的費用（如適用）。如涉及汽車，你需要記錄汽車製造廠商、年月、車牌及車主的姓名與地址。

・目擊者（姓名、地址、電話號碼）。

· 外來物體。如果顧客因食物中有外來物體而導致受傷，請儘量確定是食物的那一部份包含此物體(麵包、肉餅等)，並儘量取得此物體，然後放置在密封的袋中，填上顧客姓名，放入保險櫃或冷庫裏，保險公司可能會用它確定問題的根源。如果顧客不願意交出此物體，則不要勉強。如可能，應儘量確定出現問題的產品生產日期及製造廠商。

找出事件的原因。如果可能，應立刻採取措施(例如：拖乾潮濕的地板)，以防止日後再次發生同樣事件。將發生的事件及收集到的事實彙報給營運顧問，在值班報告上進行記錄。

③禁忌

· 不要立即承認錯誤。
· 不要驚動未察覺的顧客.
· 不要讓該事件影響餐廳的營運。
· 不要讓餐廳中的人員討論有關事件。

④聲明和問題(供餐廳人員參考)

· 您感覺如何？是否需要去醫院治療？
· 需要通知您的家人或朋友嗎？
· 可否留下您的姓名、位址和聯繫電話？

⑤解決危機的團隊

· 團隊主管：營運部，向總經理報告。
· 團隊成員及其職責。

營運部：

· 如果需要，應請解決危機團隊採取行動；
· 針對顧客受傷事件，在餐廳中進行追蹤；
· 如果需要，應探訪受傷的顧客；

・不論是否已經得到修復，都應對發生事故的區域進行追蹤；
・如果需要，應處理顧客投訴/索賠。

市場部：

・如果新聞媒介前來採訪，則應通知代理機構；
・讓團隊成員作好準備，接受新聞媒體的採訪。

建築/設備部：

・只在需要的時候才參與工作；
・儘快幫助解決建築或設備方面的問題。

4.發生火災

①定義

任何會對公司及其人員和顧客帶來破壞、危險或潛在危險的火警。

②流程

・保持鎮靜，關閉煤氣和電源的總開關(需確保自身安全)；
・打 119 電話，告知消防隊；
・如果出現人員傷亡，則應呼叫救護車；
・判斷當時情況，如果需要，應疏散餐廳內的所有人員，以便確保安全；
・統計員工人數，確保沒有失蹤人口；
・將員工/顧客安置到安全區域(如：室外的安全場所)；
・準備好急救箱待用；
・將所有的收銀機和保險櫃鎖好(要在安全情況下進行，須確保自身安全)；
・向督導彙報情況；
・將可能在餐廳內失蹤的員工和其他人員情況通知警方；

· 讓員工向家屬報平安。

③禁忌

· 不要驚慌；
· 不要進入事發現場尋找失蹤人員；
· 不要打開餐廳內的任何電源及煤氣開關；
· 不要回答媒體提出的問題；
· 不要議論發生的情況。

④聲明和問題(供餐廳人員參考)

預見問題	建議回覆
⑴引發火災的原因是什麼？	謝謝關心，有關人士還在調查之中。
⑵是否出現人員傷亡？	目前，沒有傷亡人數的消息。警方會為您提供最新的資料。

⑤解決危機的團隊

· 團隊主管：營運部，向總經理報告。
· 團隊成員及其職責。

營運部：

· 如果需要，啟動解決危機的團隊採取行動；
· 調查火災起因，杜絕再次發生；
· 向總經理彙報情況；
· 必要時，可請附近的其他餐廳協助；
· 與財務部合作，處理索賠問題。

市場部：

· 準備好向媒體發佈的公告；
· 請公司的公關代理商應對新聞媒體。

人力資源部：

- 如果出現員工傷亡，應與保險公司聯繫；
- 與員工家屬保持聯繫。

工程部：

- 調查火災起因；
- 隨時攜帶餐廳平面圖備用；
- 調查起因，杜絕再次發生在其他餐廳。

5.發生水災

①定義

餐廳被水溢，使營運無法正常進行。

②流程

- 找出發水的主要原因。如果可能，應堵住水源(須確保自身安全)。
- 如果需要，將人員疏散到安全的地方。
- 準備好所有的應急設備(例如電池、手電筒、沙袋等)。
- 鎖好所有的收銀機和保險櫃(須確保自身安全)。
- 將所有的貨品放進冷凍庫、冷藏庫和乾貨間。如果可能，應使貨品遠離地面。把冷凍庫、冷藏庫和乾貨間的門密封起來。
- 將行政文件封裝在塑膠袋中，然後放在位置高且安全的地方。
- 如果存有潛在的危險，那麼應關閉所有的動力開關及總電源，切記注意自身安全。
- 與政府的有關部門(自來水公司)聯繫，尋求更多的幫助。
- 將收集到的事實立即報告給營運督導，並記錄在值班報告中。
- 在離開之前，鎖好所有的門。

③禁忌

· 不要打開電源開關，直到情況恢復安全為止。

· 不要再次進入餐廳。

· 不要使用被水浸泡過的貨品。

④解決危機的團隊

· 團隊主管：營運部，向總經理報告。

· 團隊成員及其職責。

營運部：

· 如果需要，應啟動危機團隊採取行動；

· 讓所有的員工處於預備狀態；

· 作好準備，當情況好轉後，恢復營業；

· 在發水過後，檢查餐廳內的所有貨品的情況；

· 與財務部合作，向保險公司索賠。

市場部：

· 如果需要，準備好對外說明並接受新聞媒體的採訪。

設備部：

· 檢查所有的煤氣開關和電力開關；

· 發水過後，要確保設備安全之後，才可使用；

· 處理投訴問題，與財務部合作處理索賠要求。

採購部：

· 根據需要，協助餐廳補足貨品。

 連鎖特許體系衝突的原因

連鎖總部和加盟商，在法律上，是兩個獨立的經濟實體，追求的是各自利益的最大化，因而在雙方相互合作、交流的過程中，難免產生摩擦和衝突。

一、連鎖體系衝突的原因

導致這些不和諧行為及衝突產生的原因主要有：

1. 特許雙方目標不一致

目標是一個組織努力爭取達到的所希望的未來狀況，在特許體系中，特許人一般希望通過特許的方式迅速擴大市場的佔有率，提升品牌知名度，並以銷售收入最大化作為自己的目標；而受許人之所以加入特許體系是想借助特許品牌的實力迅速獲利成功，賺取更多的利潤。

當特許人採取一些措施，如在同一地區增加分店數量、增加產品數量(但可能會減少受許人每單位的利潤)等，來提高市場佔有率、增加銷售收入時，就會損害到受許人的利益，因而受許人會採取不合作、抵制的態度，如協商不好，就會導致衝突的產生。

2. 委託代理產生的問題

特許經營雙方是一種委託代理關係，特許方式一方面有助於減少因公司直營帶來的對直營店經理監督不力、監督成本上升等問題，但

另一方面卻導致了受許人「搭便車」行為的產生。因為作為代理方，受許人是分店最終剩餘利益的受益者，在同一特許品牌的運作下，受許人降低對服務和產品品質等方面的投入並不會影響其在消費者心目中的形象，而節約下來的成本則可以歸自己所有，如果沒有嚴格的監督措施，其他受許人也會採取同樣的機會主義行為，其最終結果將會導致整個特許體系品質的下降，實證結果也表明，特許比例與特許體系的品質成反比。

3. 利益分配不合理

利益衝突是人類社會最古老的衝突，也是最根本的衝突。在特許體系中，當受許人剛剛進入時，往往處於較為劣勢的地位，因為受許人此時需要特許人在管理、財務、員工培訓等方面給予指導和支援，此時受許人也能切身感受到特許人對自己所提供的幫助及所做的貢獻，因而也樂意接受一些較為不利的利益分配方案，並接受特許人對產品、服務等方面品質的監督和檢查。但隨著時間的推移，受許人逐步掌握了特許人的這一套管理運作模式，並對當地市場、消費者需求偏好的認識逐漸加深，此時，受許人會覺得特許人的指導和幫助不再重要，繼續支付高額的相關費用有所不值，因而會對原先的一些利益分配方案產生不滿，進而引發一些摩擦和衝突。

4. 差異性導致的衝突

特許經營企業的最大特點就是有數量眾多的分店，而且各個分店分散在不同的地區，各個地區的人們在文化背景、價值觀念、習慣認同、風俗人情等都存在著或多或少的差異，這些差異會使不同的人對目標的評價標準有所不同，進而導致行為主體不同的行為表現，這也就極易引起總部與加盟商之間的主觀判斷的分歧和爭議，最終會引發特許雙方關係的失衡，導致衝突的產生，危及特許體系的穩定發展。

二、連鎖體系的應有作法

連鎖總部要如何做，才能消除連鎖體系的衝突呢？

1. 保證加盟者互不爭利的商圈

總部與加盟者之間以及加盟者之間和諧共處是總部與每個加盟店共贏的基礎。加盟者加盟開店的目的就是為了盈利，因此，總部必須保證每個加盟店的有利商圈。

總部在審核批准新加盟者的店址時，一方面要考慮在一定範圍內不存在其加盟店，如兩個加盟店之間至少相距 800 米；另一方面，考慮一定範圍內實際消費群體的密度，根據實際消費群體的密度大小決定發展多少家加盟店。無論如何，總部堅持一個原則：保證每個加盟店有一定的商圈而又不相互交叉。

2. 加強規範化管理

特許經營一般來說，必須做到統一市場、統一配送、統一商店標識、統一經營策略、統一服務規範、統一廣告宣傳和統一銷售價格等。這些統一的目的有利於店名、店貌、商品、服務的標準化，採購、配送；銷售、決策、經營的專業化，商品購銷、資訊處理、廣告宣傳、職工培訓、管理規範的一致化。

針對目前企業規範化管理中主要是店面形象不一致和服務不規範的問題，總部必須建立嚴格監管店面形象與服務標準的制度。加盟店開業時必須完全按照總部現有經營店的標準進行裝修設計，並隨時根據總部的安排及時更新換代。

為了規範各個加盟店的行銷活動和維護品牌形象，特許總部必須建立產品和服務統一宣傳策劃的機制，根據加盟店經營產品的特點和目標消費群體的特徵採取不同的宣傳策劃措施。

3. 加強總部與加盟店的雙向溝通

特許總部與加盟者雙方既然是合夥做生意，就必須相互瞭解，相互溝通，相互交換意見。總部要保持整個特許系統正常運作，必須對每一個加盟店的情況瞭若指掌，包括運作情況、營業情況和競爭環境等，一旦發現問題，應立即設法解決。只有這樣，總部和加盟者才能保證良好的合作關係，共同進退。

特許總部要想讓整個特許事業不斷發展壯大，就必須使每個加盟者都心甘情願地與總部站在同一陣線上，共同努力開拓業務。總部也應努力塑造強大的特許品牌優勢，關心加盟店的經營情況，隨時對加盟店進行相應的指導、檢查、監督，在加盟店出現虧損狀況時提供適合的扭虧為盈手段，提供一套可供複製的開店支援系統等。不要把加盟店的成敗看成只是加盟者的個人得失，應該把它看成是整個企業的其中一部分，只要有一家加盟店經營失敗都是整個企業的失敗。「唇齒相依，唇亡齒寒」，相信這道理誰都明白。

 加盟商鑽漏洞，沒有備案就會被告

張先生執掌著廣東虎門一家並不知名的服裝企業。2010 年，張先生開始通過連鎖加盟的方式進行內銷市場開拓。

2008 年之前，張先生的企業產品以外銷為主，企業的運營狀況一直還算良好。金融危機肆虐時，張先生的企業也受到衝擊。此後，隨著人民幣持續升值，外貿環境持續惡化，這家服裝企業的訂單利潤率不斷下降，曾一度陷入窘境。

金融危機過後，眾多企業在繼續做好外銷市場的同時，將目光瞄向了內銷市場。張先生同其他企業家一樣，也開始在國內經營起一個服裝品牌，並通過開展連鎖加盟的方式來實現市場擴張。

初始階段設定的加盟條件是，加盟商要繳納 10 萬元的加盟費，並由公司統一對加盟店面進行裝潢設計和技術培訓。

正當企業的連鎖加盟經營，做得風生水起時，始料未及的事件發生了，某一家加盟商在 6 月份以張先生企業加盟服務不到位為由，一紙訴狀將其告上了法庭。

經過法院調解無果後，雙方最終對峙法庭。張先生認為是加盟商無理取鬧，對打贏官司充滿自信。

法庭最終宣判，張先生敗訴，並歸還加盟商共計 15 萬元的加盟費和其他裝潢服務費用。

張先生聽到宣判結果後，感覺異常沮喪。「明明是我們在理，

卻最終輸掉了官司。」

對這起敗訴的官司，律師表示，「法律規定，要想從事商業特許連鎖加盟經營活動，必須要達到一定資質，並在商務主管部門進行備案。而恰好這企業此前並沒有意識到這個問題，在商務部並沒有備案，這就屬於違規經營了。」

瞭解到，原告(加盟店)是在 3 月正式成為張先生該公司的加盟商，在6月份就將張先生企業告上法庭，這個加盟商在打官司之前，原告(加盟商已經諮詢了相關律師，他知道這家企業並未備案，因此勝券在握，含有明顯的故意成分。

張先生企業的損失是可想而知的，此前耗費的大量人力、物力和財力都付諸東流。更為嚴重的是，他們的品牌行銷模式以及其他一些無形資產也被加盟商偷學而去。從他掌握的情況來看，這家加盟商已經開始醞釀獨創品牌，並開始進行一系列運作。

編號	書名	定價
272	主管必備的授權技巧	360 元
275	主管如何激勵部屬	360 元
276	輕鬆擁有幽默口才	360 元
278	面試主考官工作實務	360 元
279	總經理重點工作(增訂二版)	360 元
282	如何提高市場佔有率（增訂二版）	360 元
283	財務部流程規範化管理（增訂二版）	360 元
284	時間管理手冊	360 元
285	人事經理操作手冊（增訂二版）	360 元
286	贏得競爭優勢的模仿戰略	360 元
287	電話推銷培訓教材（增訂三版）	360 元
288	贏在細節管理（增訂二版）	360 元
289	企業識別系統 CIS（增訂二版）	360 元
290	部門主管手冊（增訂五版）	360 元
291	財務查帳技巧（增訂二版）	360 元
293	業務員疑難雜症與對策（增訂二版）	360 元
295	哈佛領導力課程	360 元
296	如何診斷企業財務狀況	360 元
297	營業部轄區管理規範工具書	360 元
298	售後服務手冊	360 元
299	業績倍增的銷售技巧	400 元
300	行政部流程規範化管理（增訂二版）	400 元
302	行銷部流程規範化管理（增訂二版）	400 元
304	生產部流程規範化管理（增訂二版）	400 元
305	績效考核手冊(增訂二版)	400 元
307	招聘作業規範手冊	420 元
308	喬・吉拉德銷售智慧	400 元
309	商品鋪貨規範工具書	400 元
310	企業併購案例精華(增訂二版)	420 元
311	客戶抱怨手冊	400 元
312	如何撰寫職位說明書(增訂二版)	400 元
313	總務部門重點工作（增訂三版）	400 元
314	客戶拒絕就是銷售成功的開始	400 元
315	如何選人、育人、用人、留人、辭人	400 元
316	危機管理案例精華	400 元
317	節約的都是利潤	400 元
318	企業盈利模式	400 元
319	應收帳款的管理與催收	420 元
320	總經理手冊	420 元
321	新產品銷售一定成功	420 元
322	銷售獎勵辦法	420 元
323	財務主管工作手冊	420 元
324	降低人力成本	420 元
325	企業如何制度化	420 元
326	終端零售店管理手冊	420 元
327	客戶管理應用技巧	420 元
328	如何撰寫商業計畫書（增訂二版）	420 元
329	利潤中心制度運作技巧	420 元
330	企業要注重現金流	420 元
331	經銷商管理實務	450 元
332	內部控制規範手冊（增訂二版）	420 元
333	人力資源部流程規範化管理（增訂五版）	420 元
334	各部門年度計劃工作（增訂三版）	420 元
335	人力資源部官司案件大公開	420 元
336	高效率的會議技巧	420 元
337	企業經營計劃〈增訂三版〉	420 元
338	商業簡報技巧（增訂二版）	420 元
339	企業診斷實務	450 元

《商店叢書》

編號	書名	定價
18	店員推銷技巧	360 元
30	特許連鎖業經營技巧	360 元
35	商店標準操作流程	360 元
36	商店導購口才專業培訓	360 元

37	速食店操作手冊〈增訂二版〉	360 元
38	網路商店創業手冊〈增訂二版〉	360 元
40	商店診斷實務	360 元
41	店鋪商品管理手冊	360 元
42	店員操作手冊（增訂三版）	360 元
44	店長如何提升業績〈增訂二版〉	360 元
45	向肯德基學習連鎖經營〈增訂二版〉	360 元
47	賣場如何經營會員制俱樂部	360 元
48	賣場銷量神奇交叉分析	360 元
49	商場促銷法寶	360 元
53	餐飲業工作規範	360 元
54	有效的店員銷售技巧	360 元
56	開一家穩賺不賠的網路商店	360 元
57	連鎖業開店複製流程	360 元
58	商鋪業績提升技巧	360 元
59	店員工作規範（增訂二版）	400 元
61	架設強大的連鎖總部	400 元
62	餐飲業經營技巧	400 元
64	賣場管理督導手冊	420 元
65	連鎖店督導師手冊（增訂二版）	420 元
67	店長數據化管理技巧	420 元
68	開店創業手冊〈增訂四版〉	420 元
69	連鎖業商品開發與物流配送	420 元
70	連鎖業加盟招商與培訓作法	420 元
71	金牌店員內部培訓手冊	420 元
72	如何撰寫連鎖業營運手冊〈增訂三版〉	420 元
73	店長操作手冊（增訂七版）	420 元
74	連鎖企業如何取得投資公司注入資金	420 元
75	特許連鎖業加盟合約（增訂二版）	420 元
76	實體商店如何提昇業績	420 元
77	連鎖店操作手冊（增訂六版）	420 元
78	快速架設連鎖加盟帝國	450 元

《工廠叢書》

15	工廠設備維護手冊	380 元
16	品管圈活動指南	380 元
17	品管圈推動實務	380 元
20	如何推動提案制度	380 元
24	六西格瑪管理手冊	380 元
30	生產績效診斷與評估	380 元
32	如何藉助 IE 提升業績	380 元
46	降低生產成本	380 元
47	物流配送績效管理	380 元
51	透視流程改善技巧	380 元
55	企業標準化的創建與推動	380 元
56	精細化生產管理	380 元
57	品質管制手法〈增訂二版〉	380 元
58	如何改善生產績效〈增訂二版〉	380 元
68	打造一流的生產作業廠區	380 元
70	如何控制不良品〈增訂二版〉	380 元
71	全面消除生產浪費	380 元
72	現場工程改善應用手冊	380 元
77	確保新產品開發成功（增訂四版）	380 元
79	6S 管理運作技巧	380 元
84	供應商管理手冊	380 元
85	採購管理工作細則〈增訂二版〉	380 元
88	豐田現場管理技巧	380 元
89	生產現場管理實戰案例〈增訂三版〉	380 元
92	生產主管操作手冊（增訂五版）	420 元
93	機器設備維護管理工具書	420 元
94	如何解決工廠問題	420 元
96	生產訂單運作方式與變更管理	420 元
97	商品管理流程控制（增訂四版）	420 元
101	如何預防採購舞弊	420 元
102	生產主管工作技巧	420 元
103	工廠管理標準作業流程〈增訂三版〉	420 元
104	採購談判與議價技巧〈增訂三版〉	420 元
105	生產計劃的規劃與執行（增訂二版）	420 元

107	如何推動5S管理（增訂六版）	420元
108	物料管理控制實務〈增訂三版〉	420元
109	部門績效考核的量化管理（增訂七版）	420元
110	如何管理倉庫〈增訂九版〉	420元
111	品管部操作規範	420元
112	採購管理實務〈增訂八版〉	420元
113	企業如何實施目視管理	420元
114	如何診斷企業生產狀況	420元

《醫學保健叢書》

1	9週加強免疫能力	320元
3	如何克服失眠	320元
5	減肥瘦身一定成功	360元
6	輕鬆懷孕手冊	360元
7	育兒保健手冊	360元
8	輕鬆坐月子	360元
11	排毒養生方法	360元
13	排除體內毒素	360元
14	排除便秘困擾	360元
15	維生素保健全書	360元
16	腎臟病患者的治療與保健	360元
17	肝病患者的治療與保健	360元
18	糖尿病患者的治療與保健	360元
19	高血壓患者的治療與保健	360元
22	給老爸老媽的保健全書	360元
23	如何降低高血壓	360元
24	如何治療糖尿病	360元
25	如何降低膽固醇	360元
26	人體器官使用說明書	360元
27	這樣喝水最健康	360元
28	輕鬆排毒方法	360元
29	中醫養生手冊	360元
30	孕婦手冊	360元
31	育兒手冊	360元
32	幾千年的中醫養生方法	360元
34	糖尿病治療全書	360元
35	活到120歲的飲食方法	360元
36	7天克服便秘	360元
37	為長壽做準備	360元
39	拒絕三高有方法	360元
40	一定要懷孕	360元
41	提高免疫力可抵抗癌症	360元
42	生男生女有技巧〈增訂三版〉	360元

《培訓叢書》

11	培訓師的現場培訓技巧	360元
12	培訓師的演講技巧	360元
15	戶外培訓活動實施技巧	360元
17	針對部門主管的培訓遊戲	360元
21	培訓部門經理操作手冊（增訂三版）	360元
23	培訓部門流程規範化管理	360元
24	領導技巧培訓遊戲	360元
26	提升服務品質培訓遊戲	360元
27	執行能力培訓遊戲	360元
28	企業如何培訓內部講師	360元
31	激勵員工培訓遊戲	420元
32	企業培訓活動的破冰遊戲（增訂二版）	420元
33	解決問題能力培訓遊戲	420元
34	情商管理培訓遊戲	420元
35	企業培訓遊戲大全（增訂四版）	420元
36	銷售部門培訓遊戲綜合本	420元
37	溝通能力培訓遊戲	420元
38	如何建立內部培訓體系	420元
39	團隊合作培訓遊戲（增訂四版）	420元
40	培訓師手冊（增訂六版）	420元

《傳銷叢書》

4	傳銷致富	360元
5	傳銷培訓課程	360元
10	頂尖傳銷術	360元
12	現在輪到你成功	350元
13	鑽石傳銷商培訓手冊	350元
14	傳銷皇帝的激勵技巧	360元
15	傳銷皇帝的溝通技巧	360元
19	傳銷分享會運作範例	360元
20	傳銷成功技巧（增訂五版）	400元
21	傳銷領袖（增訂二版）	400元
22	傳銷話術	400元
23	如何傳銷邀約	400元

《幼兒培育叢書》

1	如何培育傑出子女	360 元
2	培育財富子女	360 元
3	如何激發孩子的學習潛能	360 元
4	鼓勵孩子	360 元
5	別溺愛孩子	360 元
6	孩子考第一名	360 元
7	父母要如何與孩子溝通	360 元
8	父母要如何培養孩子的好習慣	360 元
9	父母要如何激發孩子學習潛能	360 元
10	如何讓孩子變得堅強自信	360 元

《成功叢書》

1	猶太富翁經商智慧	360 元
2	致富鑽石法則	360 元
3	發現財富密碼	360 元

《企業傳記叢書》

1	零售巨人沃爾瑪	360 元
2	大型企業失敗啟示錄	360 元
3	企業併購始祖洛克菲勒	360 元
4	透視戴爾經營技巧	360 元
5	亞馬遜網路書店傳奇	360 元
6	動物智慧的企業競爭啟示	320 元
7	CEO 拯救企業	360 元
8	世界首富　宜家王國	360 元
9	航空巨人波音傳奇	360 元
10	傳媒併購大亨	360 元

《智慧叢書》

1	禪的智慧	360 元
2	生活禪	360 元
3	易經的智慧	360 元
4	禪的管理大智慧	360 元
5	改變命運的人生智慧	360 元
6	如何吸取中庸智慧	360 元
7	如何吸取老子智慧	360 元
8	如何吸取易經智慧	360 元
9	經濟大崩潰	360 元
10	有趣的生活經濟學	360 元
11	低調才是大智慧	360 元

《DIY 叢書》

1	居家節約竅門 DIY	360 元
2	愛護汽車 DIY	360 元
3	現代居家風水 DIY	360 元
4	居家收納整理 DIY	360 元
5	廚房竅門 DIY	360 元
6	家庭裝修 DIY	360 元
7	省油大作戰	360 元

《財務管理叢書》

1	如何編制部門年度預算	360 元
2	財務查帳技巧	360 元
3	財務經理手冊	360 元
4	財務診斷技巧	360 元
5	內部控制實務	360 元
6	財務管理制度化	360 元
8	財務部流程規範化管理	360 元
9	如何推動利潤中心制度	360 元

為方便讀者選購，本公司將一部分上述圖書又加以專門分類如下：

《主管叢書》

1	部門主管手冊（增訂五版）	360 元
2	總經理手冊	420 元
4	生產主管操作手冊（增訂五版）	420 元
5	店長操作手冊（增訂六版）	420 元
6	財務經理手冊	360 元
7	人事經理操作手冊	360 元
8	行銷總監工作指引	360 元
9	行銷總監實戰案例	360 元

《總經理叢書》

1	總經理如何經營公司(增訂二版)	360 元
2	總經理如何管理公司	360 元
3	總經理如何領導成功團隊	360 元
4	總經理如何熟悉財務控制	360 元
5	總經理如何靈活調動資金	360 元
6	總經理手冊	420 元

《人事管理叢書》

1	人事經理操作手冊	360 元
2	員工招聘操作手冊	360 元
3	員工招聘性向測試方法	360 元
5	總務部門重點工作（增訂三版）	400 元

6	如何識別人才	360 元
7	如何處理員工離職問題	360 元
8	人力資源部流程規範化管理（增訂四版）	420 元
9	面試主考官工作實務	360 元
10	主管如何激勵部屬	360 元
11	主管必備的授權技巧	360 元
12	部門主管手冊（增訂五版）	360 元

《理財叢書》

1	巴菲特股票投資忠告	360 元
2	受益一生的投資理財	360 元
3	終身理財計劃	360 元
4	如何投資黃金	360 元
5	巴菲特投資必贏技巧	360 元
6	投資基金賺錢方法	360 元
7	索羅斯的基金投資必贏忠告	360 元
8	巴菲特為何投資比亞迪	360 元

《網路行銷叢書》

1	網路商店創業手冊〈增訂二版〉	360 元
2	網路商店管理手冊	360 元
3	網路行銷技巧	360 元
4	商業網站成功密碼	360 元
5	電子郵件成功技巧	360 元
6	搜索引擎行銷	360 元

《企業計劃叢書》

1	企業經營計劃〈增訂二版〉	360 元
2	各部門年度計劃工作	360 元
3	各部門編制預算工作	360 元
4	經營分析	360 元
5	企業戰略執行手冊	360 元

給總經理的話

總經理公事繁忙，還要設法擠出時間，赴外上課進修學習，努力不懈，力爭上游。

總經理拚命充電，但是員工呢？

公司的執行仍然要靠員工，為什麼不要讓員工一起進修學習呢？

買幾本好書，交待員工一起讀書，或是買好書送給員工當禮品。簡單、立刻可行，多好的事！

我們默默的為你做一件事……

你向我們買的每一本書，那都是作者他很多年的成功工作經驗精華，那是他在講台上多年授課的企管班上課重点。如果你覺得有興趣、想充电，想要去報名上課，你要事先報名，你要繳費(不便宜的!)，你要安排時間去上課(你平時挪得出來嗎?)…………

憲業企管顧問(集團)公司，默默的為你做了一件事，我們有 3 個部門，其中一個是出版部門，我們不在乎著書寫作、販賣書本的投資報酬率(當今很少人看書進修的，你也知道的)，我們開設公司，我們要秉持傳播企業管理實務技巧的心願，我們不在乎販賣書本的投資報酬率，我們內心有個理想，我們說服作者完成出書，把工作的成功 know-how 留在人間，把它寫成書，那是更有意義的!

如果你覺得這裏有好書，我希望你也能推薦給好朋反，讓我們共同來打造書香社會。

(拿起电話，打給朋友，這不難的！)

商店叢書 ⑺⑻　　售價：450 元

快速架設連鎖加盟帝國

西元二〇二〇年十二月　　初版一刷

編著：陳立國（武漢） 吳宇軒（柳州） 黃佳柱（臺北）

策劃：麥可國際出版有限公司（新加坡）

編輯：蕭玲

校對：劉飛娟

發行人：黃憲仁

發行所：憲業企管顧問有限公司

電話：（02）2762-2241　（03）9310960　0930872873

電子郵件聯絡信箱：huang2838@yahoo.com.tw

銀行 ATM 轉帳：合作金庫銀行　帳號：5034-717-347447

郵政劃撥：18410591　憲業企管顧問有限公司

登記證：行政業新聞局版台業字第 6380 號

本圖書是由憲業企管顧問（集團）公司所出版，以專業立場，為企業界提供最專業的各種經營管理類圖書。

圖書編號 ISBN：978-986-369-094-8